郭英新（Guo Yingxin） 著

时滞偏微分系统的边界控制

Boundary Control of Partial Differential Systems with Time Delays

清华大学出版社
北京

内 容 简 介

　　偏微分方程是数学的重要分支，内容丰富且应用面广，其边界控制问题是微分方程控制问题中较为典型的一类。本书利用算子理论、反步法和逆变换等知识和技术，通过对热方程、波动方程、抛物型偏微分系统及分数阶反应扩散系统的一些专题进行论述，向读者介绍偏微分系统中的一些基本知识、研究思想及解决问题的方法。重点展现偏微分系统控制理论中能体现时滞作用的一些优美结果。

　　本书是作者十多年来在偏微分系统理论和控制方面成果的总结，也是对系统状态时滞、控制输入时滞和边界时滞等对偏微分方程理论影响的研究探索。本书包含一些技术细节，可作为数学、工学和物理学等专业高年级本科生、研究生、教师及相关研究人员的参考书。

图书在版编目（CIP）数据

时滞偏微分系统的边界控制 / 郭英新著. -- 北京 ： 清华大学出版社，
2025. 7. -- ISBN 978-7-302-69493-9
　　Ⅰ. O175
　　中国国家版本馆 CIP 数据核字第 20259SH407 号

责任编辑：程　洋
封面设计：何凤霞
责任校对：薄军霞
责任印制：丛怀宇

出版发行：清华大学出版社
　　　网　　　址：https://www.tup.com.cn, https://www.wqxuetang.com
　　　地　　　址：北京清华大学学研大厦 A 座　　　邮　　编：100084
　　　社　总　机：010-83470000　　　　　　　　　邮　　购：010-62786544
　　　投稿与读者服务：010-62776969, c-service@tup.tsinghua.edu.cn
　　　质量反馈：010-62772015, zhiliang@tup.tsinghua.edu.cn
印　装　者：北京联兴盛业印刷股份有限公司
经　　销：全国新华书店
开　　本：170mm×240mm　　　印　张：12.75　字　数：219 千字
版　　次：2025 年 7 月第 1 版　　　　　印　次：2025 年 7 月第 1 次印刷
定　　价：109.00 元

产品编号：110251-01

作者简介

郭英新，曲阜师范大学数学科学学院教学科研并重型教授、杏坛学者、美国数学学会 *Mathematical Reviews* 杂志和德国 *zbMATH* 杂志评论员。长期从事常微分方程问题解的存在唯一性、稳定性、振动性及其应用，偏微分方程边值控制，神经网络的控制理论及随机时滞系统的稳定与控制理论等科研工作；在时滞偏微分系统理论方面做了一些探索性的工作，在边界控制问题上得到了一些成果。他主持或参与国家自然科学基金、山东省自然科学基金、中国博士后科学基金、工业控制技术国家重点实验室开放课题和山东省统计局重点课题多项，主持完成科技开发项目一项，以第一完成人获得了第九届山东省统计科研优秀成果奖、2018 年山东省高等学校科学技术奖和 2020 年山东省科学技术奖各一项。

郭英新教授 2017 年在科学出版社出版专著一部（入选博士后文库，获得博士后科学基金优秀学术著作出版资助），2018 年在科学出版社出版教材一部。自 2008 年以来发表第一作者 SCI 杂志论文 30 多篇，其中包含《中国科学：信息科学》（英文版）等高水平杂志论文。

前言

在实际生产生活中，边界控制比"域内"控制更为现实。在过去的几十年中，偏微分系统的边界控制在控制领域得到了越来越广泛的应用。解决边界控制问题的方法多种多样，一般情况下使用可逆反步法能够使初始系统与目标系统等价。采用输出反馈控制是镇定系统的基本方法，控制和输出需要最小化。为了达到控制的目的，常常采用反步变换法推导出边界反馈控制律来使闭环系统稳定。由于变换的可逆性，初始系统与目标系统的稳定性是相同的。此外为了证明核函数的存在性，采用逐次逼近方法是一种常规的做法。

偏微分方程是数学的重要分支，其内容丰富且应用面广。有关偏微分方程控制的研究一直以来都受到数学、人工智能和工程控制等各领域的广泛关注，其中偏微分方程的边界控制问题是微分方程控制问题中较为典型的一类。目前关于偏微分方程的边界控制问题虽然取得了大量的研究成果，但由于该问题在现实生活中，尤其是工程控制方面存在较大的影响，因此仍需要对许多问题的许多方面进行深入探究。本书利用常微分方程理论、偏微分方程理论、李雅普诺夫稳定性理论和反步法等知识和技术，通过对具有中间点热源的线性热方程、具有分布式输入时滞的波动方程、四阶抛物型偏微分系统、空间变系数和时变时滞的反应扩散耦合方程、具有输入时滞的反应对流扩散方程及分数阶反应扩散系统的一些专题进行论述，向读者介绍偏微分系统中的一些基本知识、研究思想及解决问题的方法，希望以较小的篇幅展现偏微分系统控制理论中时滞作用的一些优美结果。本书研究的时滞项主要包括状态时滞项，此时需要在其边界上设计反步控制器使系统指数稳定；还考虑了输入时滞，即在系统边界上加入时滞项，而这时为了处理时滞项，常常会引入另一个状态变量，进而转化为研究一个没有时滞的耦合系统。

本书是作者与合作者在过去十年中相关成果的总结，特别感谢合作者：管培荫、王祎、张菱馨和段明宇。全书共分 9 章，其中第 1 章是绪论，第 2 章是基础知识，主要内容集中在第 3 ~ 9 章。本书的编写得到了山东省数学优势特色学科、曲阜师范大学人才项目（610001）、山东省自然科学基金（ZR2017MA045、ZR2021MA043）、中国博士后科学基金（2014M551738）和国家自然科学基金

（10801088）的支持，在此一并致谢！限于作者的理解水平，书中可能存在不妥之处，欢迎读者批评指正！

作　者

曲阜师范大学

2024 年 11 月 18 日

符号表

$\mathbb{R}^n$	n 维欧几里得空间
$D(A)$	算子 A 的值域
$\mathbb{R}_+$	非负实数集
$\|g\|_2$	函数 $g(x)$ 在 $[0,1]$ 上的 L^2-范数，即

$$\|g\|_2 = \sqrt{\int_0^1 [g(x)]^2 \mathrm{d}x}$$

$\|g\|_\infty$	函数 $g(x)$ 在 $[0,1]$ 上的上确界范数，即

$$\|g\|_\infty = \sup_{x\in\Omega} g(x)$$

$\|\cdot\|_{B[L^2(\Omega)]}$	$L^2(\Omega)$ 空间的有界算子的范数
$\|w\|_{C([0,T];L^2(\Omega))}$	$\|w\|_{C([0,T];L^2(\Omega))} = \max\limits_{t\in[0,T]} \|w(t)\|_{L^2(\Omega)}$
$\boldsymbol{B}^{\mathrm{T}}$	矩阵 $\boldsymbol{B}$ 的转置
$C^{4,1}((0,1)\times(0,\infty))$	关于 x 四阶连续可微，关于 t 一阶连续
	可微的函数集合
$C([0,T];L^2(\Omega))$	在 $L^2(\Omega)$ 空间内且在 $(x,t)\in\Omega\times[0,T]$ 区域内连续
$[L^2(0,1)]^n$	$[L^2(0,1)]^n = \underbrace{L^2(0,1)\times L^2(0,1)\times\cdots\times L^2(0,1)}_{n\,\uparrow}$
$[H^1(0,1)]^n$	$[H^1(0,1)]^n = \underbrace{H^1(0,1)\times H^1(0,1)\times\cdots\times H^1(0,1)}_{n\uparrow}$
$\|Z\|_{2,n}$	状态向量 $\boldsymbol{Z}(s)$ 在 $[L^2(0,1)]^n$ 空间的 L^2-范数，即

$$\|Z\|_{2,n} = \sqrt{\sum_{i=1}^n \|z_i\|_2^2},$$

其中 $\boldsymbol{Z}(s) = [z_1(s), z_2(s), \cdots, z_n(s)] \in [L^2(0,1)]^n$

$\|Z\|_{1,n}$	状态向量 $\boldsymbol{Z}(s)$ 在 $[H^1(0,1)]^n$ 空间的 H^1-范数，即

$$\|Z\|_{1,n} = \sqrt{\|Z\|_{2,n}^2 + \|Z'\|_{2,n}^2},$$

其中 $\boldsymbol{Z}(s) = [z_1(s), z_2(s), \cdots, z_n(s)] \in [H^1(0,1)]^n$

$\sup$	上确界
$\boldsymbol{I}_{n\times n}$	n 阶单位矩阵
$\dfrac{\partial \zeta(\cdot, \hat\varsigma(t))}{\partial t}$	给定函数 $\zeta(\cdot, \hat\varsigma(t))$ 的偏导数
$f_{xx}(x,y)$	函数 f 关于 x 的二阶偏导数

目录

第 1 章
绪论

1.1　偏微分方程与边界控制

航空航天工程、土木工程、化学工程、电气工程、机械工程和物理学中许多系统都是由偏微分方程（partial differential equation，PDE）模型建模的，研究偏微分系统具有一定的现实意义和使用价值。偏微分方程是解决数学问题和生活问题的一种重要工具。生活中的物理现象（如热传导和渗流问题）可以用抛物型偏微分系统加以描述[1]；物体的振动可以用双曲型偏微分方程刻画；弹性力学的平衡问题可以用椭圆型偏微分方程描述。偏微分方程的发展对数学学科本身的发展也具有巨大的推动作用，比如对于偏微分方程的数值解法及对解的存在性、唯一性和稳定性的研究，促进了数学领域中泛函分析、非线性分析、差分论、动力系统、拓扑学、微分几何等各个方面的发展。关于偏微分系统控制问题的研究始于 20 世纪 60 年代，它是控制理论不可或缺的一个研究方向。

控制理论的发展分为两个阶段，经典控制理论阶段和现代控制理论阶段。1868 年，英国物理学家麦克斯韦提出了具有重大意义的稳定性代数判据，开创性地运用数学方法研究控制系统，为后续的控制理论研究提供了新思路。以此为起点，在众多研究者的努力下，经典控制理论建立起来，并成为设计反馈控制系统的一个重要工具。因为经典控制理论的限制，复杂的系统控制问题未能得到有效的解决，需要对经典控制理论加以改进和推广，于是形成了现代控制理论。1892 年俄国数学家李雅普诺夫提出的稳定性理论在控制理论中得到广泛应用，状态空间模型也成为描述系统的主要数学模型，由原来经典控制理论的频域推广到更易于被理解和接受的时间域，许多复杂的控制理论问题（如能观性、能控性、稳定性）得到简化。

在控制科学中，常微分方程控制理论较为完善，但偏微分方程的控制理论还有很多方面需要进一步发展和研究。偏微分系统的控制如果施加在整个空间域内称为"分布控制"，如果施加在空间域某些点上则称为"点控制"，如果仅施加在边界上称为"边界控制"。若控制施加在整个空间域内，工程上实现起来难度较大，耗费资源也较多；而边界控制在工程上实现相对简单，且资源耗费较少。边界控制是偏微分系统控制中较为重要的研究方向，近年来受到越来越多控制领域学者的关注。边界控制适用于偏微分系统，可以解决无穷维系统状态方程的控制稳定问题。边界控制器是基于反步变换设计的，是一个反馈控制，这个控制的可行性由增益核函数确定。相较于其他分布式控制，边界控制器的实施只需利用边界的系统状态信号，减少了资源消耗，具有很大的经济优势。

实际系统通常可以用一个非线性偏微分方程和一组常微分方程（ordinary differential equation，ODE）来建模[1]。这种混合动态系统具有无穷大的维数，难以给出有效的控制方法。传统的偏微分方程控制策略存在一些不足：一是为了实现高精度的控制性能，需要增加控制阶数并考虑多种柔性模态；二是需要分布式控制来克服计算无限维增益矩阵的困难；这两个缺点使得控制难以从工程的角度来实现。第三个缺点是控制设计仅限于少数几个关键模式而忽略了高频模式，从而导致系统的控制溢出不稳定。为了克服上述缺点，需对偏微分方程进行边界控制设计，该设计基于原有的系统无穷维模型。与分布式控制相比，边界控制需要更少的传感器和执行器，因此被认为更经济实用。动能、势能及用于建模的非保守力所做的功可以直接用来构建系统稳定性分析的李雅普诺夫函数。近年来，边界控制与滑模控制、神经网络控制、鲁棒自适应控制、迭代学习控制、模糊控制等其他智能控制方法相结合，取得了许多成果。但是在这些研究结果中，大多数的研究对象都是柔性机械臂。对于轴向运动系统，许多学者也做了大量的工作。对控制工程师来说，很少有控制理论的领域像偏微分方程控制那样具有物理动机。甚至像热方程和波动方程这样的普通问题也要求用户在研究这些系统的控制设计方法，特别是边界控制设计之前，具有相当多的偏微分方程和功能分析的背景。因此在工程程序中，偏微分方程的控制课程是非常少见的。控制理论专业的学生很少接受偏微分方程（更不用说控制偏微分方程）的培训，而且缺少了许多物理应用的机会。在这些物理应用中，偏微分方程的课程和培训无论是在技术层面还是在基础层面都可以做出贡献。

偏微分方程的控制大致有两种设置，取决于执行器和传感器的位置。在域控制中，执行器穿透到偏微分系统的域内，或者均匀地分布在域内的任何地方（同样通过传感器）实施边界控制，执行器和传感器仅通过边界条件应用。边界控制通常被认为是物理上更现实的，因为驱动和传感是非侵入性的（例如流体流动问题中驱动通常来自流动区域的壁）。边界控制通常也被认为是比较困难的问题，因为输入算子和输出算子都是无界算子。由于更大的数学难度，近年来开发的方法已经很少涉及偏微分方程的边界控制问题，且大多数关于偏微分方程控制的书籍要么没有涵盖边界控制，要么只有一小部分内容包含边界控制。

1.2 反步法与边界控制

随着科学技术的进步，控制技术已广泛应用于航空航天、机械、化工、生物医药等各个领域。在控制系统的所有特性中，稳定性占有举足轻重的地位，相比于不稳定的系统，稳定的系统在实际生活中有更多的应用。边界控制的普及和应用给工业生产带来了极大的便利和经济效益。对于偏微分系统边界控制的研究，文献 [2] 做了大量基础性工作。

在工程控制中，以常微分方程系统来刻画控制模型的方法很常见，如文献 [3] 中考虑了包含中间点信息的耦合二阶常微分波动系统的稳定性；在文献 [4] 中研究了一类由常微分方程和边界扰动不确定梁方程描述的非线性耦合系统的混合模糊边界控制问题。基于 Takagi-Sugeno（T-S）模糊模型的非线性系统控制技术因其可以结合模糊逻辑理论和线性系统理论的优点 [5-7]，也已被广泛应用于非线性微分方程 [8-10] 中。在最近的几十年里，由偏微分方程刻画控制模型的方法也被广泛研究。在文献 [11-15] 中研究了关于耦合双曲线偏微分方程–常微分方程系统的控制问题。在文献 [16-17] 中，反应扩散方程的边界控制被研究；另外反应扩散方程与常微分方程的耦合问题 [18-20]，反应扩散方程与常微分方程的级联问题 [21-23] 也都被广泛研究。

关于控制的方法多种多样，目前可采用多种控制方法设计控制器实现系统的稳定性，其中边界输出反馈控制方式最为广泛。边界输出反馈的控制方法通常有李雅普诺夫函数法、阻尼法、反步法等。近年来，Krstic 和 Smyshlyaev 等将反步法引入偏微分方程的边界控制中 [2,24-26]。反步法控制器包含一个积分算子，这个积分算子称为变换的"核函数"，由于反步法计算简单且容易实现，所以得到了很好的发展：在文献 [25] 中利用该方法设计了只有边界检测功能的一类抛物型偏微分方程的指数收敛观测器；在文献 [27] 中研究了不受控制的边界上反阻尼反稳定波动方程的边界控制；在文献 [28] 中利用反步法研究了一类一维抛物型偏微分方程的边界稳定问题，其中该论文在研究中避免了以往工作中需要的空间离散化；在文献 [3] 中考虑的耦合二阶常微分波动系统的稳定性问题，也是利用该方法进行研究的。

在众多研究工作中，偏微分系统的边界控制成为一个重点研究对象。近年来，四阶方程得到了广泛的研究，并在物理工程、计算机技术、图像处理等领域得到了广泛的应用。其中文献 [29-31] 讨论了四阶 Kuramoto-Sivashinsky 方程（KSE）的镇定问题。在文献 [31] 中，使用输入延迟方法提出了点测量下 KSE 的采样数据控制。此外，文献 [29-30] 讨论了其他使 KSE 稳定的反馈控制器设计方法。在众多关于边界控制的论文中，致力于研究四阶偏微分方程模型的成果较少。因此，有必要对本书提出的四阶偏微分方程进行研究。四阶偏微分系统的控制比低阶偏微分系统的控制更具挑战性，证明核函数存在性的过程是冗长而复杂的。在文献 [32] 中，研究了由关于时间二阶、关于空间四阶的偏微分方程组成的剪切梁系统的稳定性，通过引入变量将四阶剪切梁系统转化为波动方程。在文献 [33-34] 中，分别研究了三阶 Korteweg-de Vries（KdV）方程和三阶线性与非线性薛定谔方程的镇定问题。文献 [33] 中证明核函数存在性的方法巧妙地解决了高阶偏微分方程的相应问题，本书将该方法应用于四阶抛物型系统。此外，二阶方程（如热传导方程和波动方程）在大量的文章中被研究，例如文献 [32, 35-37]。特别地，在文献 [35-36] 中考虑了边界上的不确定性扰动；其中在文献 [35] 中运用了两步反步变换法，引入中间辅助波动系统，将初始系统间接转化为简单目标系统；利用逐次逼近方法解决了文献 [37] 中提出的奇异边值问题，并得到了核函数的光滑性。对于四阶波动方程，在文献 [38] 中研究了一类非线性四阶波动方程的能量守恒性，在文献 [39] 中讨论了局部能控性。通过文献 [40]，导出了四阶杆方程 $u_{tt} + u_{xxxx} + p(t)u_{xx} = 0$ 的能控性，利用这一特性可以设计一个控制器来镇定这一模型。

在实际工业生产中，由于驱动器和传感器是非侵入性的，所以边界控制比内部控制更容易实现。在过去几十年中，偏微分系统的边界控制在控制领域得到了越来越广泛的应用。在文献 [4, 41-42] 中已经发展了各种方法来解决边界控制问题。其中反步法是目前流行的一种数学工具，用于推导使闭环系统稳定的边界反馈控制律。这种方法最初被用于文献 [43] 中提出的热方程，然后被应用于许多类型的偏（积分）微分方程，包括一个空间变系数的不稳定热方程[37]、一类线性抛物线偏（积分）微分方程[28] 和双曲偏（积分）微分方程[42,44]。反步法也应用到了边界观测器设计中，如文献 [25] 所述。一些关于反步法的基础工作和入门知识可以参考文献 [2]。通过使用反步法，基于可逆 Volterra 积分变换建立有效的反馈律，可将初始系统映射成具有某些理想稳定性的目标系统。由于变换的可逆性，两个系统的稳定性是相同的。另一种方法是李雅普诺夫函数法，李雅普诺夫函数在研究动态系统的渐近稳定性方面具有重要作用。根据不同的动力学系统和收敛速度的要求，李雅普诺夫函数有不同的选择，如在文献 [45] 中研究的时滞常微分–热级联系统考虑的是 Lyapunov-Krasovskii 函数；而在文献 [2] 中讨论的抛物型偏微分方程采用的是 Lyapunov-Razumikhin 函数。然而值得注意的是，一般的李雅普诺夫函数并不能帮助证明本书中观测器闭环系统的指数稳定性。因此，特殊的李雅普诺夫函数在本书中也将被研究。

状态观测器的设计取决于边界类型（Dirichlet 或 Neumann）以及观测器和执行器的位置。文献 [46] 考虑了传感器和执行器放置在两端和放置在同一端的两种情况。文献 [25] 考虑了一类只有边界传感的抛物型偏积分微分方程的观测器设计问题，讨论了非同位配置和同位配置的观测器设计问题，为稳定观测器误差系统，设计了观测器增益。文献 [2] 为观测器的设计提供了一个清晰的框架，其中还讨论了一类具有边界传感的热方程的观测器设计。

此外，反应扩散方程是偏微分方程中应用十分广泛的一类方程，在偏微分方程中具有重要地位，社会生活中许多现象都可用它来建立模型，如传染病的传播[47]、热传导和扩散现象[32]、生物波等。反应扩散方程是一类描述在时间和空间上一些变量分布（如密度分布和温度分布）的方程。扩散项与反应项之间的相互作用体现了这类方程的特点。反应扩散方程最初被用来描述一些物理现象，如非线性热传导、生活中的扩散现象以及半导体中的电子等[16]。随着偏微分方程理论的发展，类似的模型也被应用到化学、生物学以及生态学上，燃烧问题[48] 及种群之间相互作用的数学模型等都可以用反应扩散方程来表示。近年来许多科研工作者关注到反应扩散方程在各个领域发挥的重要作用，研究重心逐步转移到利用反应扩散方程研究物理生物模型。然而由于现实情况的复杂性，有时标量偏微分系统无法描述所有现象。因此，最近的研究集中在耦合偏微分方程[49-51]。许多化学和生物物理过程可以用耦合偏微分系统来描述，例如不同类型的核糖核酸（RNA）分子之间的相互作用[52] 和椭圆管道中的蠕动流[53]。同时，也有大量的文献致力于耦合反应扩散方程的研究。因此，反应扩散方程的理论成果不断丰富，衍生了许多围绕反应扩散方程的研究课题，其中一个重要的研究课题就是耦合反应扩散方程的镇定性研究[36-37]。文献 [50] 研究了常系数耦合反应扩散方程的边界控制问题，分别讨论设计了在相同扩散系数下和不同扩散系数下的控制律。以此为基础，文献 [54] 考虑了反应项是空间变系数的耦合反应扩散方程模型；文献 [55] 考虑了扩散项和反应项都是空间变系数的耦合反应扩散方程模型，并给出了双边控制器设计。除了系数对系统稳定性的影响，系统的一个本质特征——时滞，通常也会导致系统不稳定，而时滞在生活中屡见不鲜，也不可避免，因此研究时滞系统十分具有实际意义。文献 [56] 在一般的反应扩散方程的基础上加入了状态时滞项，在其边界上设计反步控制器使系统指数稳定。与文献 [56] 不同，文献 [57] 考虑的是输入时滞，即在系统边界上加入时滞项，为了处理时滞项，引入了另一个状态变量，进而转化为研究一个没有时滞的耦合系统。时滞反应扩散模型应用广泛，不仅在物理工程领域有所应用，在生物、化学和医学等方面也有着重要作用。在本书的第 7 章考虑了具有空间变系数的时变时滞反应扩散系统的边界控制和稳定性原理的证明问题。

目前偏微分系统的边界控制已经成为一个热点。具有未知输入时滞的反应–对流–扩散方程的自适应控制问题是一个代表。近年来，受物理定律支配的局部量和局部反应动力学的相互作用通常用反应–对流–扩散方程描述。涉及化学反应 [58]、热流体 [59]、生物模型 [60] 等的各种物理过程中扩散现象的发生带来了各种挑战并得到广泛的应用。通过边界驱动控制扩散驱动的分布参数系统已经取得了相关进展。早期的控制器是基于降阶模型构建的，这些模型用有限维系统逼近无限维系统。然而这种设计的稳定性和性能应该针对原始偏微分方程进行验证，或者至少对其进行高阶近似，以避免不稳定 [61]。

在过去的几十年中，偏微分系统的边界控制在控制领域得到了越来越广泛的应用。在此对反步法进行简要介绍（见图 1.1 和图 1.2）。

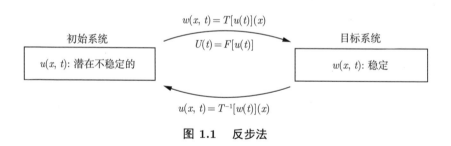

图 1.1 反步法

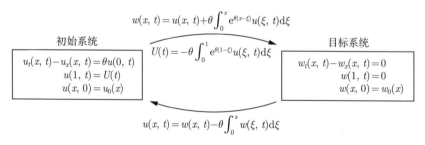

图 1.2 反步控制器的例子

  反步法是目前流行的一种数学工具，用于推导使闭环系统稳定的边界反馈控制律。随着各种基于偏微分方程动力学的无限维控制设计技术的出现，反步变换可以处理具有不稳定反应项的情况[62-63]。此外对于受到不可测量的域内和边界扰动的系统的鲁棒调节，已经通过反步设计实现了[64]。后来，反步法被用于控制具有常数和空间变化系数的耦合反应扩散系统[50,65-66]。反步设计的关键思想依赖于可逆 Volterra 变换，它将不稳定的对象映射到稳定的目标系统，其稳定性原理可以用李雅普诺夫方法证明。自文献 [57] 做出开创性工作以来，由反应扩散方程控制的动力系统受到执行器延迟来影响系统的稳定性已成为一个热门的研究课题，文献 [57] 开发了一种偏微分方程反步边界控制器来补偿延迟效应。上述方法已扩展到 3-D 编队控制问题，为补偿潜在输入延迟的影响[67-69] 分别提出了级数展开方法和基于李雅普诺夫理论的点控制方法设计。在可以通过采样点测量和延迟点远程驱动反应扩散过程的网络架构的背景下，文献 [69-71] 中的工作使用 Lyapunov-Krasovskii 泛函开发了有效的控制算法来导出基于 LMI 的稳定性条件（另请参见文献 [72]，以处理偏微分方程的采样数据控制）。对于相对较小的未知输入延迟，Katz 和 Fridman[73] 使用模态分解方法开发了一种基于有限维观测器的反应扩散方程控制器，其稳定性通过李雅普诺夫泛函结合 Halanay 不等式进行分析。进一步研究反应扩散方程的控制，该偏微分方程受到恒定边界输入延迟的影响，在这种情况下，延迟表示为与系统反应扩散动力学级联的传输偏微分方程，其已被用于借助反步设计来补偿已知且任意大的延迟的影响[57]。同样，最近的一些研究应用反步技术来设计多智能体系统的延迟补偿边界控制器，当作用于边界输入的延迟已知时[67,74]，该控制器由在圆柱拓扑上定义的 3-D 反应扩散方程描述；此外还采用了反步法来补偿反应扩散方程中的空间分布输入延迟[75]。一种新的设计方法促成了基于经典 Artstein 变换的显式形式的边界控制器的构建，该变换应用于延迟系统的有限维不稳定部分，该部分源自一维反应扩散 PDE 解的扩展并作为一系列基本特征函数[68] 采用相同的方法来稳定多个具有输入延迟的偏微分方程（包括线性 Kuramoto-Sivashinsky 方程[76]、对角无限维系统[77] 等），并进行鲁棒性分析[78]。

  Krstic 等在文献 [46] 中已经针对具有未知不稳定参数（如扩散率、反应系数、边界系数）的各类扩散偏微分方程的自适应反步边界控制器设计进行了研究。对于双曲型偏微分方程，可以参考丰富的文献 [79-85]。上述结果扩展为非线性常微分方程提出的三参数标识符[86]，从而实现了基于李雅普诺夫无源性或交换方法的多个无延迟一维偏微分方程的边界自适应控制。众所周知，如文献 [87] 所述的李雅普诺夫方法可以提供卓越的瞬态性能。此外，文献 [88] 采用的滑模方法提供了良好的性能来自适应稳定不确定的分布参数以及模型参考自适应控制技术[89-91]。

与此同时，随着分数阶微分和积分理论的丰富和发展，分数阶反应扩散系统的应用越来越广泛。分数扩散模型可以更精确、更具体地描述系统的状态，也可以更好地描述自然界物理信息过程，其广泛应用于生物、物理、天文等领域。在现有的文献中，对不同类型的反应扩散系统（如分数反应扩散系统[92]、时间分数反应扩散系统[93]、时间分数反常扩散系统、离散系统[94]、时间分数反应扩散的 Riesz 方法[95] 等）都有许多有趣的研究，特别是基于记忆电阻的分数阶神经网络的全局 Mittag-Leffler 稳定性和同步性的研究[96]。时变（或时间和空间变量或仅有空间变量）分数阶反应–对流–扩散方程可以用来描述随机和无序介质、多孔介质、分形和渗流、流动团簇、生物系统、地球物理和地质过程中发生的重要物理现象[97-99]。考虑到该系统在许多领域的广泛应用，解决这类具有空间相关系数的分数阶反应扩散系统的控制问题具有重要意义。

与整数阶反应–对流–扩散系统[65] 相比，分数阶反应–扩散系统可以看作一个具有 α-阶 Caputo 时间分数导数的扩张系统。为了稳定这类系统，需要设计一种基于反演变换的边界反馈控制器，使得闭环系统稳定。因此对于不同的边界条件，可以得到不同的边界控制器，其中的 Dirichlet 边界条件和 Robin 边界条件在文献 [93] 中提到，并获得了相应的控制器使初始系统稳定。

1.3 本书的主要工作

考虑到当下的研究热点和研究的必要性，本书研究了时滞偏微分级联系统的边界控制问题。本书各个章节的内容如下：

第 1 章简述了偏微分系统边界控制的研究背景和研究现状，尤其是边界控制理论的发展过程和趋势，近年来科研工作者研究的热点问题，以及前人对偏微分系统边界控制研究的主要贡献和基础工作，最后阐述了本书的主要思路和工作。

第 2 章给出了本书所用到的基础知识，包括基本概念、引理和不等式。

第 3 章研究了一维波动方程边界状态反馈指数稳定问题。首先选择一个已经被证明指数稳定的系统作为目标系统，然后在反步反馈控制律的设计中证明正逆变换的二阶核函数的存在性，最后证明原系统在任意给定条件下的闭环系统中指数稳定。

第 4 章考虑了具有中间点热源的线性热方程的边界控制稳定性问题。基于比例常系数法，构造出了待设计函数的特殊的精确解，从而巧妙地解决了如何设计反馈控制器这一问题。第 4 章克服了来自局部项的干扰和其制造的困难，证明了逆变换中核函数的存在性，使得目标系统与原系统在控制下实现了等价；同时，边界反馈控制还节约了成本且更具有实用性。

第 5 章首先针对所研究的四阶抛物型偏微分系统设计反步控制器，选择一个指数稳定的目标系统，在标准可逆反步变换下使得初始系统能转化到预先设定的目标系统。因此，需要运用逐次逼近法证明核函数的存在性，以此为前提设计在右端点的两个控制器使得系统指数稳定。其次基于控制器设计观测器，以此来解决状态不能直接量测的问题。观测器的设计要求是实际状态变量和估计状态变量组成的误差系统应具有指数稳定性，由此求出观测器增益。再次运用算子理论和 Lumer-Philips 定理证明受控系统解的适定性。最后以一个数值仿真例子验证了结果的有效性。

第 6 章研究了具有 Robin 边界控制条件（Robin boundary control condition，RBCC）的分数阶反应扩散（fractional-order reaction-diffusion，FRD）系统的镇定问题。目的是利用边界反馈控制器（boundary feedback controller，BFC）的方法对带有 RBCC 的 FRD 系统进行反演镇定。此外，根据李雅普诺夫 Mittag-Leffler 稳定性理论，第 6 章通过三种基于反步变换的 BFC 证明了具有 RBCC 的 FRD 系统是 Mittag-Leffler 稳定的。

第 7 章针对一类具有时变时滞和空间变系数的反应扩散耦合方程，研究了其边界控制镇定问题。受文献 [100] 的启发，选择了一个具有时变时滞的 H^1-范数指数稳定的目标系统，该目标系统的稳定性证明运用了 Halanay 不等式和李雅普诺夫理论，基于可逆的反步变换，设计了边界反馈控制器使得闭环系统稳定。控制器的可行性通过数值仿真的结果可以证明。

第 8 章针对研究的反应–对流–扩散方程，首先通过变量代换消除对流项，再将时滞转化为与反应扩散方程级联的传输偏微分方程，与其组成偏微分级联系统。设计反馈控制器，选择一个指数稳定的目标系统，在标准可逆反步变换下，使得初始系统能转化到预先设定的目标系统。通过初始系统与目标系统的等价性，求出满足此变换的核函数方程，并得出核函数的具体表达式。其次基于边界控制器得出自适应边界反馈控制器，并设计出参数更新律来估计未知时滞。运用李雅普诺夫理论证明受控系统轨迹的局部有界性和渐近收敛稳定性。最后通过数值仿真验证了自适应边界反馈控制器的优越性并支持了理论结果。

第 9 章则针对一类具有分布式输入时滞的波动方程，选择一个稳定的目标系统，设计出反馈控制器，并由李雅普诺夫理论证明该反馈控制器的可行性。基于确定性等价原理得出自适应反馈控制器，并设计出参数更新律，利用李雅普诺夫理论证明了自适应控制器作用下的受控系统的全局稳定性并支持了理论结果。

第 2 章
基础知识

本章主要介绍该书用到的一些概念、引理和不等式，如指数稳定性、压缩映射、证明解的适定性用到的几种算子（耗散算子、伴随算子等）、C_0 半群的定义等，压缩映射定理、Lumer-Phillips 定理以及 Poincare、Young、Halanay 不等式等。主要内容来自文献 [40, 45-46, 72, 101-102] 等。

2.1 概念

定义 2.1 偏微分系统指数稳定性[46] $z(x,t)$ 是偏微分系统的解，如果存在正常数 c_0、λ_0 使得下式成立，那么系统是指数稳定的，且 λ 是系统的衰减速率。

$$||z(\cdot,t)|| \leqslant c_0||z(\cdot,t_0)||\mathrm{e}^{-\lambda_0(t-t_0)}$$

其中，t_0 为初始时刻，$||\cdot||$ 为关于 x 的范数。

定义 2.2 压缩映射[101] 设 (X,d) 是度量空间，T 是 X 到 X 中的映射，如果存在一个数 $c_1(0 < c_1 < 1)$ 使得对所有的 $x,y \in X$ 满足 $d(Tx,Ty) \leqslant c_1 d(x,y)$，则称 T 是"压缩映射"。特别地，若 X 是"赋范空间"，则令 $d(x,y) = ||x-y||$。

定义 2.3 耗散算子[72] 线性算子 A 若对于 $\forall x \in D(A)$，$\forall \lambda > 0$，满足

$$||(\lambda - A)x|| \geqslant \lambda ||x||$$

则 A 称为"耗散算子"。

定义 2.4 伴随算子[101] 设 H_1 和 H_2 是希尔伯特空间，$T\colon H_1 \to H_2$ 是一个有界线性算子，若算子

$$T^*\colon H_2 \to H_1$$

对于 $\forall x \in H_1, y \in H_2$，满足

$$\langle Tx,y \rangle = \langle x, T^*y \rangle$$

则称 T^* 为 T 的 "伴随算子"。

定义 2.5 自伴算子[101]   设 T 为希尔伯特空间 X 到 X 中的有界线性算子，若 $T = T^*$，则称 T 为 X 中的 "自伴算子"。

定义 2.6 C_0 半群（强连续半群）[102] X 是一个巴拿赫空间，若 X 上的一个有界线性算子半群 $T(t)$ $(0 \leqslant t < \infty)$ 是 C_0 半群（强连续半群），其满足

$$\lim_{t \to 0} T(t)x = x, \forall x \in X$$

定义 2.7 级联系统[21]   级联是指两个或两个以上的系统之间输入或输出间存在单侧影响，并通过单侧作用从一侧向另一侧传输能量的现象。概括地说，级联就是两个或两个以上的实体单向依赖于对方的一个度量。

定义 2.8 耦合系统[20]   耦合是指两个或两个以上的系统之间输入和输出间存在紧密配合与相互影响，并通过相互作用从一侧向另一侧传输能量的现象。概括地说，耦合就是指两个或两个以上的实体相互依赖于对方的一个度量。

2.2   引理和不等式

引理 2.1 压缩映射定理[101]   设 X 是完备的度量空间，T 是 X 上的压缩映射，那么 T 有且只有一个不动点，即对任意 $x \in X$，满足 $Tx = x$ 的解是存在且唯一的。

引理 2.2 Lumer-Phillips 定理[2]   假设 A 是定义在巴拿赫空间 X 的线性子空间 $D(A)$ 上的一个线性算子，则 A 生成了一个压缩半群当且仅当：

（1）$D(A)$ 在 X 中稠密；

（2）A 是闭算子；

（3）A 是耗散的；

（4）$A - \lambda I$ 对于某 $\lambda > 0$ 是满射的，其中 I 是恒等算子。

引理 2.3 Poincare 不等式[46]   对于在 $[0,1]$ 上连续可导的任意 $w(x)$，有

$$\begin{cases} \displaystyle\int_0^1 w^2(x)\mathrm{d}x \leqslant 2w^2(1) + 4\int_0^1 w_x^2(x)\mathrm{d}x \\ \displaystyle\int_0^1 w^2(x)\mathrm{d}x \leqslant 2w^2(0) + 4\int_0^1 w_x^2(x)\mathrm{d}x \end{cases}$$

引理 2.4 Young 不等式[46]   设 $\gamma > 0$，若 $\forall a, b \geqslant 0$，必有

$$ab \leqslant \frac{\gamma}{2}a^2 + \frac{1}{2\gamma}b^2$$

引理 2.5 Gronwall 不等式[40]　假定 $f\colon [0,T] \to \mathbb{R}$ 非负可测，$B\colon [0,T] \to$ $\mathbb{R}$ 非负可积，常数 $A \geqslant 0$，且

$$f(t) \leqslant A + \int_0^t B(\tau)f(\tau)\mathrm{d}\tau, \forall t \in [0,T]$$

那么

$$f(t) \leqslant A\mathrm{e}^{\int_0^t B(\tau)\mathrm{d}\tau}$$

引理 2.6 Halanay 不等式[45]　设 $0 < \delta_1 < \delta_0$，且设 $V\colon [-h,\infty] \to [0,\infty]$ 是一个满足下式的绝对连续函数。

$$\dot{V}(t) + 2\delta_0 V(t) - 2\delta_1 \sup_{-h \leqslant \theta \leqslant 0} V(t+\theta) \leqslant 0, \ t \geqslant 0$$

则

$$V(t) \leqslant \mathrm{e}^{-2\delta t} \sup_{-h \leqslant \theta \leqslant 0} V(\theta)$$

其中 δ 是 $\delta = \delta_0 - \delta_1 \mathrm{e}^{2\delta h}$ 的唯一连续正解。

引理 2.7 Jensen 不等式[46]　如果对于向量函数 $\varphi\colon [0,\tau] \to \mathbb{R}^n$ 存在积分 $\int_0^\tau \varphi(s)\mathrm{d}s$ 和 $\int_0^\tau \varphi^{\mathrm{T}}(s)\varphi(s)\mathrm{d}s$，则对 $\forall \ \tau > 0$，有

$$\left[\int_0^\tau \varphi(s)\mathrm{d}s\right]^{\mathrm{T}} \left[\int_0^\tau \varphi(s)\mathrm{d}s\right] \leqslant \tau \int_0^\tau \varphi^{\mathrm{T}}(s)\varphi(s)\mathrm{d}s$$

引理 2.8 Agmon 不等式[46]　对于任意 $w \in H_1$，有下列不等式成立

$$\begin{cases} \max_{x \in [0,1]} |w(x,t)|^2 \leqslant w(0)^2 + 2\|w(t)\|\|w_x(t)\| \\ \max_{x \in [0,1]} |w(x,t)|^2 \leqslant w(1)^2 + 2\|w(t)\|\|w_x(t)\| \end{cases}$$

第 3 章
一维波动方程边界状态反馈指数稳定

本章研究了一维波动方程的边界状态反馈指数稳定问题。首先选择一个已经被证明指数稳定的系统作为目标系统，然后在反步反馈控制律的设计中证明正逆变换的二阶核函数的存在性，最后证明原系统在任意给定条件下的闭环系统中指数稳定。

3.1 引言

近年来，在一维波动方程的研究中出现了不稳定甚至反稳定的结果。在某种意义上，开环系统在复平面的右半部分具有有限的或全部的特征值，在这种情况下被动原则就不再有效了。而 Krstic 等在文献 [103] 中使用的偏微分方程反步法已被证明具有稳定此类系统的能力。例如 Krstic 等在文献 [24] 中考虑了自由端含有不稳定性，另一端含有控制性的一维波动方程的稳定性问题，其中控制器和观测器的增益都采用了反步法设计，进而得到增益函数的显示公式；Krstic等在文献 [104] 中介绍了主动控制问题的一些方法，并给出了一个不稳定波动方程的例子；Smyshlyaev 等在文献 [105] 中考虑了具有内部空间反阻尼项的一维波动方程的边界稳定性问题；Smyshlyaev 等在文献 [27] 中则讨论了具有 n 个向右对流传输偏微分方程和一个向左对流传输偏微分系统的稳定性问题。

除了波动偏微分方程，反步法也适用于其他类型的偏微分方程。例如 Zhou 等在文献 [22] 中考虑了在自然和可检查的假设下，满足中间点的二阶常微分方程热系统的稳定性；Meglio 等在文献 [106] 中考虑了具有不稳定边界条件的无阻尼剪切梁模型；Krstic 等在文献 [103] 中讨论了具有单边界输入的 $n+1$ 阶耦合一阶双曲型偏微分方程组的稳定性；郭宝珠等在文献 [107] 中讨论了线性化薛定谔方程的边界控制器和观测器；Meglio 等在文献 [25] 和文献 [28] 中介绍了反步法在抛物型偏微分方程中的应用；这些是反步法在偏微分方程中的主要应用。近十年来，包括边界条件、严格反馈和 Volterra 条件在内的非局部条件备受关注。Zhou 等在文献 [108] 中对中间带非局部项的抛物方程进行了研究，并且对偏微分方程的控制设计使用了反步法。Jing 等在文献 [35] 中考虑了边界状态反馈镇定问题在中等速度域有反馈/再循环的一维波动方程，其利用反步法巧妙地借助一个辅助系统将初始系统和目标系统联系起来。

在此基础上，本章考虑下列具有局部项的一维波动方程

$$
\begin{cases}
u_{tt}(x,t) = u_{xx} + \mu u(x_0,t), & x_0 \in [0,1] \\
u_x(0,t) = 0, & x \in (0,1) \\
u_x(1,t) = U(t), & t > 0
\end{cases}
\tag{3.1.1}
$$

其中，$U(t)$ 是输入，$\mu \in \mathbb{R}$ 是一个常数。

选择

$$
\begin{cases}
w_{tt}(x,t) = w_{xx}(x,t) \\
w_x(0,t) = c_0 w(0,t) \\
w_x(1,t) = -c_1 w_t(1,t)
\end{cases}
$$

作为目标系统，其中 $x \in (0,1)$，$t > 0$。该系统在 $c_0 > 0$ 和 $c_1 > 0$ 的情况下是指数稳定的，其稳定性的详细证明请见参考文献 [109]。

3.2 反步法设计

为了得到系统 (3.1.1) 的状态反馈控制器，通过参考文献 [17]、文献 [22] 和文献 [23]，这里使用变换

$$
w(x,t) = u(x,t) - p(x)\int_0^{x_0} q(y)u(y,t)\mathrm{d}y - \int_0^x k(x,y)u(y,t)\mathrm{d}y
\tag{3.2.1}
$$

将系统 (3.1.1) 转化为指数稳定的目标系统

$$
\begin{cases}
w_{tt}(x,t) = w_{xx}(x,t) \\
w_x(0,t) = c_0 w(0,t) \\
w_x(1,t) = -c_1 w_t(1,t)
\end{cases}
\tag{3.2.2}
$$

其中，变换中的函数 $p(x)$、$q(y)$ 和 $k(x,y)$ 待定。仍然记 $\mathbb{T} := \{(x,y) \in \mathbb{R} | 0 \leqslant x \leqslant 1, 0 \leqslant y \leqslant x\}$。

定理 3.1 对于任意的常数 μ，存在函数 $p(\cdot) \in C^2([0,1])$、$q(\cdot) \in C^2([0,x_0])$ 和 $k(\cdot,\cdot) \in C^2(\mathbb{T})$，使得对任意满足兼容性条件

$$u_0(1) = p(1) \int_0^{x_0} q(y)u_0(y)\mathrm{d}y + \int_0^1 k(1,y)u_0(y)\mathrm{d}y$$

的 $u_0(\cdot) \in H^1(0,1)$，具有反馈控制器

$$U(t) = p(1) \int_0^{x_0} q(y)u(y,t)\mathrm{d}y + \int_0^1 k(1,y)u(y,t)\mathrm{d}y$$

的闭环系统 (3.1.1) 在空间 $C([0,+\infty); H^1(0,1))$ 中存在唯一解且指数稳定。

证明 根据文献 [109]，系统 (3.2.2) 是稳定的。可以通过证明变换 (3.2.1) 及其逆变换的存在性，从而证明原系统 (3.1.1) 和目标系统 (3.2.2) 在反馈控制器

$$U(t) = p(1) \int_0^{x_0} q(y)u(y,t)\mathrm{d}y + \int_0^1 k(1,y)u(y,t)\mathrm{d}y$$

下等价，从而完成定理 3.1 的证明。 □

注记 3.1 本章中所使用的反步变换公式 (3.2.1) 是参考文献 [22] 中所使用的，其中只讨论了一个非局部项的热方程。

下面先讨论变换 (3.2.1) 中待定函数的存在性。

对变换 (3.2.1) 关于 x 求一阶和二阶导数，得

$$w_x(x,t) = u_x(x,t) - p'(x) \int_0^{x_0} q(y)u(y,t)\mathrm{d}y -$$
$$k(x,x)u(x,t) - \int_0^x k_x(x,y)u(y,t)\mathrm{d}y \qquad (3.2.3)$$

和

$$w_{xx}(x,t) = u_{xx}(x,t) - p''(x) \int_0^{x_0} q(y)u(y,t)\mathrm{d}y - \left(\frac{\mathrm{d}}{\mathrm{d}x}k(x,x)\right)u(x,t) -$$
$$k(x,x)u_x(x,t) - k_x(x,x)u(x,t) - \int_0^x k_{xx}(x,y)u(y,t)\mathrm{d}y$$
$$(3.2.4)$$

其中，符号 $\dfrac{\mathrm{d}}{\mathrm{d}x}k(x,x)$ 表示 $\dfrac{\mathrm{d}}{\mathrm{d}x}k(x,x) = k_x(x,x) + k_y(x,x)$。同样地，对变换 (3.2.1) 关于 t 求一阶和二阶导数，再结合分部积分，得

$$w_t(x,t) = u_t(x,t) - p(x) \int_0^{x_0} q(y)u_t(y,t)\mathrm{d}y - \int_0^x k(x,y)u_t(y,t)\mathrm{d}y \qquad (3.2.5)$$

和

$$w_{tt}(x,t) = u_{tt}(x,t) - p(x) \int_0^{x_0} q(y) u_{tt}(y,t) \mathrm{d}y - \int_0^x k(x,y) u_{tt}(y,t) \mathrm{d}y$$

$$= u_{xx}(x,t) + \mu u(x_0,t) - p(x) \int_0^{x_0} q(y)(u_{xx}(x,t) + \mu u(x_0,t)) \mathrm{d}y -$$

$$\int_0^x k(x,y)(u_{xx}(x,t) + \mu u(x_0,t)) \mathrm{d}y$$

$$= u_{xx}(x,t) + \mu u(x_0,t) - p(x) \int_0^{x_0} q(y) \mu u(x_0,t) \mathrm{d}y -$$

$$\int_0^x k(x,y) \mu u(x_0,t) \mathrm{d}y -$$

$$p(x) u_x(x_0,t) q(x_0) + p(x) u_x(0,t) q(0) + p(x) u(x_0,t) q'(x_0) -$$

$$p(x) u(0,t) q'(0) - p(x) \int_0^{x_0} q''(y) u(y,t) \mathrm{d}y -$$

$$k(x,x) u_x(x,t) + k(x,0) u_x(0,t) + k_y(x,x) u(x,t) - k_y(x,0) u(0,t) -$$

$$\int_0^x k_{yy}(x,y) u(y,t) \mathrm{d}y$$

$$= u_{xx}(x,t) + (-p(x) q'(0) - k_y(x,0)) u(0,t) +$$

$$\left[\mu - \mu p(x) \int_0^{x_0} q(y) \mathrm{d}y - \mu \int_0^x k(x,y) \mathrm{d}y + p(x) q'(x_0) \right] u(x_0,t) -$$

$$p(x) q(x_0) u_x(x_0,t) - k(x,x) u_x(x,t) + k_y(x,x) u(x,t) -$$

$$p(x) \int_0^{x_0} q''(y) u(y,t) \mathrm{d}y - \int_0^x k_{yy}(x,y) u(y,t) \mathrm{d}y \tag{3.2.6}$$

利用系统 (3.2.2)，知

$$w_{tt}(x,t) - w_{xx}(x,t) = 0 \tag{3.2.7}$$

将式 (3.2.4) 和式 (3.2.6) 代入式 (3.2.7) 中，可得

$$u_{xx}(x,t) + \left[\mu - \mu p(x) \int_0^{x_0} q(y) \mathrm{d}y - \mu \int_0^x k(x,y) \mathrm{d}y + p(x) q'(x_0) \right] u(x_0,t) +$$

$$(-p(x) q'(0) - k_y(x,0)) u(0,t) - p(x) q(x_0) u_x(x_0,t) - k(x,x) u_x(x,t) +$$

$$k_y(x,x) u(x,t) - p(x) \int_0^{x_0} q''(y) u(y,t) \mathrm{d}y - \int_0^x k_{yy}(x,y) u(y,t) \mathrm{d}y -$$

$$u_{xx}(x,t) + p''(x)\int_0^{x_0} q(y)u(y,t)\mathrm{d}y + \left(\frac{\mathrm{d}}{\mathrm{d}x}k(x,x)\right)u(x,t) + k(x,x)u_x(x,t) +$$

$$k_x(x,x)u(x,t) + \int_0^x k_{xx}(x,y)u(y,t)\mathrm{d}y$$

$$= \left[\mu - \mu p(x)\int_0^{x_0} q(y)\mathrm{d}y - \mu\int_0^x k(x,y)\mathrm{d}y + p(x)q'(x_0)\right]u(x_0,t) -$$

$$p(x)q(x_0)u_x(x_0,t) - (p(x)q'(0) + k_y(x,0))u(0,t) + 2\left(\frac{\mathrm{d}}{\mathrm{d}x}k(x,x)\right)u(x,t) +$$

$$\int_0^{x_0}(p''(x)q(y) - p(x)q''(y))u(y,t)\mathrm{d}y +$$

$$\int_0^x (k_{xx}(x,y) - k_{yy}(x,y))u(y,t)\mathrm{d}y = 0 \qquad (3.2.8)$$

因此，所选择的 $p(x)$、$q(y)$ 和 $k(x,y)$ 应满足

$$\begin{cases} k_{xx}(x,y) = k_{yy}(x,y) \\[4pt] \dfrac{\mathrm{d}}{\mathrm{d}x}k(x,x) = 0 \\[4pt] k_y(x,0) = -p(x)q'(0) \\[4pt] p''(x)q(y) = p(x)q''(y) \\[4pt] q(x_0) = 0 \\[4pt] \mu - \mu p(x)\displaystyle\int_0^{x_0} q(y)\mathrm{d}y - \mu\int_0^x k(x,y)\mathrm{d}y + p(x)q'(x_0) = 0 \end{cases} \qquad (3.2.9)$$

再结合系统 (3.2.2) 中的边界条件 $w_x(0,t) = c_0 w(0,t)$，可得

$$u_x(0,t) - p'(0)\int_0^{x_0} q(y)u(y,t)\mathrm{d}y - k(0,0)u(0,t)$$

$$= c_0 u(0,t) - c_0 p(0)\int_0^{x_0} q(y)u(y,t)\mathrm{d}y$$

因此，$p(x)$、$k(x,y)$ 满足 $p'(0) = c_0 p(0)$、$k(0,0) = -c_0$。所以 $p(x)$、$q(y)$ 和

$k(x, y)$ 满足方程组

$$
\begin{cases}
k_{xx}(x, y) = k_{yy}(x, y) \\
k(x, x) = -c_0 \\
k_y(x, 0) = -p(x)q'(0) \\
p''(x)q(y) = p(x)q''(y) \\
q(x_0) = 0 \\
p'(0) = c_0 p(0) \\
\mu - \mu p(x) \int_0^{x_0} q(y)\mathrm{d}y - \mu \int_0^x k(x, y)\mathrm{d}y + p(x)q'(x_0) = 0
\end{cases}
\tag{3.2.10}
$$

接下来证明以下存在性定理，该定理表明方程组 (3.2.10) 存在经典解。

定理 3.2 对任意的常数 μ，方程组 (3.2.10) 存在经典解 $p(\cdot) \in C^2([0, 1])$、$q(\cdot) \in C^2([0, x_0])$ 和 $k(\cdot, \cdot) \in C^2(\mathbb{T})$。

证明 将方程组 (3.2.10) 改写成如下的两个方程组

$$
\begin{cases}
k_{xx}(x, y) = k_{yy}(x, y) \\
k(x, x) = -c_0 \\
k_y(x, 0) = -p(x)q'(0)
\end{cases}
\tag{3.2.11}
$$

和

$$
\begin{cases}
p''(x)q(y) = p(x)q''(y) \\
q(x_0) = 0 \\
p'(0) = c_0 p(0)
\end{cases}
\tag{3.2.12}
$$

以及兼容性条件

$$
\mu - \mu p(x) \int_0^{x_0} q(y)\mathrm{d}y - \mu \int_0^x k(x, y)\mathrm{d}y + p(x)q'(x_0) = 0
\tag{3.2.13}
$$

首先解方程组 (3.2.12)。由方程组 (3.2.12) 的第一个方程，得到

$$\frac{p''(x)}{p(x)} = \frac{q''(y)}{q(y)} \tag{3.2.14}$$

因为是求方程组的未知函数的存在性，不妨假设式 (3.2.14) 比值为常数 μ

$$\frac{p''(x)}{p(x)} = \frac{q''(y)}{q(y)} = \mu \tag{3.2.15}$$

下面将从 $\mu > 0$、$\mu = 0$ 和 $\mu < 0$ 三个方面来证明方程组 (3.2.10) 解的存在性。

1. 当 $\mu > 0$ 时：

由下列方程组

$$\begin{cases} \dfrac{p''(x)}{p(x)} = \dfrac{q''(y)}{q(y)} = \mu \\ q(x_0) = 0 \\ p'(0) = c_0 p(0) \end{cases} \tag{3.2.16}$$

得到

$$\begin{cases} p(x) = \dfrac{\sqrt{\mu} + c_0}{2\sqrt{\mu}} \left(\mathrm{e}^{\sqrt{\mu}x} + \dfrac{\sqrt{\mu} - c_0}{\sqrt{\mu} + c_0} \mathrm{e}^{-\sqrt{\mu}x} \right) \\ q(y) = \dfrac{q'(x_0)}{2\sqrt{\mu}\mathrm{e}^{\sqrt{\mu}x_0}} \left(\mathrm{e}^{\sqrt{\mu}y} - \mathrm{e}^{\sqrt{\mu}(2x_0 - y)} \right) \end{cases} \tag{3.2.17}$$

其中 $p(0)$ 和 $q'(x_0)$ 待定。从方程 (3.2.11) 中可以得到 $k(x, y)$ 为

$$\begin{aligned} k(x, y) &= \int_0^{x-y} p(z) q'(0) \mathrm{d}z \\ &= \frac{(\sqrt{\mu} + c_0)(1 + \mathrm{e}^{2\sqrt{\mu}x_0})}{4\mu \mathrm{e}^{\sqrt{\mu}x_0}} p(0) q'(x_0) \times \\ &\quad \left(\mathrm{e}^{\sqrt{\mu}(x-y)} - \frac{\sqrt{\mu} - c_0}{\sqrt{\mu} + c_0} \mathrm{e}^{-\sqrt{\mu}(x-y)} - \frac{2c_0}{\sqrt{\mu} + c_0} \right) - c_0 \end{aligned} \tag{3.2.18}$$

将式 (3.2.18) 代入方程 (3.2.13)，可以得到 $p(0)$ 和 $q'(x_0)$ 满足

$$\mu + \frac{(\sqrt{\mu} + c_0)p(0)q'(x_0)}{2\sqrt{\mu}} \left(\mathrm{e}^{\sqrt{\mu}x} + \frac{\sqrt{\mu} - c_0}{\sqrt{\mu} + c_0} \mathrm{e}^{-\sqrt{\mu}x} \right) - $$

$$\frac{\mu(\sqrt{\mu} + c_0)p(0)}{2\sqrt{\mu}} \left(\mathrm{e}^{\sqrt{\mu}x} + \frac{\sqrt{\mu} - c_0}{\sqrt{\mu} + c_0} \mathrm{e}^{-\sqrt{\mu}x} \right) \left(\frac{q'(x_0)}{\mu} - \frac{q'(x_0)(1 + \mathrm{e}^{2\sqrt{\mu}x_0})}{2\mu \mathrm{e}^{\sqrt{\mu}x_0}} \right) + $$

$$c_0\mu\frac{2\mu e^{\sqrt{\mu}x_0} + (1 + e^{2\sqrt{\mu}x_0})p(0)q'(x_0)}{2\mu e^{\sqrt{\mu}x_0}}x + \frac{1 + e^{2\sqrt{\mu}x_0}}{2e^{\sqrt{\mu}x_0}}p(0)q'(x_0)-$$

$$\left(e^{\sqrt{\mu}x} + \frac{\sqrt{\mu}c_0}{\sqrt{\mu}+c_0}e^{-\sqrt{\mu}x}\right)\frac{(\sqrt{\mu}+c_0)(1 + e^{2\sqrt{\mu}x_0})p(0)q'(x_0)}{4\sqrt{\mu}e^{\sqrt{\mu}x_0}}$$

$$=\mu + \frac{1 + e^{2\sqrt{\mu}x_0}}{2e^{\sqrt{\mu}x_0}}p(0)q'(x_0) + c_0\mu\frac{2\mu e^{\sqrt{\mu}x_0} + (1 + e^{2\sqrt{\mu}x_0})p(0)q'(x_0)}{2\mu e^{\sqrt{\mu}x_0}}x$$

$$=0 \tag{3.2.19}$$

因此，得到

$$\mu + \frac{1 + e^{2\sqrt{\mu}x_0}}{2e^{\sqrt{\mu}x_0}}p(0)q'(x_0) = 0 \tag{3.2.20}$$

从方程组 (3.2.17)、式 (3.2.18) 和式 (3.2.20) 可以得出

$$\begin{cases} p(x)q(y) = -\dfrac{\sqrt{\mu}+c_0}{2(1 + e^{2\sqrt{\mu}x_0})}\left(e^{\sqrt{\mu}x} + \dfrac{\sqrt{\mu}-c_0}{\sqrt{\mu}+c_0}e^{-\sqrt{\mu}x}\right)\left(e^{\sqrt{\mu}y} - e^{\sqrt{\mu}(2x_0-y)}\right) \\[3mm] k(x,y) = -\dfrac{\sqrt{\mu}+c_0}{2}\left(e^{\sqrt{\mu}(x-y)} - \dfrac{\sqrt{\mu}-c_0}{\sqrt{\mu}+c_0}e^{-\sqrt{\mu}(x-y)}\right) \end{cases} \tag{3.2.21}$$

所以方程组 (3.2.10) 在 $\mu > 0$ 的情况下存在经典解。

2. 当 $\mu = 0$ 时：

由方程 (3.2.12) 和式 (3.2.15)，得

$$\begin{cases} p(x) = p(0)c_0x + p(0) \\ q(y) = q'(x_0)(y - x_0) \end{cases} \tag{3.2.22}$$

此时，方程组 (3.2.11) 变为

$$\begin{cases} k_{xx}(x,y) = k_{yy}(x,y) \\ k(x,x) = -c_0 \\ k_y(x,0) = -p(0)(c_0x + 1)q'(x_0) \end{cases} \tag{3.2.23}$$

且

$$k(x,y) = -p(0)q'(x_0)\left(\frac{c_0}{2}(x-y)^2 + (x-y)\right) - c_0 \tag{3.2.24}$$

将式 (3.2.24) 代入方程

$$\mu + p(x)q'(x_0) - \mu p(x)\int_0^{x_0} q(y)\mathrm{d}y - \mu\int_0^x k(x,y)\mathrm{d}y = 0 \tag{3.2.25}$$

中，可以得到

$$p(0)q'(x_0) = 0 \tag{3.2.26}$$

所以 $k(x,y) = -c_0$。因此，定理 3.2 在 $\mu = 0$ 情况下成立。

3. 当 $\mu < 0$ 时：

对于方程组

$$\begin{cases} \dfrac{p''(x)}{p(x)} = \dfrac{q''(y)}{q(y)} = \mu \\[2mm] q(x_0) = 0 \\[2mm] p'(0) = c_0 p(0) \end{cases} \tag{3.2.27}$$

又可对其中的解 $p(x)$ 和 $q(y)$ 分以下两种情况讨论。

（1）当 $\sin(\sqrt{-\mu}x) \neq 0$ 时，通过解方程组 (3.2.27)，得

$$\begin{cases} p(x) = p(0)\cos(\sqrt{-\mu}x) + \dfrac{c_0}{\sqrt{-\mu}}p(0)\sin(\sqrt{-\mu}x) \\[3mm] q(y) = q'(x_0)\cos(\sqrt{-\mu}y) - q'(x_0)\cot(\sqrt{-\mu}x_0)\sin(\sqrt{-\mu}y) \end{cases} \tag{3.2.28}$$

其中，参数 $p(0)$ 和 $q'(x_0)$ 待定。这种情况中，方程组 (3.2.11) 的解 $k(x,y)$ 是存在的。方程组 (3.2.11) 变换为

$$\begin{cases} k_{xx}(x,y) = k_{yy}(x,y) \\[2mm] k(x,x) = -c_0 \\[2mm] k_y(x,0) = -p(x)q'(0) \\[2mm] \qquad = -\left(p(0)\cos(\sqrt{-\mu}x) + \dfrac{c_0}{\sqrt{-\mu}}p(0)\sin\sqrt{-\mu}x\right) \times \\[3mm] \qquad \quad (-\sqrt{-\mu}q'(x_0)\cot\sqrt{-\mu}x_0) \end{cases} \tag{3.2.29}$$

因此，有

$$
\begin{aligned}
k(x,y) &= \int_0^{x-y} p(z)q'(0)\mathrm{d}z \\
&= -\left(\sqrt{-\mu}q'(x_0)\cot(\sqrt{-\mu}x_0)p(0)\right)\times \\
&\quad \int_0^{x-y}\left(\cos(\sqrt{-\mu}z)+\frac{c_0}{\sqrt{-\mu}}\sin(\sqrt{-\mu}z)\right)\mathrm{d}z + c \\
&= -\left(\sqrt{-\mu}p(0)q'(x_0)\cot(\sqrt{-\mu}x_0)\right)\times \\
&\quad \left(\frac{1}{\sqrt{-\mu}}\sin(\sqrt{-\mu}z)|_0^{x-y}-\frac{c_0}{\sqrt{-\mu}}\cdot\frac{1}{\sqrt{-\mu}}\cos(\sqrt{-\mu}z)|_0^{x-y}\right)+c \\
&= -p(0)q'(x_0)\cot(\sqrt{-\mu}x_0)\times \\
&\quad \left(\sin(\sqrt{\mu}(x-y))-\frac{c_0}{\sqrt{-\mu}}\cos(\sqrt{-\mu}(x-y))+\frac{c_0}{\sqrt{-\mu}}\right)+c
\end{aligned}
\tag{3.2.30}
$$

又因为 $k(x,x)=-c_0$，所以

$$
\begin{aligned}
k(x,y) = &-c_0 - p(0)q'(x_0)\cot(\sqrt{-\mu}x_0)\times \\
&\left(\sin(\sqrt{\mu}(x-y))-\frac{c_0}{\sqrt{-\mu}}\cos(\sqrt{-\mu}(x-y))+\frac{c_0}{\sqrt{-\mu}}\right)
\end{aligned}
\tag{3.2.31}
$$

将方程 (3.2.31) 代入兼容性条件 (3.2.13) 中，得到

$$
\mu - \sqrt{-\mu}p(0)q'(x_0)\left(\cos(\sqrt{-\mu}x)+\frac{c_0}{\sqrt{-\mu}}\sin(\sqrt{-\mu}x)\right)\frac{1}{\sin(\sqrt{-\mu}x_0)}-
$$

$$
\mu p(0)q'(x_0)\left(\cos(\sqrt{-\mu}x)+\frac{c_0}{\sqrt{-\mu}}\sin(\sqrt{-\mu}x)\right)\times
$$

$$
\left(\frac{1}{\sqrt{-\mu}}\cdot\frac{1}{\sin(\sqrt{-\mu}x_0)}-\cot(\sqrt{-\mu}x_0)\frac{1}{\sqrt{-\mu}}\right)+\mu p(0)q'(x_0)\cot(\sqrt{-\mu}x_0)\times
$$

$$
\left(\frac{1}{\sqrt{-\mu}}+\frac{c_0}{\sqrt{-\mu}}\cos(\sqrt{-\mu}x)-\frac{1}{\sqrt{-\mu}}\cdot\frac{c_0}{\sqrt{-\mu}}\sin(\sqrt{-\mu}x)\right)+\mu c_0 x
$$

$$
=\mu - \sqrt{-\mu}p(0)q'(x_0)\left(\cos(\sqrt{-\mu}x)+\frac{c_0}{\sqrt{-\mu}}\sin(\sqrt{-\mu}x)\right)\frac{1}{\sin(\sqrt{-\mu}x_0)}+
$$

$$
\sqrt{-\mu}p(0)q'(x_0)\left(\cos(\sqrt{-\mu}x)+\frac{c_0}{\sqrt{-\mu}}\sin(\sqrt{-\mu}x)\right)\times
$$

$$\left(\frac{1}{\sin(\sqrt{-\mu}x_0)} - \cot(\sqrt{-\mu}x_0) \right) -$$

$$\sqrt{-\mu}p(0)q'(x_0)\cot(\sqrt{-\mu}x_0)\left(1 + c_0 x - \cos(\sqrt{-\mu}x) - \frac{c_0}{\sqrt{-\mu}}\sin(\sqrt{-\mu}x) \right) +$$

$$c_0 x \mu$$

$$= \mu - \sqrt{-\mu}p(0)q'(x_0)\cot(\sqrt{-\mu}x_0) + c_0 x(\mu - \sqrt{-\mu}p(0)q'(x_0)\cot(\sqrt{-\mu}x_0)) \tag{3.2.32}$$

因此，得

$$p(0)q'(x_0) = \frac{-\sqrt{-\mu}}{\cot(\sqrt{-\mu}x_0)} \tag{3.2.33}$$

从方程 (3.2.28)、式 (3.2.31) 和式 (3.2.33) 中可以得出

$$\begin{cases} k(x,y) = \sqrt{-\mu}\sin(\sqrt{-\mu}(x-y)) - c_0\cos(\sqrt{-\mu}(x-y)) \\ p(x)q(y) = \dfrac{-\sqrt{-\mu}}{\cot(\sqrt{-\mu}x_0)}\left(\cos(\sqrt{-\mu}x) + \dfrac{c_0}{\sqrt{-\mu}}\sin(\sqrt{-\mu}x) \right) \times \\ \qquad\qquad (\cos(\sqrt{-\mu}y) - \cot(\sqrt{-\mu}x_0)\sin(\sqrt{-\mu}y)) \end{cases} \tag{3.2.34}$$

所以，在 $\mu < 0$ 且 $\sin(\sqrt{-\mu}x) \neq 0$ 的条件下，方程组 (3.2.10) 解的存在性得证。

（2）当 $\sin(\sqrt{-\mu}x) = 0$ 时，解方程 (3.2.27)，得到

$$\begin{cases} p(x) = p(0)\cos(\sqrt{-\mu}x) + \dfrac{c_0}{\sqrt{-\mu}}p(0)\sin(\sqrt{-\mu}x) \\ q(y) = q'(x_0)\sin(\sqrt{-\mu}y) \end{cases} \tag{3.2.35}$$

其中，参数 $p(0)$ 和 $q'(x_0)$ 待定。将方程组 (3.2.11) 变为

$$\begin{cases} k_{xx}(x,y) = k_{yy}(x,y) \\ k(x,x) = -c_0 \\ k_y(x,0) = -p(x)q'(0) \\ \qquad = -\left(p(0)\cos\sqrt{-\mu}x + \dfrac{c_0}{\sqrt{-\mu}}p(0)\sin(\sqrt{-\mu}x) \right)\sqrt{-\mu}q'(x_0) \end{cases} \tag{3.2.36}$$

因此，得

$$k(x, y) = \int_0^{x-y} p(z)q'(0)\mathrm{d}z$$

$$= \int_0^{x-y} \left(p(0)\cos(\sqrt{-\mu}z) + \frac{c_0}{\sqrt{-\mu}}p(0)\sin(\sqrt{-\mu}z) \right) \sqrt{-\mu}q'(x_0)\mathrm{d}z + c$$

$$= p(0)q'(x_0)\sqrt{-\mu} \left(\frac{1}{\sqrt{-\mu}}\sin(\sqrt{-\mu}z) - \frac{c_0}{\sqrt{-\mu}} \cdot \frac{1}{\sqrt{-\mu}}\cos(\sqrt{-\mu}z) \right) \bigg|_0^{x-y} + c$$

$$= p(0)q'(x_0) \left(\sin(\sqrt{-\mu}(x-y)) - \frac{c_0}{\sqrt{-\mu}}\cos(\sqrt{-\mu}(x-y)) + \frac{c_0}{\sqrt{-\mu}} \right) + c$$

$$(3.2.37)$$

又因为 $k(x, x) = -c_0$，所以

$$k(x, y) = -c_0 + p(0)q'(x_0) \left(\sin(\sqrt{-\mu}(x-y)) - \frac{c_0}{\sqrt{-\mu}}\cos(\sqrt{-\mu}(x-y)) + \frac{c_0}{\sqrt{-\mu}} \right)$$

$$(3.2.38)$$

将式 (3.2.38) 代入 $\mu + p(x)q'(x_0) - \mu p(x) \int_0^{x_0} q(y)\mathrm{d}y - \mu \int_0^x k(x, y)\mathrm{d}y = 0$ 中，可以得到

$$\mu + p(0)q'(x_0) \left(\cos(\sqrt{-\mu}x) + \frac{c_0}{\sqrt{-\mu}}\sin(\sqrt{-\mu}x) \right) \sqrt{-\mu}\cos(\sqrt{-\mu}x_0) -$$

$$\mu p(0)q'(x_0) \left(\cos(\sqrt{-\mu}x) + \frac{c_0}{\sqrt{-\mu}}\sin(\sqrt{-\mu}x) \right) \cdot$$

$$\left(-\frac{1}{\sqrt{-\mu}}\cos(\sqrt{-\mu}x_0) + \frac{1}{\sqrt{-\mu}} \right) -$$

$$\mu p(0)q'(x_0) \left(\frac{1}{\sqrt{-\mu}} - \frac{1}{\sqrt{-\mu}}\cos(\sqrt{-\mu}x) - \frac{c_0}{\sqrt{-\mu}} \cdot \right.$$

$$\left. \frac{1}{\sqrt{-\mu}}\sin(\sqrt{-\mu}x) + \frac{c_0}{\sqrt{-\mu}}x \right) + c_0 x\mu$$

$$= \mu + \sqrt{-\mu}p(0)q'(x_0) + c_0 x(\mu + \sqrt{-\mu}p(0)q'(x_0))$$

$$= 0$$

$$(3.2.39)$$

所以得到

$$\mu + \sqrt{-\mu}p(0)q'(x_0) = 0 \tag{3.2.40}$$

根据方程 (3.2.35)、式 (3.2.38) 和式 (3.2.40)，所以有

$$\begin{cases} k(x,y) = \sqrt{-\mu}\sin(\sqrt{-\mu}(x-y)) - c_0\cos(\sqrt{-\mu}(x-y)) \\ p(x)q(y) = \sqrt{-\mu}\sin(\sqrt{-\mu}y)\left(\cos(\sqrt{-\mu}x) + \dfrac{c_0}{\sqrt{-\mu}}\sin(\sqrt{-\mu}x))\right) \end{cases} \tag{3.2.41}$$

因此，方程组 (3.2.10) 在 $\mu < 0$ 且 $\sin(\sqrt{-\mu}x) = 0$ 的情况下存在经典解。

综上所述，定理 3.2 得证。 $\square$

注记 3.2   以上定理 3.2 的证明当中，$\mu > 0$ 的情况在文献 [35] 中被讨论过，而 $\mu = 0$ 和 $\mu < 0$ 是文献 [35] 中的一个推广。

3.3   逆变换的存在性

现在，要证明变换 (3.2.1) 是可逆的。假设

$$u(x,t) = w(x,t) + m(x)\int_0^{x_0} n(y)w(y,t)\mathrm{d}y + \int_0^x l(x,y)w(y,t)\mathrm{d}y \tag{3.3.1}$$

其中，核函数 $m(x)$、$n(y)$ 和 $l(x,y)$ 待定。接下来，将式 (3.3.1) 关于 x 求一阶和二阶导数，得

$$\begin{aligned} u_x(x,t) = {} & w_x(x,t) + m'(x)\int_0^{x_0} n(y)w(y,t)\mathrm{d}y + \\ & l(x,x)w(x,t) + \int_0^x l_x(x,y)w(y,t)\mathrm{d}y \end{aligned} \tag{3.3.2}$$

和

$$\begin{aligned} u_{xx}(x,t) = {} & w_{xx}(x,t) + m''(x)\int_0^{x_0} n(y)w(y,t)\mathrm{d}y + \\ & \left(\frac{\mathrm{d}}{\mathrm{d}x}l(x,x)\right)w(x,t) + l(x,x)w_x(x,t) + \\ & l_x(x,x)w(x,t) + \int_0^x l_{xx}(x,y)w(y,t)\mathrm{d}y \end{aligned} \tag{3.3.3}$$

将式 (3.3.1) 关于 t 求一阶和二阶导数，利用分部积分，得到

$$u_t(x,t) = w_t(x,t) + m(x)\int_0^{x_0} n(y)w_t(y,t)\mathrm{d}y + \int_0^x l(x,y)w_t(y,t)\mathrm{d}y \tag{3.3.4}$$

和

$$u_{tt}(x,t) = w_{tt}(x,t) + m(x)\int_0^{x_0} n(y)w_{tt}(y,t)\mathrm{d}y + \int_0^x l(x,y)w_{tt}(y,t)\mathrm{d}y$$

$$= w_{xx}(x,t) + m(x)\int_0^{x_0} n(y)w_{yy}(y,t)\mathrm{d}y + \int_0^x l(x,y)w_{yy}(y,t)\mathrm{d}y$$

$$= w_{xx}(x,t) + m(x)(n(x_0)w_x(x_0,t) - n(0)c_0w(0,t) - n'(x_0)w(x_0,t)+$$

$$n'(0)w(0,t)) + m(x)\int_0^{x_0} n''(y)w(y,t)\mathrm{d}y + l(x,x)w_x(x,t)-$$

$$l(x,0)c_0w(0,t) - l_y(x,x)w(x,t) + l_y(x,0)w(0,t)+$$

$$\int_0^x l_{yy}(x,y)w(y,t)\mathrm{d}y$$

$$(3.3.5)$$

由系统 (3.1.1) 知

$$u_{tt}(x,t) = u_{xx}(x,t) + \mu u(x_0,t) \tag{3.3.6}$$

将式 (3.3.1)、式 (3.3.3) 和式 (3.3.5) 代入式 (3.3.6) 中可以得到

$$u_{tt}(x,t) - u_{xx}(x,t) - \mu u(x_0,t)$$

$$= w_{xx}(x,t) + m(x)n(x_0)w_x(x_0,t) - m(x)n'(x_0)w(x_0,t) + m(x)n'(0)w(0,t)+$$

$$m(x)\int_0^{x_0} n''(y)w(y,t)\mathrm{d}y + l(x,x)w_x(x,t) - l_y(x,x)w(x,t) + l_y(x,0)w(0,t)+$$

$$\int_0^x l_{yy}(x,y)w(y,t)\mathrm{d}y - m(x)n(0)c_0w(0,t) - l(x,0)c_0w(0,t) - w_{xx}(x,t)-$$

$$m''(x)\int_0^{x_0} n(y)w(y,t)\mathrm{d}y - \left(\frac{\mathrm{d}}{\mathrm{d}x}l(x,x)\right)w(x,t) - l(x,x)w_x(x,t)-$$

$$l_x(x,x)w(x,t) - \int_0^x l_{xx}(x,y)w(y,t)\mathrm{d}y - \mu w(x_0,t)-$$

$$\mu m(x_0)\int_0^{x_0} n(y)w(y,t)\mathrm{d}y - \mu\int_0^{x_0} l(x_0,y)w(y,t)\mathrm{d}y$$

$$= m(x)n(x_0)w_x(x_0,t) + (-m(x)n'(x_0) - \mu)w(x_0,t)+$$

$$(m(x)n'(0) + l_y(x,0) - c_0l(x,0) - c_0m(x)m(0))w(0,t)+$$

$$\left(-l_y(x,x) - \frac{\mathrm{d}}{\mathrm{d}x}l(x,x) - l_x(x,x)\right)w(x,t)+$$

$$\int_0^{x_0} (m(x)n''(y) - m''(x)n(y) - \mu m(x_0)n(y) - \mu l(x_0, y))w(y, t)\mathrm{d}y+$$

$$\int_0^x (l_{yy}(x, y) - l_{xx}(x, y))w(y, t)\mathrm{d}y \tag{3.3.7}$$

因此，函数 $m(x)$、$n(y)$ 和 $l(x, y)$ 满足

$$\begin{cases} l_{xx}(x, y) = l_{yy}(x, y) \\[2mm] \dfrac{\mathrm{d}}{\mathrm{d}x}l(x, x) = 0 \\[2mm] m(x)n(x_0) = 0 \\[2mm] m(x)n'(x_0) + \mu = 0 \\[2mm] l_y(x, 0) = -m(x)n'(0) + c_0 l(x, 0) + c_0 m(x)n(0) \\[2mm] m(x)n''(y) - m''(x)n(y) - \mu m(x_0)n(y) - \mu l(x_0, y) = 0 \end{cases} \tag{3.3.8}$$

再结合系统 (3.1.1) 中的边界条件 $u_x(0, t) = 0$，得

$$\begin{aligned} u_x(0, t) &= w_x(0, t) + m'(0)\int_0^{x_0} n(y)w(y, t)\mathrm{d}y + l(0, 0)w(0, t) \\ &= c_0 w(0, t) + m'(0)\int_0^{x_0} n(y)w(y, t)\mathrm{d}y + l(0, 0)w(0, t) \\ &= 0 \end{aligned} \tag{3.3.9}$$

所以，函数 $m(x)$、$l(x, y)$ 满足 $m'(0) = 0$，$l(0, 0) = -c_0$。故 $m(x)$、$n(y)$ 和 $l(x, y)$ 满足以下方程组

$$\begin{cases} l_{xx}(x, y) = l_{yy}(x, y) \\[2mm] l(x, x) = -c_0 \\[2mm] m(x)n'(x_0) + \mu = 0 \\[2mm] n(x_0) = 0 \\[2mm] m'(0) = 0 \\[2mm] l_y(x, 0) = -m(x)n'(0) + c_0 l(x, 0) + c_0 m(x)n(0) \\[2mm] m(x)n''(y) - m''(x)n(y) - \mu m(x_0)n(y) - \mu l(x_0, y) = 0 \end{cases} \tag{3.3.10}$$

定理 3.3 对任意的常数 μ，方程组 (3.3.10) 存在经典解 $m(\cdot) \in C^2([0,1])$、$n(\cdot) \in C^2([0, x_0])$ 和 $l(\cdot, \cdot) \in C^2(\mathbb{T})$。

证明 通过 $m(x)n'(x_0) + \mu = 0$，得 $m(x) = -\dfrac{\mu}{n'(x_0)}$，其中 $n'(x_0) \neq 0$。再结合方程组 (3.3.10) 中的方程

$$\begin{cases} l_{xx}(x,y) = l_{yy}(x,y) \\ l(x,x) = -c_0 \\ l_y(x,0) = -m(x)n'(0) + c_0 l(x,0) + c_0 m(x)n(0) \end{cases} \tag{3.3.11}$$

可以得 $l(x,y)$ 的解为

$$l(x,y) = -c_0 \mathrm{e}^{-c_0(x-y)} - \frac{\mu(n'(0) - c_0 n(0))}{c_0 n'(x_0)}\left(1 - \mathrm{e}^{-c_0(x-y)}\right) \tag{3.3.12}$$

将 $l(x_0, y)$ 代入方程

$$m(x)n''(y) - m''(x)n(y) - \mu m(x_0)n(y) - \mu l(x_0, y) = 0 \tag{3.3.13}$$

又因为 $m(x) = -\dfrac{\mu}{n'(x_0)}$，所以 $m'(x) = m''(x) = 0$。将 $m(x) = -\dfrac{\mu}{n'(x_0)}$ 和 $m'(x) = m''(x) = 0$ 代入式 (3.3.13) 中，得

$$\begin{aligned} n''(y) - \mu n(y) &= l(x_0, y)n'(x_0) \\ &= c_0 \mathrm{e}^{-c_0(x_0-y)} n'(x_0) + \frac{\mu(n'(0) - c_0 n(0))}{c_0}\left(1 - \mathrm{e}^{-c_0(x_0-y)}\right) \end{aligned} \tag{3.3.14}$$

接下来，将在 $\mu = 0$、$\mu > 0$ 和 $\mu < 0$ 这三种情况下分别证明方程组 (3.3.10) 解的存在性。

1. 当 $\mu > 0$ 时：

解方程组

$$\begin{cases} n''(y) - \mu n(y) = l(x_0, y)n'(x_0) \\ n(x_0) = 0 \\ n'(0) - c_0 n(0) = c_0 n'(x_0) \end{cases} \tag{3.3.15}$$

得到

$$n(y) = c(\mathrm{e}^{\sqrt{\mu}y} - \mathrm{e}^{\sqrt{\mu}(2x_0-y)}) + \frac{1}{2\sqrt{\mu}} \int_{x_0}^{y} (\mathrm{e}^{\sqrt{\mu}(y-z)} - \mathrm{e}^{-\sqrt{\mu}(y-z)}) \times$$

$$\left(c_0 \mathrm{e}^{-c_0(x_0-z)} n'(x_0) + \frac{\mu(n'(0) - c_0 n(0))}{c_0} (1 - \mathrm{e}^{-c_0(x_0-z)}) \right) \mathrm{d}z \qquad (3.3.16)$$

直接计算就能得到 $n'(x_0) = n'(0) - c_0 n(0) = 2\sqrt{\mu} \mathrm{e}^{\sqrt{\mu}x_0} c$, 那么 $n(y)$ 的表达式变为

$$n(y) = \frac{\mathrm{e}^{\sqrt{\mu}y} - \mathrm{e}^{\sqrt{\mu}(2x_0-y)}}{2\sqrt{\mu}\mathrm{e}^{\sqrt{\mu}x_0}} n'(x_0) +$$

$$\frac{n'(x_0)}{2\sqrt{\mu}} \int_{x_0}^{y} (\mathrm{e}^{\sqrt{\mu}(y-z)} - \mathrm{e}^{-\sqrt{\mu}(y-z)}) \left(c_0 \mathrm{e}^{-c_0(x_0-z)} + \frac{\mu}{c_0}(1 - \mathrm{e}^{-c_0(x_0-z)}) \right) \mathrm{d}z$$

$$(3.3.17)$$

因此核方程 $m(x)n(y)$ 和 $l(x,y)$ 可以由

$$\begin{cases} l(x,y) = -c_0 \mathrm{e}^{-c_0(x-y)} - \dfrac{\mu}{c_0}(1 - \mathrm{e}^{-c_0(x-y)}) \\ m(x)n(y) = -\dfrac{\sqrt{\mu}(\mathrm{e}^{\sqrt{\mu}y} - \mathrm{e}^{\sqrt{\mu}(2x_0-y)})}{2\mathrm{e}^{\sqrt{\mu}x_0}} - \dfrac{\sqrt{\mu}}{2} \displaystyle\int_{x_0}^{y} (\mathrm{e}^{\sqrt{\mu}(y-z)} - \mathrm{e}^{-\sqrt{\mu}(y-z)}) \cdot \\ \qquad\qquad \left(c_0 \mathrm{e}^{-\sqrt{\mu}(x_0-z)} + \dfrac{\mu}{c_0}(1 - \mathrm{e}^{-c_0(x_0-z)}) \right) \mathrm{d}z \end{cases}$$

$$(3.3.18)$$

唯一确定。

2. 当 $\mu = 0$ 时:

解方程组

$$\begin{cases} n''(y) = l(x_0, y)n'(x_0) \\ n(x_0) = 0 \\ n'(0) - c_0 n(0) = c_0 n'(x_0) \end{cases} \qquad (3.3.19)$$

得到

$$n(y) = \int_{x_0}^{y} \int_{0}^{t} l(x_0, s)n'(x_0)\mathrm{d}s\mathrm{d}t + c_1 y - c_1 x_0 + c_2 \qquad (3.3.20)$$

由于 $n(x_0) = 0$，所以 $c_2 = 0$。因此 $n(y)$ 的表达式变为

$$n(y) = \int_{x_0}^{y} \int_{0}^{t} l(x_0, s) n'(x_0) \mathrm{d}s \mathrm{d}t + c_1 y - c_1 x_0 \tag{3.3.21}$$

将 $n(y)$ 关于 y 求导数，得到

$$n'(y) = \int_{0}^{y} l(x_0, s) n'(x_0) \mathrm{d}s + c_1 \tag{3.3.22}$$

又因为 $n'(0) - c_0 n(0) = c_0 n'(x_0)$，所以

$$c_1 - c_0 \left(\int_{x_0}^{0} \int_{0}^{t} l(x_0, s) n'(x_0) \mathrm{d}s \mathrm{d}t - c_1 x_0 \right) = c_0 \int_{0}^{x_0} l(x_0, s) n'(x_0) \mathrm{d}s + c_1 c_0 \tag{3.3.23}$$

因此

$$c_1 = \frac{c_0 \int_{x_0}^{0} \int_{0}^{t} l(x_0, s) n'(x_0) \mathrm{d}s \mathrm{d}t + c_0 \int_{0}^{x_0} l(x_0, s) n'(x_0) \mathrm{d}s}{1 + c_0 x_0 - c_0} \tag{3.3.24}$$

故而，$n(y)$ 的表达式为

$$n(y) = \int_{x_0}^{y} \int_{0}^{t} l(x_0, s) n'(x_0) \mathrm{d}s \mathrm{d}t +$$
$$(y - x_0) \frac{c_0 \int_{x_0}^{0} \int_{0}^{t} l(x_0, s) n'(x_0) \mathrm{d}s \mathrm{d}t + c_0 \int_{0}^{x_0} l(x_0, s) n'(x_0) \mathrm{d}s}{1 + c_0 x_0 - c_0} \tag{3.3.25}$$

3. 当 $\mu < 0$ 时：

解方程组

$$\begin{cases} n''(y) - \mu n(y) = l(x_0, y) n'(x_0) \\ n(x_0) = 0 \\ n'(0) - c_0 n(0) = c_0 n'(x_0) \end{cases} \tag{3.3.26}$$

得到

$$n(y) = -\frac{1}{\sqrt{-\mu}} \int_{x_0}^{y} l(x_0, \xi) n'(x_0) \sin(\sqrt{-\mu} \xi) \mathrm{d}\xi \cos(\sqrt{-\mu} y) +$$

$$\frac{1}{\sqrt{-\mu}} \int_{x_0}^{y} l(x_0, \xi) n'(x_0) \cos(\sqrt{-\mu}\xi) \mathrm{d}\xi \sin(\sqrt{-\mu}y) +$$

$$c_1 \cos(\sqrt{-\mu}y) + c_2 \sin(\sqrt{-\mu}y) \tag{3.3.27}$$

因此，就以下两种情况讨论 $n(y)$ 在 $\mu < 0$ 时解的存在性。

(1) 当 $\sin(\sqrt{-\mu}x_0) \neq 0$ 时。将式 (3.3.27) 代入方程组 (3.3.26) 中并解方程组 (3.3.26)，得到

$$\begin{cases}
c_1 \cos(\sqrt{-\mu}x_0) + c_2 \sin(\sqrt{-\mu}x_0) = 0 \\
\int_{x_0}^{0} l(x_0, \xi) \cos(\sqrt{-\mu}\xi) \mathrm{d}\xi + \sqrt{-\mu}c_2 - \\
c_0 \left(1 \frac{1}{\sqrt{-\mu}} \int_{x_0}^{0} l(x_0, \xi) \sin(\sqrt{-\mu}\xi) n'(x_0) \mathrm{d}\xi + c_1 \right) \\
= c_0(-\sqrt{-\mu}c_1 \sin(\sqrt{-\mu}x_0) + \sqrt{-\mu}c_2 \cos(\sqrt{-\mu}x_0))
\end{cases} \tag{3.3.28}$$

和

$$\int_{x_0}^{0} l(x_0, \xi) n'(x_0) \cos(\sqrt{-\mu}\xi) \mathrm{d}\xi - \sqrt{-\mu}c_1 \cot(\sqrt{-\mu}x_0) +$$

$$\frac{c_0}{\sqrt{-\mu}} \int_{x_0}^{0} l(x_0, \xi) n'(x_0) \sin(\sqrt{-\mu}\xi) \mathrm{d}\xi - c_1 c_0 \tag{3.3.29}$$

$$= -\sqrt{-\mu}c_0 c_1 \frac{1}{\sin(\sqrt{-\mu}x_0)}$$

因此，得到

$$\begin{cases}
c_1 = \dfrac{\displaystyle\int_{x_0}^{0} l(x_0, \xi) n'(x_0) \cos(\sqrt{-\mu}\xi) \mathrm{d}\xi + \dfrac{c_0}{\sqrt{-\mu}} \int_{x_0}^{0} l(x_0, \xi) n'(x_0) \sin(\sqrt{-\mu}\xi) \mathrm{d}\xi}{c_0 + \sqrt{-\mu} \cot(\sqrt{-\mu}x_0) - \sqrt{-\mu}c_0 \dfrac{1}{\sin(\sqrt{-\mu}x_0)}} \\[4mm]
c_2 = -\dfrac{\displaystyle\int_{x_0}^{0} l(x_0, \xi) n'(x_0) \cos(\sqrt{-\mu}\xi) \mathrm{d}\xi + \dfrac{c_0}{\sqrt{-\mu}} \int_{x_0}^{0} l(x_0, \xi) n'(x_0) \sin(\sqrt{-\mu}\xi) \mathrm{d}\xi}{c_0 \tan(\sqrt{-\mu}x_0) + \sqrt{-\mu} - \sqrt{-\mu}c_0 \dfrac{1}{\cos(\sqrt{-\mu}x_0)}}
\end{cases} \tag{3.3.30}$$

所以，$n(y)$ 的表达式为

$$n(y) = -\frac{1}{\sqrt{-\mu}} \int_{x_0}^{y} l(x_0,\xi) n'(x_0) \sin(\sqrt{-\mu}\xi) \mathrm{d}\xi \cos(\sqrt{-\mu}y) +$$

$$\frac{1}{\sqrt{-\mu}} \int_{x_0}^{y} l(x_0,\xi) n'(x_0) \cos(\sqrt{-\mu}\xi) \mathrm{d}\xi \sin(\sqrt{-\mu}y) +$$

$$\frac{\displaystyle\int_{x_0}^{0} l(x_0,\xi) n'(x_0) \cos(\sqrt{-\mu}\xi)\mathrm{d}\xi + \frac{c_0}{\sqrt{-\mu}} \int_{x_0}^{0} l(x_0,\xi) n'(x_0) \sin(\sqrt{-\mu}\xi)\mathrm{d}\xi}{c_0 + \sqrt{-\mu}\cot(\sqrt{-\mu}x_0) - \sqrt{-\mu}c_0 \dfrac{1}{\sin(\sqrt{-\mu}x_0)}} \times$$

$$\cos(\sqrt{-\mu}y) -$$

$$\frac{\displaystyle\int_{x_0}^{0} l(x_0,\xi) n'(x_0) \cos(\sqrt{-\mu}\xi)\mathrm{d}\xi + \frac{c_0}{\sqrt{-\mu}} \int_{x_0}^{0} l(x_0,\xi) n'(x_0) \sin(\sqrt{-\mu}\xi)\mathrm{d}\xi}{c_0 \tan(\sqrt{-\mu}x_0) + \sqrt{-\mu} - \sqrt{-\mu}c_0 \dfrac{1}{\cos(\sqrt{-\mu}x_0)}} \times$$

$$\sin(\sqrt{-\mu}y) \tag{3.3.31}$$

所以

$$m(x)n(y)$$

$$= -\frac{\mu}{n'(x_0)} n(y)$$

$$= \sqrt{-\mu} \int_{x_0}^{y} l(x_0,\xi) \sin(\sqrt{-\mu}\xi) \mathrm{d}\xi \cos(\sqrt{-\mu}y) -$$

$$\sqrt{-\mu} \int_{x_0}^{y} l(x_0,\xi) \cos(\sqrt{-\mu}\xi) \mathrm{d}\xi \sin(\sqrt{-\mu}y) -$$

$$\frac{\mu \displaystyle\int_{x_0}^{0} l(x_0,\xi) \cos(\sqrt{-\mu}\xi)\mathrm{d}\xi + \frac{c_0}{\sqrt{-\mu}} \int_{x_0}^{0} l(x_0,\xi) \sin(\sqrt{-\mu}\xi)\mathrm{d}\xi}{c_0 + \sqrt{-\mu}\cot(\sqrt{-\mu}x_0) - \sqrt{-\mu}c_0 \dfrac{1}{\sin(\sqrt{-\mu}x_0)}} \cos(\sqrt{-\mu}y) +$$

$$\frac{\mu \displaystyle\int_{x_0}^{0} l(x_0,\xi) \cos(\sqrt{-\mu}\xi)\mathrm{d}\xi + \frac{c_0}{\sqrt{-\mu}} \int_{x_0}^{0} l(x_0,\xi) \sin(\sqrt{-\mu}\xi)\mathrm{d}\xi}{c_0 \tan(\sqrt{-\mu}x_0) + \sqrt{-\mu} - \sqrt{-\mu}c_0 \dfrac{1}{\cos(\sqrt{-\mu}x_0)}} \sin(\sqrt{-\mu}y) \tag{3.3.32}$$

故在 $\mu < 0$ 且 $\sin(\sqrt{-\mu}x_0) \neq 0$ 的情况下，方程组 (3.3.26) 有解。

(2) 当 $\sin(\sqrt{-\mu}x_0) = 0$ 时。将式 (3.3.27) 代入方程组 (3.3.26) 并解方程组 (3.3.26)，得到

$$c_1 \cos(\sqrt{-\mu}x_0) = 0 \tag{3.3.33}$$

所以 $c_1 = 0$，且 $n(y)$ 的表达式为

$$\begin{aligned}
n(y) = &-\frac{1}{\sqrt{-\mu}} \int_{x_0}^{y} l(x_0, \xi) n'(x_0) \sin(\sqrt{-\mu}\xi) \mathrm{d}\xi \cos(\sqrt{-\mu}y) + \\
&\frac{1}{\sqrt{-\mu}} \int_{x_0}^{y} l(x_0, \xi) n'(x_0) \cos(\sqrt{-\mu}\xi) \mathrm{d}\xi \sin(\sqrt{-\mu}y) + \\
&c_2 \sin(\sqrt{-\mu}y)
\end{aligned} \tag{3.3.34}$$

考虑边界条件 $n'(0) - c_0 n(0) = c_0 n'(x_0)$，将式 (3.3.34) 代入 $n'(0) - c_0 n(0) = c_0 n'(x_0)$ 中，得到

$$\begin{aligned}
&\int_{x_0}^{0} l(x_0, \xi) n'(x_0) \cos(\sqrt{-\mu}\xi) \sin(\sqrt{-\mu}\xi) \mathrm{d}\xi + \sqrt{-\mu}c_2 - \\
&c_0 \left(-\frac{1}{\sqrt{-\mu}} \int_{x_0}^{0} l(x_0, \xi) n'(x_0) \sin(\sqrt{-\mu}\xi) \mathrm{d}\xi \right) \\
&= c_0 c_2 \sin(\sqrt{-\mu}x_0)
\end{aligned} \tag{3.3.35}$$

所以

$$c_2 = \frac{\displaystyle\int_{x_0}^{0} l(x_0, \xi) n'(x_0) \cos(\sqrt{-\mu}\xi) \mathrm{d}\xi + \frac{c_0}{\sqrt{-\mu}} \int_{x_0}^{0} l(x_0, \xi) n'(x_0) \sin(\sqrt{-\mu}\xi) \mathrm{d}\xi}{c_0 \sin(\sqrt{-\mu}x_0) - \sqrt{-\mu}} \tag{3.3.36}$$

并且 $n(y)$ 的表达式为

$$\begin{aligned}
n(y) = &-\frac{1}{\sqrt{-\mu}} \int_{x_0}^{y} l(x_0, \xi) n'(x_0) \sin(\sqrt{-\mu}\xi) \mathrm{d}\xi \cos(\sqrt{-\mu}y) + \\
&\frac{1}{\sqrt{-\mu}} \int_{x_0}^{y} l(x_0, \xi) n'(x_0) \cos(\sqrt{-\mu}\xi) \mathrm{d}\xi \sin(\sqrt{-\mu}y) + \\
&\frac{\displaystyle\int_{x_0}^{0} l(x_0, \xi) n'(x_0) \cos(\sqrt{-\mu}\xi) \mathrm{d}\xi + \frac{c_0}{\sqrt{-\mu}} \int_{x_0}^{0} l(x_0, \xi) n'(x_0) \sin(\sqrt{-\mu}\xi) \mathrm{d}\xi}{c_0 \sin(\sqrt{-\mu}x_0) - \sqrt{-\mu}} \times
\end{aligned}$$

$$\sin(\sqrt{-\mu}y) \tag{3.3.37}$$

所以，得到

$$
\begin{aligned}
&m(x)n(y)\\
={}&-\frac{\mu}{n'(x_0)}n(y)\\
={}&\sqrt{-\mu}\int_{x_0}^{y}l(x_0,\xi)\sin(\sqrt{-\mu}\xi)\mathrm{d}\xi\cos(\sqrt{-\mu}y)-\\
&\sqrt{-\mu}\int_{x_0}^{y}l(x_0,\xi)\cos(\sqrt{-\mu}\xi)\mathrm{d}\xi\sin(\sqrt{-\mu}y)-\\
&\frac{\mu\int_{x_0}^{0}l(x_0,\xi)\cos(\sqrt{-\mu}\xi)\mathrm{d}\xi+\dfrac{c_0}{\sqrt{-\mu}}\int_{x_0}^{0}l(x_0,\xi)\sin(\sqrt{-\mu}\xi)\mathrm{d}\xi}{c_0\sin(\sqrt{-\mu}x_0)-\sqrt{-\mu}}\sin(\sqrt{-\mu}y)
\end{aligned}
\tag{3.3.38}
$$

因此，在 $\mu<0$ 且 $\sin(\sqrt{-\mu}x_0)=0$ 的情况下，方程组 (3.3.26) 有解。

综上，方程组 (3.3.10) 解的存在性得证。 $\square$

3.4 本章小结

本章基于李雅普诺夫稳定性理论研究了一类波动方程边界反馈与稳定问题。首先，建立具有不稳定边界条件的波动方程系统模型，其中边界条件有一端是不稳定的；其次，找到一个稳定的波动方程系统作为目标系统，通过构建合适的变换方程，利用反步法设计出合理的边界状态反馈控制器，使得初始系统在闭环区间指数稳定；最后，通过证明变换方程中核函数的存在性得出反馈控制器的合理性，再通过证明逆变换中核函数的存在性及边界条件，证明在反馈控制器下初始系统实现了指数稳定。

第 4 章
具有中间点热源的线性热方程的边界控制

本章主要讨论了具有中间点热源的线性热方程的边界控制问题。首先，选择一个已知的指数稳定的偏微分方程作为它的目标系统；其次，用特别的技巧证明正变换和逆变换中核函数的存在性；最后，证明在给定的条件下系统是闭环指数稳定的。

4.1 引言

近年来，学术界对有界区域的不稳定热方程提出了利用边界控制实现稳定性的问题。这种反馈控制问题可以通过李雅普诺夫函数、阻尼均匀性、反步法等方法研究。而在这些方法中，反步法在设计反馈控制器时具有简单和数值有效性等优点，因此在热方程的稳定性研究中得到了广泛的应用，如在文献 [108] 中利用反步法研究了中间点有热源的线性热方程的镇定问题。同时在文献 [22] 中，利用常微分系统中系数矩阵的特征向量构造集总参数分量的反馈增益，进而研究了常微分热方程系统在中间点处的耦合稳定性，在反步反馈控制法则的设计中，通过证明正逆变换的具有二阶连续导数的光滑核函数的存在性，从而证明了原系统与目标系统的等价性。

在文献 [109] 中讨论了非局部波动偏微分方程的控制问题，研究了具有常系数边界速度的空间域的反馈波动方程；在文献 [105] 中和文献 [110] 中讨论了一类具有非局部项的耦合双曲方程和具有域内抗阻尼的一维波动方程的边界镇定问题；在文献 [2] 和文献 [25] 中，则讨论了非局部项在普通偏微分方程中的情况；在文献 [106, 111-113] 的基于反步法的边界控制设计中，考虑了耦合偏微分方程的高维系统。文献 [35] 利用反步法讨论了一维速度再循环波动方程的边界状态反馈指数稳定问题。

本章考虑热方程

$$\begin{cases} u_t(x,t) = u_{xx}(x,t) + u_x(x,t) + \mu u(x_0,t) \\ u(x,0) = u_0(x) \\ u_x(0,t) = 0 \\ u(1,t) = U(t) \end{cases} \tag{4.1.1}$$

的边界控制，其中 $x_0 \in (0,1)$，$u_0(x)$ 是初始值，μ 是常数，$U(t)$ 是边界控制。显然，如果没有边界控制 $U(t)$，系统 (4.1.1) 是不稳定的。在这里考虑更一般的情况，即系统 (4.1.1) 的不稳定性是由中间点 x_0 的状态产生的。

4.2 主要结果

为了得到系统 (4.1.1) 的反馈镇定控制器，思路是利用如下变换

$$w(x,t) = u(x,t) - p(x) \int_0^{x_0} q(y)u(y,t)\mathrm{d}y - \int_0^x k(x,y)u(y,t)\mathrm{d}y \tag{4.2.1}$$

将系统 (4.1.1) 转化为如下指数稳定的目标系统[11]

$$\begin{cases} w_t(x,t) = w_{xx}(x,t) + w_x(x,t), & x \in (0,1), t > 0 \\ w(x,0) = w_0(x), & x \in (0,1) \\ w_x(0,t) = 0, & t > 0 \\ w(1,t) = 0, & t > 0 \end{cases} \tag{4.2.2}$$

其中核函数 $p(x)$、$q(y)$ 和 $k(x,y)$ 待定。显然，如果变换 (4.2.1) 存在，根据 Hölder 不等式，易知存在 $C_1 > 0$ 使得

$$\| w(\cdot,t) \|_{L^2(0,1)} \leqslant C_1 \| u(\cdot,t) \|_{L^2(0,1)}$$

注记 4.1 与通常的抛物型偏微分方程的反步变换公式相比，变换 (4.2.1) 添加了一项 $p(x) \int_0^{x_0} q(y)u(y,t)\mathrm{d}y$ 用于解决原系统中的 $\mu u(x_0,t)$ 项。这个新的变换 (4.2.1) 不是一个严格的反馈控制形式，它包含了 Volterra 积分和 Fredholm 积分。如果去掉变换 (4.2.1) 中的 $p(x_0) \int_0^{x_0} q(y)u(y,t)\mathrm{d}y$ 项，那么将无法得到系统 (4.1.1) 的反馈镇定控制器。

引入三角域 $\mathbb{T}$：

$$\mathbb{T} := \{(x,y) \in \mathbb{R} \mid 0 \leqslant x \leqslant 1, 0 \leqslant y \leqslant x\}$$

本章的主要结论如下。

定理 4.1　对任意的实数 μ 以及任意的 $u_0(\cdot) \in H^1(0,1)$，存在函数 $p(\cdot) \in C^2([0,1])$、$q(\cdot) \in C^2([0,x_0])$ 和 $k(\cdot,\cdot) \in C^2(\mathbb{T})$ 满足以下兼容性条件

$$u_0(1) = p(1) \int_0^{x_0} q(y)u_0(y)\mathrm{d}y + \int_0^1 k(1,y)u_0(y)\mathrm{d}y$$

若取

$$U(t) = p(1) \int_0^{x_0} q(y)u(y,t)\mathrm{d}y + \int_0^1 k(1,y)u(y,t)\mathrm{d}y$$

则相应的闭环系统 (4.1.1) 在 $C([0,+\infty); H^1(0,1))$ 中存在唯一解，且在范数 $\|u\|^2 = \int_0^1 u^2(x,t)\mathrm{d}x$ 的意义下具有任意给定衰减率的指数稳定。

注记 4.2　证明的主要思想是通过目标系统的适定性和稳定性[11]，然后利用两系统之间的变换是可逆的这一事实，从而得到闭环系统 (4.1.1) 是适定的和稳定的。因为需要的准备工作较多，定理的证明放在了 4.4 节。

下面先证明变换 (4.2.1) 中待定函数的存在性。

对变换 (4.2.1) 关于 x 求偏导数，得到

$$w_x(x,t) = u_x(x,t) - p'(x) \int_0^{x_0} q(y)u(y,t)\mathrm{d}y - k(x,x)u(x,t) - \int_0^x k_x(x,y)u(y,t)\mathrm{d}y$$
(4.2.3)

和

$$\begin{aligned}
w_{xx}(x,t) = {} & u_{xx}(x,t) - p''(x) \int_0^{x_0} q(y)u(y,t)\mathrm{d}y - \\
& \frac{\mathrm{d}}{\mathrm{d}x}(k(x,x))u(x,t) - k(x,x)u_x(x,t) - \\
& k_x(x,x)u(x,t) - \int_0^x k_{xx}(x,y)u(y,t)\mathrm{d}y
\end{aligned}$$
(4.2.4)

同样对式 (4.2.1) 关于 t 求偏导数，利用系统 (4.1.1) 及分部积分，可得

$$w_t(x,t) = u_t(x,t) - p(x)\int_0^{x_0} q(y)u_t(y,t)\mathrm{d}y - \int_0^x k(x,y)u_t(y,t)\mathrm{d}y$$

$$= u_{xx}(x,t) + u_x(x,t) + \mu u(x_0,t) -$$

$$p(x)\int_0^{x_0} q(y)\left\{u_{yy}(y,t) + u_y(y,t) + \mu u(x_0,t)\right\}\mathrm{d}y -$$

$$\int_0^x k(x,y)\left\{u_{yy}(y,t) + u_y(y,t) + \mu u(x_0,t)\right\}\mathrm{d}y$$

$$= u_{xx}(x,t) + u_x(x,t) + \mu u(x_0,t) -$$

$$p(x)[q(x_0)u_x(x_0,t) - q(0)u_x(0,t) - q'(x_0)u(x_0,t) +$$

$$q'(0)u(0,t) + q(x_0)u(x_0,t) - q(0)u(0,t) +$$

$$\int_0^{x_0} q''(y)u(y,t)\mathrm{d}y - \int_0^{x_0} q'(y)u(y,t)\mathrm{d}y + \mu\int_0^{x_0} q(y)\mathrm{d}yu(x_0,t)] -$$

$$k(x,x)u_x(x,t) + k(x,0)u_x(0,t) + k_y(x,x)u(x,t) -$$

$$k_y(x,0)u(0,t) - k(x,x)u(x,t) + k(x,0)u(0,t) + k(x,0)u(0,t) -$$

$$\int_0^x k_{yy}(x,y)u(y,t)\mathrm{d}y + \int_0^x k_y(x,y)u(y,t)\mathrm{d}y - \mu\int_0^x k(x,y)\mathrm{d}yu(x_0,t)$$

$$(4.2.5)$$

将式 (4.2.3)、式 (4.2.4)、式 (4.2.5) 代入公式

$$w_t(x,t) = w_{xx}(x,t) + w_x(x,t)$$

中，计算得

$$\mu u(x_0,t) - p(x)(q(x_0)u_x(x_0,t) - q'(x_0)u(x_0,t) +$$

$$q'(0)u(0,t) + q(x_0)u(x_0,t) - q(0)u(0,t) +$$

$$\int_0^{x_0} q''(y)u(y,t)\mathrm{d}y - \int_0^{x_0} q'(y)u(y,t)\mathrm{d}y + \mu\int_0^{x_0} q(y)\mathrm{d}yu(x_0,t)) +$$

$$k_y(x,x)u(x,t) - k_y(x,0)u(0,t) + k(x,0)u(0,t) -$$

$$\int_0^x k_{yy}(x,y)u(y,t)\mathrm{d}y + \int_0^x k_y(x,y)u(y,t)\mathrm{d}y -$$

$$\mu \int_0^x k(x,y)\mathrm{d}y u(x_0,t) + p''(x)\int_0^{x_0} q(y)u(y,t)\mathrm{d}y + k'(x,x)u(x,t) +$$

$$k_x(x,x)u(x,t) + \int_0^x k_{xx}(x,y)u(y,t)\mathrm{d}y +$$

$$p'(x)\int_0^{x_0} q(y)u(y,t)\mathrm{d}y + \int_0^x k_x(x,y)u(y,t)\mathrm{d}y$$

$$= 0 \tag{4.2.6}$$

因此，函数 $p(x)$、$q(y)$ 和 $k(x,y)$ 满足

$$\begin{cases} \int_0^{x_0} (p''(x)q(y) - p(x)q''(y) + p(x)q'(y) + p'(x)q(y))u(y,t)\mathrm{d}y = 0 \\ \int_0^x (-k_{yy}(x,y) + k_y(x,y) + k_{xx}(x,y) + k_x(x,y))u(y,t)\mathrm{d}y = 0 \\ -p(x)q(x_0) = 0 \\ k'(x,x) = 0 \\ -p(x)q'(0) + p(x)q(0) - k_y(x,0) + k(x,0) = 0 \\ \mu + p(x)q'(x_0) - \mu p(x)\int_0^{x_0} q(y)\mathrm{d}y - \mu \int_0^x k(x,y)\mathrm{d}y = 0 \end{cases} \tag{4.2.7}$$

结合式 (4.2.2) 中的边界条件 $w_x(0,t) = 0$，有

$$u_x(0,t) - p'(0)\int_0^{x_0} q(y)u(y,t)\mathrm{d}y - k(0,0)u(0,t) = 0$$

因此，$p(x)$、$k(x,y)$ 满足 $p'(0) = 0$、$k(0,0) = 0$ 和 $k'(x,x) = 0$。故 $p(x)$、$q(y)$ 和 $k(x,y)$ 满足方程组

$$\begin{cases} p''(x)q(y) - p(x)q''(y) + p(x)q'(y) + p'(x)q(y) = 0 \\[2mm] -k_{yy}(x,y) + k_y(x,y) + k_{xx}(x,y) + k_x(x,y) = 0 \\[2mm] q(x_0) = 0 \\[2mm] p'(0) = 0 \\[2mm] k'(x,x) = 0 \\[2mm] k(0,0) = 0 \\[2mm] -p(x)q'(0) + p(x)q(0) - k_y(x,0) + k(x,0) = 0 \\[2mm] \mu + p(x)q'(x_0) - \mu p(x)\displaystyle\int_0^{x_0} q(y)\mathrm{d}y - \mu\int_0^x k(x,y)\mathrm{d}y = 0 \end{cases} \quad (4.2.8)$$

如下定理表明方程组 (4.2.8) 存在经典解。

定理 4.2 对任意常数 μ，方程组 (4.2.8) 具有经典解 $p(\cdot) \in C^2([0,1])$、$q(\cdot) \in C^2([0,x_0])$ 和 $k(\cdot,\cdot) \in C^2(\mathbb{T})$。

证明 将方程组 (4.2.8) 改写成如下的两个方程组

$$\begin{cases} k_{xx}(x,y) - k_{yy}(x,y) + k'(x,y) = 0 \\[2mm] k(x,x) = 0 \\[2mm] k(x,0) - k_y(x,0) = -p(x)q(0) + p(x)q'(0) \end{cases} \quad (4.2.9)$$

和

$$\begin{cases} p''(x)q(y) + p'(x)q(y) - p(x)q''(y) + p(x)q'(y) = 0 \\[2mm] q(x_0) = 0 \\[2mm] p'(0) = 0 \end{cases} \quad (4.2.10)$$

以及兼容性条件

$$\mu + p(x)q'(x_0) - \mu p(x)\int_0^{x_0} q(y)\mathrm{d}y - \mu\int_0^x k(x,y)\mathrm{d}y = 0 \quad (4.2.11)$$

其中 $k'(x,y) = k_x(x,y) + k_y(x,y)$。

下面依次求解 $p(x)$、$q(y)$ 和 $k(x,y)$。

通过方程组 (4.2.10)，得

$$\frac{p''(x) + p'(x)}{p(x)} = \frac{q''(y) - q'(y)}{q(y)} \tag{4.2.12}$$

因为是求方程组未知函数的存在性，那不妨设式 (4.2.12) 比值为常数 μ，即 $\frac{p''(x) + p'(x)}{p(x)} = \frac{q''(y) - q'(y)}{q(y)} = \mu$，那么接下来可以从 $\mu = 0$、$\mu > 0$ 和 $\mu < 0$ 三个方面来证明方程组 (4.2.8) 解的存在性。

1. 当 $\mu = 0$ 时：

通过方程组 (4.2.10) 和式 (4.2.12)，得

$$\begin{cases} p(x) = \eta \\ q(y) = -\xi e^{x_0} + \xi e^{y} \end{cases} \tag{4.2.13}$$

在这种情况下，方程组 (4.2.9) 变为

$$\begin{cases} k_{xx}(x,y) - k_{yy} + k'(x,y) = 0 \\ k(x,x) = 0 \\ k'(x,x) = 0 \\ k(x,0) - k_y(x,0) = -p(x)q(0) + p(x)q'(0) = \eta\xi e^{x_0} \end{cases} \tag{4.2.14}$$

显然在这种情况下，$k(x,y)$ 是存在的。其中，选择的参数 ξ 和 η 只要满足条件 $\xi\eta = 0$，那么方程 (4.2.11) 就成立。因此对于 $\mu = 0$ 这种情况，方程组 (4.2.8) 存在经典解。

2. 当 $\mu > 0$ 时：

解方程组

$$\begin{cases} \dfrac{p''(x) + p'(x)}{p(x)} = \dfrac{q''(y) - q'(y)}{q(y)} = \mu \\ q(x_0) = 0 \\ p'(0) = 0 \end{cases} \tag{4.2.15}$$

得到

$$\begin{cases} p(x) = \eta e^{\frac{-1+\sqrt{1+4\mu}}{2}x} - \dfrac{-1+\sqrt{1+4\mu}}{-1-\sqrt{1+4\mu}}\eta e^{\frac{-1-\sqrt{1+4\mu}}{2}x} \\ q(y) = \xi e^{\frac{1+\sqrt{1+4\mu}}{2}y} - \xi e^{\sqrt{1+4\mu}x_0} e^{\frac{1-\sqrt{1+4\mu}}{2}y} \end{cases} \tag{4.2.16}$$

其中参数 ξ 和 η 待定。因此，方程组 (4.2.9) 变为

$$
\begin{cases}
k_{xx}(x,y) - k_{yy}(x,y) + k'(x,y) = 0 \\[2mm]
k(x,x) = 0 \\[2mm]
k'(x,x) = 0 \\[2mm]
k(x,0) - k_y(x,0) = -p(x)q(0) + p(x)q'(0) \\[2mm]
\quad = \eta\xi\left(e^{\frac{-1+\sqrt{1+4\mu}}{2}x} - \frac{-1+\sqrt{1+4\mu}}{-1-\sqrt{1+4\mu}}e^{\frac{-1-\sqrt{1+4\mu}}{2}x}\right)\left(e^{\frac{1+\sqrt{1+4\mu}}{2}y} - e^{\sqrt{1+4\mu}x_0}e^{\frac{1-\sqrt{1+4\mu}}{2}y}\right)
\end{cases}
\tag{4.2.17}
$$

显然，存在 $k(x,y)$ 为方程 (4.2.17) 的解。接下来，检验选择合适的参数后兼容性条件 (4.2.11) 是否成立。

令

$$
F(x) = \mu + p(x)q'(x_0) - \mu p(x)\int_0^{x_0} q(y)\mathrm{d}y - \mu\int_0^x k(x,y)\mathrm{d}y \tag{4.2.18}
$$

对 $F(x)$ 关于 x 分别求一阶和二阶导数，得

$$
F'(x) = p'(x)q'(x_0) - \mu p'(x)\int_0^{x_0} q(y)\mathrm{d}y - \mu k(x,x) - \mu\int_0^x k_x(x,y)\mathrm{d}y \tag{4.2.19}
$$

和

$$
\begin{aligned}
F''(x) &= p''(x)\left(q'(x_0) - \mu\int_0^{x_0} q(y)\mathrm{d}y\right) - \\
&\quad \mu\left(k_x(x,x) + \int_0^x k_{xx}(x,y)\mathrm{d}y\right) \\
&= p''(x)\left(q'(x_0) - \mu\int_0^{x_0} q(y)\mathrm{d}y\right) - \\
&\quad \mu\left(k_x(x,x) + \int_0^x (k_{yy}(x,y) - k'(x,y))\mathrm{d}y\right) \\
&= p''(x)\left(q'(x_0) - \mu\int_0^{x_0} q(y)\mathrm{d}y\right) - \\
&\quad \mu\bigg(k_x(x,x) + k_y(x,x) - k_y(x,0) -
\end{aligned}
$$

$$k(x,x) + k(x,0) - \int_0^x k_x(x,y)\mathrm{d}y\Big)$$

$$=p''(x)\left(q'(x_0) - \mu\int_0^{x_0} q(y)\mathrm{d}y\right) -$$

$$\mu\left(k(x,0) - k_y(x,0) - \int_0^x k_x(x,y)\mathrm{d}y\right)$$

$$=p''(x)\left(q'(x_0) - \mu\int_0^{x_0} q(y)\mathrm{d}y\right) +$$

$$\mu\left(p(x)q(0) - p(x)q'(0) + \int_0^x k_x(x,y)\mathrm{d}y\right) \tag{4.2.20}$$

其中，利用方程 (4.2.9) 和已知条件 $\displaystyle\int_0^x k_x(x,y)\mathrm{d}y = -\dfrac{p'(x)(q'(0)-q(0))}{\mu}$，通过方程 (4.2.16)，得

$$\frac{\mu(q(0) - q'(0))}{q'(x_0) - \mu\displaystyle\int_0^{x_0} q(y)\mathrm{d}y} = -\mu \tag{4.2.21}$$

因此通过方程 (4.2.16)、式 (4.2.20) 和式 (4.2.21)，可得 $F''(x) = 0$。那么 $F(x)$ 的一阶导数 $F'(x)$ 一定是常数；再结合 $p'(0) = 0$，得到

$$F'(0) = p'(0)q'(x_0) - \mu p'(0)\int_0^{x_0} q(y)\mathrm{d}y = 0$$

所以 $F'(x) = 0$，$F(x)$ 是常数。为了使得兼容性条件 (4.2.11) 成立，可以选择参数 ξ 和 η 满足

$$F(0) = \mu + p(0)q'(x_0) - \mu p(0)\int_0^{x_0} q(y)\mathrm{d}y$$

$$= \mu + \eta\xi\left(1 - \frac{-1+\sqrt{1+4\mu}}{-1-\sqrt{1+4\mu}}\right)\sqrt{1+4\mu}\,\mathrm{e}^{\frac{1+\sqrt{1+4\mu}}{2}} -$$

$$\mu\eta\left(1 - \frac{-1+\sqrt{1+4\mu}}{-1-\sqrt{1+4\mu}}\right)\int_0^{x_0}\left(\xi\mathrm{e}^{\frac{1+\sqrt{1+4\mu}}{2}y} - \xi\mathrm{e}^{\sqrt{1+4\mu}x_0}\mathrm{e}^{\frac{1-\sqrt{1+4\mu}}{2}y}\right)\mathrm{d}y$$

$$= 0$$

$$\tag{4.2.22}$$

即

$$\eta\xi = \cfrac{-1}{\left(1 - \cfrac{-1+\sqrt{1+4\mu}}{1-\sqrt{1+4\mu}}\right)\left(\cfrac{2}{1+\sqrt{1+4\mu}} - \cfrac{2}{1-\sqrt{1+4\mu}}\mathrm{e}^{\sqrt{1+4\mu}x_0}\right)}$$

$$= \cfrac{-1}{\cfrac{4}{2+4\mu+2\sqrt{1+4\mu}} + \cfrac{\sqrt{1+4\mu}}{\mu}\mathrm{e}^{\sqrt{1+4\mu}x_0}} \tag{4.2.23}$$

因此在 $\mu > 0$ 情况下，方程组 (4.2.8) 存在经典解。

3. 当 $\mu < 0$ 时：

对于方程组

$$\begin{cases} \cfrac{p''(x) + p'(x)}{p(x)} = \cfrac{q''(y) - q'(y)}{q(y)} = \mu \\ q(x_0) = 0 \\ p'(0) = 0 \end{cases} \tag{4.2.24}$$

将对其中方程组的解 $p(x)$ 和 $q(y)$ 就以下三种情况展开讨论：

（1）当 $1 + 4\mu > 0$ 时，这种情况与前文中证明 $\mu > 0$ 情况一致。

（2）当 $1 + 4\mu = 0$ 时，解方程组

$$\begin{cases} \cfrac{p''(x) + p'(x)}{p(x)} = \cfrac{q''(y) - q'(y)}{q(y)} = \mu \\ q(x_0) = 0 \\ p'(0) = 0 \end{cases} \tag{4.2.25}$$

得到

$$\begin{cases} p(x) = \eta x \mathrm{e}^{\frac{1}{2}x} \\ q(y) = -\xi x_0 \mathrm{e}^{-\frac{1}{2}y} + \xi y \mathrm{e}^{-\frac{1}{2}y} \end{cases} \tag{4.2.26}$$

其中参数 ξ 和 η 待定。因此，方程组 (4.2.9) 变为

$$
\begin{cases}
k_{xx}(x,y) - k_{yy} + k'(x,y) = 0 \\
k(x,x) = 0 \\
k'(x,x) = 0 \\
k(x,0) - k_y(x,0) = -p(x)q(0) + p(x)q'(0) \\
\qquad\qquad\qquad = \eta\xi\left(\dfrac{3}{2}x_0 + 1\right)xe^{\frac{1}{2}x}
\end{cases}
\tag{4.2.27}
$$

显然这种情况下存在一个特解 $k(x,y)$。被选择的参数 ξ 和 η 只需要满足 $\xi\eta = 0$,则式 (4.2.11) 成立。因此对于 $\mu = -\dfrac{1}{4}$ 的情况,选择参数 ξ 和 η 满足 $\xi\eta = 0$,就可得到方程组 (4.2.8) 存在经典解。

(3) 当 $1 + 4\mu < 0$ 时,又将围绕以下两种情况展开讨论:

① 当 $\sin\left(\dfrac{\sqrt{-1-4\mu}}{2}x_0\right) \neq 0$ 时,通过解方程组 (4.2.24) 得

$$
\begin{cases}
p(x) = \eta e^{-\frac{1}{2}x}\cos\left(\dfrac{\sqrt{-1-4\mu}}{2}x\right) + \eta\dfrac{1}{\sqrt{-1-4\mu}}e^{-\frac{1}{2}x}\sin\left(\dfrac{\sqrt{-1-4\mu}}{2}x\right) \\
q(y) = \xi\left(\cos\left(\dfrac{\sqrt{-1-4\mu}}{2}y\right) - \cot\left(\dfrac{\sqrt{-1-4\mu}}{2}x_0\right)\sin\left(\dfrac{\sqrt{-1-4\mu}}{2}\right)y\right)e^{\frac{1}{2}y}
\end{cases}
\tag{4.2.28}
$$

其中参数 ξ 和 η 待定。方程组 (4.2.9) 的解 $k(x,y)$ 是存在的。接下来验证兼容性条件 (4.2.11) 是否成立。同样地,由于 $\displaystyle\int_0^x k_x(x,y)\mathrm{d}y = -\dfrac{p'(x)(q'(0) - q(0))}{\mu}$,所以式 (4.2.20) 成立。通过方程 (4.2.28),得到

$$
\frac{\mu(q(0) - q'(0))}{q'(x_0) - \mu\displaystyle\int_0^{x_0} q(y)\mathrm{d}y} = -\mu
\tag{4.2.29}
$$

通过式 (4.2.20)、方程组 (4.2.25) 和式 (4.2.29) 得到 $F(x)$ 的二阶导数 $F''(x) = 0$。又因为 $F'(0) = 0$,所以 $F(x)$ 是常数,所以兼容性条件 (4.2.11) 成立。因此,选

择参数 ξ 和 η 使得

$$F(0) = \mu + p(0)q'(x_0) - \mu p(0) \int_0^{x_0} q(y)\mathrm{d}y$$

$$= \mu - \xi\eta\mathrm{e}^{-\frac{1}{2}x_0} \frac{\sqrt{-1-4\mu}}{2} \frac{1}{\sin\left(\frac{\sqrt{-1-4\mu}}{2}x_0\right)} -$$

$$\xi\eta\frac{1}{4}\left[-2 + 4\frac{\sqrt{-1-4\mu}}{2}\mathrm{e}^{\frac{1}{2}x_0}\sin\left(\frac{\sqrt{-1-4\mu}}{2}x_0\right) + \right.$$

$$\left. 4\frac{\sqrt{-1-4\mu}}{2}\mathrm{e}^{\frac{\sqrt{-1-4\mu}}{2}x_0} \frac{\cos^2\left(\frac{\sqrt{-1-4\mu}}{2}x_0\right)}{\sin\left(\frac{\sqrt{-1-4\mu}}{2}x_0\right)} - \right. \tag{4.2.30}$$

$$\left. 4\frac{\sqrt{-1-4\mu}}{2}\cot\left(\frac{\sqrt{-1-4\mu}}{2}x_0\right) \right] = 0$$

成立, 得 $\xi\eta = \mu\left[2 + 4\dfrac{\sqrt{-1-4\mu}}{2}\cot\left(\dfrac{\sqrt{-1-4\mu}}{2}x_0\right)\right]^{-1}$。

所以, 在 $1+4\mu < 0$ 且 $\xi\eta = \mu\left[2 + 4\dfrac{\sqrt{-1-4\mu}}{2}\cot\left(\dfrac{\sqrt{-1-4\mu}}{2}x_0\right)\right]^{-1}$ 的 情况下, 方程组 (4.2.8) 存在经典解。

② 当 $\sin\left(\dfrac{\sqrt{-1-4\mu}}{2}x_0\right) = 0$ 时, 通过解方程组 (4.2.24) 得

$$\begin{cases} p(x) = \eta\mathrm{e}^{-\frac{1}{2}x}\cos\left(\dfrac{\sqrt{-1-4\mu}}{2}x\right) + \eta\dfrac{1}{\sqrt{-1-4\mu}}\mathrm{e}^{-\frac{1}{2}x}\sin\left(\dfrac{\sqrt{-1-4\mu}}{2}x\right) \\ q(y) = \xi\mathrm{e}^{\frac{1}{2}y}\sin\left(\dfrac{\sqrt{-1-4\mu}}{2}y\right) \end{cases}$$

$$\tag{4.2.31}$$

其中参数 ξ 和 η 待定。方程组 (4.2.9) 的解 $k(x,y)$ 是存在的。接下来验证兼容性条件 (4.2.11) 是否成立。由于 $\int_0^x k_x(x,y)\mathrm{d}y = -\dfrac{p'(x)(q'(0) - q(0))}{\mu}$, 所以式 (4.2.20) 成立, 通过方程 (4.2.31), 得

$$\frac{\mu(q(0) - q'(0))}{q'(x_0) - \mu\int_0^{x_0} q(y)\mathrm{d}y} = -\mu \tag{4.2.32}$$

因此, 通过式 (4.2.20)、方程组 (4.2.25) 和式 (4.2.32), 得 $F''(x) = 0$; 又因为 $F'(0) = 0$, 所以 $F(x)$ 是常数, 所以兼容性条件 (4.2.11) 成立。选择参数 ξ 和 η 使得

$$
\begin{aligned}
F(0) &= \mu + p(0)q'(x_0) - \mu p(0) \int_0^{x_0} q(y)\mathrm{d}y \\
&= \mu + \xi\eta \frac{\sqrt{-1-4\mu}}{2} \cos\left(\frac{\sqrt{-1-4\mu}}{2}x_0\right) + \\
&\quad \xi\eta\left(-\frac{\sqrt{-1-4\mu}}{2}\mathrm{e}^{\frac{1}{2}x_0}\cos\left(\frac{\sqrt{-1-4\mu}}{2}x_0\right) + \frac{\sqrt{-1-4\mu}}{2}\right) \\
&= 0
\end{aligned}
\tag{4.2.33}
$$

因此得到 $\xi\eta = \dfrac{2\mu}{\sqrt{-1-4\mu}}$。

所以, 在 $1 + 4\mu < 0$ 且 $\xi\eta = \dfrac{2\mu}{\sqrt{-1-4\mu}}$ 的情况下, 方程组 (4.2.8) 存在经典解。

综上, 对任意的 μ 都可通过选择合适的参数使得方程组 (4.2.8) 具有经典解。因此, 定理 4.2 证毕。   □

注记 4.3   根据定理 4.2 的证明过程, 方程组 (4.2.8) 的解不是唯一的。

4.3   逆变换的存在性

下面证明变换 (4.2.1) 是可逆的。设其逆变换为

$$
u(x,t) = w(x,t) + m(x)\int_0^{x_0} n(y)w(y,t)\mathrm{d}y + \int_0^x l(x,y)w(y,t)\mathrm{d}y \tag{4.3.1}
$$

其中, 核函数 $m(x)$、$n(y)$ 和 $l(x,y)$ 待定。将变换 (4.3.1) 代入式 (4.2.1) 中, 得到正变换和逆变换的核函数满足

$$
\begin{aligned}
&\left(m(x) - p(x)\int_0^{x_0} q(y)m(y)\mathrm{d}y - \int_0^x k(x,\xi)m(\xi)\mathrm{d}\xi\right)n(y) \\
&= p(x)q(y) + \int_y^{x_0} q(\xi)l(\xi,y)\mathrm{d}\xi
\end{aligned}
\tag{4.3.2}
$$

和

$$
l(x,y) = k(x,y) + \int_y^x k(x,\xi)l(\xi,y)\mathrm{d}\xi \tag{4.3.3}
$$

接下来对式 (4.3.1) 关于 x 求一阶和二阶导数，得

$$
\begin{aligned}
u_x(x,t) = w_x(x,t) + m'(x) \int_0^{x_0} n(y)w(y,t)\mathrm{d}y + l(x,x)w(x,t) + \\
\int_0^x l_x(x,y)w(y,t)\mathrm{d}y
\end{aligned}
\tag{4.3.4}
$$

和

$$
\begin{aligned}
u_{xx}(x,t) = w_{xx}(x,t) + m''(x) \int_0^{x_0} n(y)w(y,t)\mathrm{d}y + l'(x,x)w(x,t) + \\
l(x,x)w_x(x,t) + \int_0^x l_{xx}(x,y)w(y,t)\mathrm{d}y + l(x,x)w_x(x,t)
\end{aligned}
\tag{4.3.5}
$$

对式 (4.3.1) 关于 t 求一阶和二阶导数，再利用分部积分，得

$$
\begin{aligned}
u_t(x,t) &= w_t(x,t) + m(x) \int_0^{x_0} n(y)w_t(y,t)\mathrm{d}y + \int_0^x l(x,y)w_t(y,t)\mathrm{d}y \\
&= w_{xx}(x,t) + w_x(x,t) + m(x) \int_0^{x_0} n(y)(w_{xx}(y,t) + w_x(y,t))\mathrm{d}y + \\
&\quad \int_0^x l(x,y)(w_{xx}(y,t) + w_x(y,t))\mathrm{d}y \\
&= w_{xx}(x,t) + m(x) \int_0^{x_0} n(y)w_{xx}(y,t)\mathrm{d}y + \int_0^x l(x,y)w_{xx}(y,t)\mathrm{d}y + \\
&\quad w_x(x,t) + m(x) \int_0^{x_0} n(y)w_x(y,t)\mathrm{d}y + \int_0^x l(x,y)w_x(y,t)\mathrm{d}y \\
&= w_{xx}(x,t) + m(x)\left(n(x_0)w_x(x_0,t) - n(0)w_x(0,t) - n'(x_0)w(x_0,t)\right) + \\
&\quad m(x)\left(n'(0)w(0,t) + \int_0^{x_0} n''(y)w(y,t)\mathrm{d}y\right) + \\
&\quad l(x,x)w_x(x,t) - l(x,0)w_x(0,t) - l_y(x,x)w(x,t) + \\
&\quad l_y(x,0)w(0,t) + \int_0^x l_{yy}(x,y)w(y,t)\mathrm{d}y + \\
&\quad w_x(x,t) + m(x)\left(n(x_0)w(x_0,t) - n(0)w(0,t) - \int_0^{x_0} n'(y)w(y,t)\mathrm{d}y\right) +
\end{aligned}
$$

$$l(x,x)w(x,t) - l(x,0)w(0,t) - \int_0^x l_y(x,y)w(y,t)\mathrm{d}y \tag{4.3.6}$$

将式 (4.3.4)、式 (4.3.5) 和式 (4.3.6) 代入系统 (4.1.1) 中，得

$$0 = u_t(x,t) - u_{xx}(x,t) - u_x(x,t) - \mu u(x_0,t)$$

$$= [m(x)n'(0) - m(x)n(0) + l_y(x,0) - l(x,0)]w(0,t) + m(x)n(x_0)w_x(x_0,t) -$$

$$[m(x)n'(x_0) - m(x)n(x_0) + \mu]w(x_0,t) -$$

$$\int_0^x (l_{xx}(x,y) - l_{yy}(x,y) + l'(x,y))w(x,y)\mathrm{d}y +$$

$$\int_0^{x_0} (m(x)n''(y) - m(x)n'(y) - m''(x)n(y) - m'(x)n(y) -$$

$$\mu m(x_0)n(y) - \mu l(x_0,y))w(y,t)\mathrm{d}y -$$

$$(l_y(x,x) + l_x(x,x) + l'(x,x))w(x,t)$$

$$\tag{4.3.7}$$

因此，选择 $m(x)$、$n(y)$ 和 $l(x,y)$ 满足方程组

$$\begin{cases} l_{xx}(x,y) - l_{yy}(x,y) + l'(x,y) = 0 \\ m(x)n''(y) - m(x)n'(y) - m''(x)n(y) - m'(x)n(y) - \\ \qquad \mu m(x_0)n(y) - \mu l(x_0,y) = 0 \\ l'(x,x) = 0 \\ m(x)n(x_0) = 0 \\ m(x)n'(x_0) + \mu = 0 \\ l_y(x,0) - l(x,0) = m(x)n(0) - m(x)n'(0) \end{cases} \tag{4.3.8}$$

其中 $l'(x,y) = l_x(x,y) + l_y(x,y)$。通过边界条件 $x = 0$，得

$$u_x(0,t) = w_x(0,t) + m'(0)\int_0^{x_0} n(y)w(y,t)\mathrm{d}y + l(0,0)w(0,t) = 0$$

因此 $m'(0) = 0$，$l(0,0) = 0$。根据方程组 (4.3.8) 知 $m(x) = -\dfrac{\mu}{n'(x_0)}, m'(x) = m''(x) = 0$，所以得

$$
\begin{cases}
l_{xx}(x,y) - l_{yy}(x,y) + l'(x,y) = 0 \\
m(x)n''(y) - m(x)n'(y) - \mu m(x_0)n(y) - \mu l(x_0,y) = 0 \\
l(x,x) = 0 \\
l'(x,x) = 0 \\
m(x)n(x_0) = 0 \\
m(x)n'(x_0) + \mu = 0 \\
l_y(x,0) - l(x,0) = m(x)n(0) - m(x)n'(0)
\end{cases}
\tag{4.3.9}
$$

接下来将证明以下存在性定理，该定理表明逆变换是存在的。

定理 4.3　对任意的常数 μ，方程组 (4.3.9) 存在经典解 $m(\cdot) \in C^2([0,1])$、$n(\cdot) \in C^2([0,x_0])$ 和 $l(\cdot,\cdot) \in C^2(\mathbb{T})$。

证明　从方程组 (4.3.9) 知 $l(x,y)$ 满足

$$
\begin{cases}
l_{xx}(x,y) - l_{yy}(x,y) + l'(x,y) = 0 \\
l(x,x) = 0 \\
l_y(x,0) - l(x,0) = -m(x)n'(0) + m(x)n(0) = -\dfrac{\mu(n(0) - n'(0))}{n'(x_0)}
\end{cases}
\tag{4.3.10}
$$

方程 $m(x)n'(x_0) + \mu = 0$ 意味着 $n'(x_0) \neq 0$ 且 $m(x) = -\dfrac{\mu}{n'(x_0)}$。因此可得

$$
l(x,y) = -\frac{\mu(n(0) - n'(0))}{n'(x_0)}(\mathrm{e}^{x-y} - 1)
\tag{4.3.11}
$$

其中需要定义 $\dfrac{\mu(n(0) - n'(0))}{n'(x_0)}$，因此添加一个新的条件 $n(0) - n'(0) = n'(x_0)$，所以得到

$$
\begin{cases}
l_{xx}(x,y) - l_{yy}(x,y) + l'(x,y) = 0 \\
m(x)n''(y) - m(x)n'(y) - \mu m(x_0)n(y) - \mu l(x_0, y) = 0 \\
l(x,x) = 0 \\
m(x)n(x_0) = 0 \\
m(x)n'(x_0) + \mu = 0 \\
n(0) - n'(0) = n'(x_0) \\
l_y(x,0) - l(x,0) = m(x)n(0) - m(x)n'(0)
\end{cases}
\tag{4.3.12}
$$

由于方程组 (4.3.10) 存在经典解 $l(x,y)$，那么 $n(y)$ 满足

$$
\begin{cases}
n''(y) - n'(y) - \mu n(y) + n'(x_0)l(x_0, y) = 0 \\
n(0) - n'(0) = n'(x_0) \\
n(x_0) = 0
\end{cases}
\tag{4.3.13}
$$

又因为方程组 (4.3.13) 具有三个边界条件，所以方程组 (4.3.13) 的解的存在性并不明确。为证明解的存在性，接下来将从 $\mu > 0$、$\mu = 0$ 和 $\mu < 0$ 三个方面展开讨论。

1. 当 $\mu > 0$ 时：

由方程组 (4.3.13) 可得

$$
\begin{aligned}
n(y) = {} & \frac{1}{\sqrt{1+4\mu}} \int_{x_0}^{y} l(x_0, \xi)n'(x_0)e^{\frac{-1+\sqrt{1+4\mu}}{2}\xi} \mathrm{d}\xi\, e^{\frac{1-\sqrt{1+4\mu}}{2}y} - \\
& \frac{1}{\sqrt{1+4\mu}} \int_{x_0}^{y} l(x_0, \xi)n'(x_0)e^{\frac{-1-\sqrt{1+4\mu}}{2}\xi} \mathrm{d}\xi\, e^{\frac{1+\sqrt{1+4\mu}}{2}y} + \\
& c_1 e^{\frac{1+\sqrt{1+4\mu}}{2}y} + c_2 e^{\frac{1-\sqrt{1+4\mu}}{2}y}
\end{aligned}
\tag{4.3.14}
$$

其中 c_1 和 c_2 由边界条件确定。

因为

$$n'(y) = \frac{1}{\sqrt{1+4\mu}} \frac{1-\sqrt{1+4\mu}}{2} \int_{x_0}^{y} l(x_0, \xi) n'(x_0) e^{\frac{-1+\sqrt{1+4\mu}}{2}\xi} d\xi e^{\frac{1-\sqrt{1+4\mu}}{2}y} -$$

$$\frac{1}{\sqrt{1+4\mu}} \frac{1+\sqrt{1+4\mu}}{2} \int_{x_0}^{y} l(x_0, \xi) n'(x_0) e^{\frac{-1-\sqrt{1+4\mu}}{2}\xi} d\xi e^{\frac{1+\sqrt{1+4\mu}}{2}y} +$$

$$\frac{1+\sqrt{1+4\mu}}{2} c_1 e^{\frac{1+\sqrt{1+4\mu}}{2}y} + \frac{1-\sqrt{1+4\mu}}{2} c_2 e^{\frac{1-\sqrt{1+4\mu}}{2}y} \tag{4.3.15}$$

通过 $n'(x_0) = n(0) - n'(0)$ 和 $n(x_0) = 0$, 得

$$\frac{1+\sqrt{1+4\mu}}{2} c_1 e^{\frac{1+\sqrt{1+4\mu}}{2}x_0} + \frac{1-\sqrt{1+4\mu}}{2} c_2 e^{\frac{1-\sqrt{1+4\mu}}{2}x_0}$$

$$= \frac{1+\sqrt{1+4\mu}}{2\sqrt{1+4\mu}} \int_{x_0}^{0} l(x_0, \xi) n'(x_0) e^{\frac{-1+\sqrt{1+4\mu}}{2}\xi} d\xi +$$

$$\frac{-1+\sqrt{1+4\mu}}{2\sqrt{1+4\mu}} \int_{x_0}^{0} l(x_0, \xi) n'(x_0) e^{\frac{-1-\sqrt{1+4\mu}}{2}\xi} d\xi + \tag{4.3.16}$$

$$\frac{1-\sqrt{1+4\mu}}{2} c_1 + \frac{1+\sqrt{1+4\mu}}{2} c_2$$

和

$$c_1 e^{\frac{1+\sqrt{1+4\mu}}{2}x_0} + c_2 e^{\frac{1-\sqrt{1+4\mu}}{2}x_0} = 0 \tag{4.3.17}$$

从而得到

$$\begin{cases} c_2 = \left(\frac{1+\sqrt{1+4\mu}}{2\sqrt{1+4\mu}} \int_{x_0}^{0} l(x_0, \xi) n'(x_0) e^{\frac{-1+\sqrt{1+4\mu}}{2}\xi} d\xi + \right. \\ \qquad \frac{-1+\sqrt{1+4\mu}}{2\sqrt{1+4\mu}} \int_{x_0}^{0} l(x_0, \xi) n'(x_0) e^{\frac{-1-\sqrt{1+4\mu}}{2}\xi} d\xi \Big) \times \\ \qquad \left(-\sqrt{1+4\mu} e^{\frac{1-\sqrt{1+4\mu}}{2}x_0} + \frac{1+\sqrt{1+4\mu}}{2} e^{-\sqrt{1+4\mu}x_0} - \frac{1+\sqrt{1+4\mu}}{2} \right)^{-1} \\ c_1 = -c_2 e^{-\sqrt{1+4\mu}x_0} \end{cases}$$

$$\tag{4.3.18}$$

因此

$$n(y) = \frac{1}{\sqrt{1+4\mu}} \int_{x_0}^{y} l(x_0,\xi)n'(x_0)e^{\frac{-1+\sqrt{1+4\mu}}{2}\xi}\mathrm{d}\xi\, e^{\frac{1-\sqrt{1+4\mu}}{2}y} -$$

$$\frac{1}{\sqrt{1+4\mu}} \int_{x_0}^{y} l(x_0,\xi)n'(x_0)e^{\frac{-1-\sqrt{1+4\mu}}{2}\xi}\mathrm{d}\xi\, e^{\frac{1+\sqrt{1+4\mu}}{2}y} -$$

$$\frac{\dfrac{1+\sqrt{1+4\mu}}{2\sqrt{1+4\mu}} \displaystyle\int_{x_0}^{0} l(x_0,\xi)n'(x_0)e^{\frac{-1+\sqrt{1+4\mu}}{2}\xi}\mathrm{d}\xi\, e^{-\sqrt{1+4\mu}x_0}}{-\sqrt{1+4\mu}e^{\frac{1-\sqrt{1+4\mu}}{2}x_0} + \dfrac{1+\sqrt{1+4\mu}}{2}e^{-\sqrt{1+4\mu}x_0} - \dfrac{1+\sqrt{1+4\mu}}{2}} e^{\frac{1+\sqrt{1+4\mu}}{2}y} +$$

$$\frac{\dfrac{-1+\sqrt{1+4\mu}}{2\sqrt{1+4\mu}} \displaystyle\int_{x_0}^{0} l(x_0,\xi)n'(x_0)e^{\frac{-1-\sqrt{1+4\mu}}{2}\xi}\mathrm{d}\xi\, e^{-\sqrt{1+4\mu}x_0}}{-\sqrt{1+4\mu}e^{\frac{1-\sqrt{1+4\mu}}{2}x_0} + \dfrac{1+\sqrt{1+4\mu}}{2}e^{-\sqrt{1+4\mu}x_0} - \dfrac{1+\sqrt{1+4\mu}}{2}} e^{\frac{1+\sqrt{1+4\mu}}{2}y} +$$

$$\frac{\dfrac{1+\sqrt{1+4\mu}}{2\sqrt{1+4\mu}} \displaystyle\int_{x_0}^{0} l(x_0,\xi)n'(x_0)e^{\frac{-1+\sqrt{1+4\mu}}{2}\xi}\mathrm{d}\xi}{-\sqrt{1+4\mu}e^{\frac{1-\sqrt{1+4\mu}}{2}x_0} + \dfrac{1+\sqrt{1+4\mu}}{2}e^{-\sqrt{1+4\mu}x_0} - \dfrac{1+\sqrt{1+4\mu}}{2}} e^{\frac{1-\sqrt{1+4\mu}}{2}y} +$$

$$\frac{\dfrac{-1+\sqrt{1+4\mu}}{2\sqrt{1+4\mu}} \displaystyle\int_{x_0}^{0} l(x_0,\xi)n'(x_0)e^{\frac{-1-\sqrt{1+4\mu}}{2}\xi}\mathrm{d}\xi}{-\sqrt{1+4\mu}e^{\frac{1-\sqrt{1+4\mu}}{2}x_0} + \dfrac{1+\sqrt{1+4\mu}}{2}e^{-\sqrt{1+4\mu}x_0} - \dfrac{1+\sqrt{1+4\mu}}{2}} e^{\frac{1-\sqrt{1+4\mu}}{2}y} \tag{4.3.19}$$

所以方程组 (4.3.13) 有解。

2. 当 $\mu = 0$ 时：

由方程组 (4.3.13)，得

$$\begin{cases} n''(y) - n'(y) = -l(x_0,y)n'(x_0) \\ n(0) - n'(0) = n'(x_0) \\ n(x_0) = 0 \end{cases} \tag{4.3.20}$$

因此可得

$$n(y) = \int_{x_0}^{y} l(x_0,\xi)n'(x_0)\mathrm{d}\xi - \int_{x_0}^{y} l(x_0,\xi)n'(x_0)e^{-\xi}\mathrm{d}\xi\, e^{y} + c_1 + c_2 e^{y} \tag{4.3.21}$$

因为

$$n'(y) = -\int_{x_0}^{y} l(x_0, \xi) n'(x_0) \mathrm{e}^{-\xi} \mathrm{d}\xi \mathrm{e}^{y} + c_2 \mathrm{e}^{y} \qquad (4.3.22)$$

通过 $n'(x_0) = n(0) - n'(0)$ 和 $n(x_0) = 0$，得到

$$c_2 \mathrm{e}^{x_0} = \int_{x_0}^{0} l(x_0, \xi) n'(x_0) \mathrm{d}\xi + c_1 \qquad (4.3.23)$$

和

$$c_1 + c_2 \mathrm{e}^{x_0} = 0 \qquad (4.3.24)$$

所以

$$\begin{cases} c_2 = \dfrac{1}{2} \displaystyle\int_{x_0}^{0} l(x_0, \xi) n'(x_0) \mathrm{d}\xi \mathrm{e}^{-x_0} \\[4mm] c_1 = -c_2 \mathrm{e}^{x_0} \end{cases} \qquad (4.3.25)$$

因此

$$\begin{aligned} n(y) = {} & \int_{x_0}^{y} l(x_0, \xi) n'(x_0) \mathrm{d}\xi - \int_{x_0}^{y} l(x_0, \xi) n'(x_0) \mathrm{e}^{-\xi} \mathrm{d}\xi \mathrm{e}^{y} - \\ & \frac{1}{2} \int_{x_0}^{0} l(x_0, \xi) n'(x_0) \mathrm{d}\xi + \frac{1}{2} \int_{x_0}^{0} l(x_0, \xi) n'(x_0) \mathrm{d}\xi \mathrm{e}^{-x_0} \mathrm{e}^{y} \end{aligned} \qquad (4.3.26)$$

故方程组 (4.3.13) 在 $\mu = 0$ 的情况下有解。

3. 当 $\mu < 0$ 时：

对方程组

$$\begin{cases} n''(y) - n'(y) - \mu n(y) + n'(x_0) l(x_0, y) = 0 \\ n(0) - n'(0) = n'(x_0) \\ n(x_0) = 0 \end{cases} \qquad (4.3.27)$$

的解 $n(y)$ 就以下三种情况继续展开讨论：

(1) 当 $1 + 4\mu > 0$ 时，这种情况与 $\mu > 0$ 的证明过程相同。

(2) 当 $1 + 4\mu = 0$ 时，通过解方程组

$$
\begin{cases}
n''(y) - n'(y) - \mu n(y) + n'(x_0)l(x_0, y) = 0 \\
n(0) - n'(0) = n'(x_0) \\
n(x_0) = 0
\end{cases}
\tag{4.3.28}
$$

可得

$$
n(y) = \int_{x_0}^{y} l(x_0, \xi)\xi n'(x_0)e^{-\frac{\xi}{2}}d\xi e^{\frac{1}{2}y} - \int_{x_0}^{y} l(x_0, \xi)n'(x_0)e^{-\frac{\xi}{2}}d\xi e^{\frac{1}{2}y}y +
$$
$$
c_1 e^{\frac{1}{2}y} + c_2 y e^{\frac{1}{2}y}
\tag{4.3.29}
$$

因为

$$
n'(y) = \frac{1}{2}\int_{x_0}^{y} l(x_0, \xi)n'(x_0)\xi e^{-\frac{\xi}{2}}d\xi e^{\frac{1}{2}y} - \int_{x_0}^{y} l(x_0, \xi)n'(x_0)e^{-\frac{\xi}{2}}d\xi e^{\frac{1}{2}y} -
$$
$$
\frac{1}{2}\int_{x_0}^{y} l(x_0, \xi)n'(x_0)e^{-\frac{\xi}{2}}d\xi e^{\frac{1}{2}y}y + \frac{1}{2}c_1 e^{\frac{1}{2}y} + c_2 e^{\frac{1}{2}y} + \frac{1}{2}c_2 y e^{\frac{1}{2}y}
\tag{4.3.30}
$$

通过条件 $n'(x_0) = n(0) - n'(0)$ 和 $n(x_0) = 0$，得

$$
\frac{1}{2}c_1 e^{\frac{1}{2}x_0} + c_2 e^{\frac{1}{2}x_0} + \frac{1}{2}c_2 x_0 e^{\frac{1}{2}x_0}
$$
$$
= \frac{1}{2}\int_{x_0}^{0} l(x_0, \xi)n'(x_0)\xi e^{-\frac{\xi}{2}}d\xi + \int_{x_0}^{0} l(x_0, \xi)n'(x_0)e^{-\frac{\xi}{2}}d\xi + \frac{1}{2}c_1 - c_2
\tag{4.3.31}
$$

和

$$
c_1 + c_2 x_0 = 0
\tag{4.3.32}
$$

整理得

$$
\begin{cases}
c_2 = \dfrac{\dfrac{1}{2}\displaystyle\int_{x_0}^{0} l(x_0, \xi)\xi n'(x_0)e^{-\frac{\xi}{2}}d\xi + \displaystyle\int_{x_0}^{0} l(x_0, \xi)n'(x_0)e^{-\frac{\xi}{2}}d\xi}{e^{\frac{1}{2}x_0} + \dfrac{1}{2}x_0 + 1} \\
\\
c_1 = -c_2 x_0
\end{cases}
\tag{4.3.33}
$$

因此 $n(y)$ 的表达式为

$$n(y) = \int_{x_0}^{y} l(x_0,\xi)\xi n'(x_0)\mathrm{e}^{-\frac{\xi}{2}}\mathrm{d}\xi\mathrm{e}^{\frac{1}{2}y} - \int_{x_0}^{y} l(x_0,\xi)n'(x_0)\mathrm{e}^{-\frac{\xi}{2}}\mathrm{d}\xi\mathrm{e}^{\frac{1}{2}y}y -$$

$$\frac{\frac{1}{2}\displaystyle\int_{x_0}^{0} l(x_0,\xi)\xi n'(x_0)\mathrm{e}^{-\frac{\xi}{2}}\mathrm{d}\xi + \int_{x_0}^{0} l(x_0,\xi)n'(x_0)\mathrm{e}^{-\frac{\xi}{2}}\mathrm{d}\xi}{\mathrm{e}^{\frac{1}{2}x_0} + \frac{1}{2}x_0 + 1} x_0\mathrm{e}^{\frac{1}{2}y} + \tag{4.3.34}$$

$$\frac{\frac{1}{2}\displaystyle\int_{x_0}^{0} l(x_0,\xi)\xi n'(x_0)\mathrm{e}^{-\frac{\xi}{2}}\mathrm{d}\xi + \int_{x_0}^{0} l(x_0,\xi)n'(x_0)\mathrm{e}^{-\frac{\xi}{2}}\mathrm{d}\xi}{\mathrm{e}^{\frac{1}{2}x_0} + \frac{1}{2}x_0 + 1} y\mathrm{e}^{\frac{1}{2}y}$$

所以方程组 (4.3.13) 在 $1 + 4\mu = 0$ 情况下有解。

(3) 当 $1 + 4\mu < 0$ 时，将对解 $n(y)$ 关于以下两种情况展开讨论：

① 当 $\sin\left(\dfrac{\sqrt{-1-4\mu}}{2}x_0\right) \neq 0$ 时，解方程组

$$\begin{cases} n''(y) - n'(y) - \mu n(y) + n'(x_0)l(x_0,y) = 0 \\ n(0) - n'(0) = n'(x_0) \\ n(x_0) = 0 \end{cases} \tag{4.3.35}$$

得

$$n(y) = \int_{x_0}^{y} \frac{2}{\sqrt{-1-4\mu}} l(x_0,\xi)n'(x_0)\mathrm{e}^{-\frac{1}{2}\xi} \sin\left(\frac{\sqrt{-1-4\mu}}{2}\xi\right)\mathrm{d}\xi\mathrm{e}^{\frac{1}{2}y}\cos\left(\frac{\sqrt{-1-4\mu}}{2}y\right) -$$

$$\int_{x_0}^{y} \frac{2}{\sqrt{-1-4\mu}} l(x_0,\xi)n'(x_0)\mathrm{e}^{-\frac{1}{2}\xi} \cos\left(\frac{\sqrt{-1-4\mu}}{2}\xi\right)\mathrm{d}\xi\mathrm{e}^{\frac{1}{2}y}\sin\left(\frac{\sqrt{-1-4\mu}}{2}y\right) +$$

$$c_1\mathrm{e}^{\frac{1}{2}y}\cos\left(\frac{\sqrt{-1-4\mu}}{2}y\right) + c_2\mathrm{e}^{\frac{1}{2}y}\sin\left(\frac{\sqrt{-1-4\mu}}{2}y\right) \tag{4.3.36}$$

于是

$$
\begin{aligned}
n'(y) =& \frac{1}{2}\int_{x_0}^{y}\frac{2}{\sqrt{-1-4\mu}}l(x_0,\xi)n'(x_0)\mathrm{e}^{-\frac{1}{2}\xi}\sin\left(\frac{\sqrt{-1-4\mu}}{2}\xi\right)\mathrm{d}\xi\,\mathrm{e}^{\frac{1}{2}y}\cos\left(\frac{\sqrt{-1-4\mu}}{2}y\right)- \\
& \frac{1}{2}\int_{x_0}^{y}\frac{2}{\sqrt{-1-4\mu}}l(x_0,\xi)n'(x_0)\mathrm{e}^{-\frac{1}{2}\xi}\cos\left(\frac{\sqrt{-1-4\mu}}{2}\xi\right)\mathrm{d}\xi\,\mathrm{e}^{\frac{1}{2}y}\sin\left(\frac{\sqrt{-1-4\mu}}{2}y\right)- \\
& \int_{x_0}^{y}l(x_0,\xi)n'(x_0)\mathrm{e}^{-\frac{1}{2}\xi}\sin\left(\frac{\sqrt{-1-4\mu}}{2}\xi\right)\mathrm{d}\xi\,\mathrm{e}^{\frac{1}{2}y}\sin\left(\frac{\sqrt{-1-4\mu}}{2}y\right)- \\
& \int_{x_0}^{y}l(x_0,\xi)n'(x_0)\mathrm{e}^{-\frac{1}{2}\xi}\cos\left(\frac{\sqrt{-1-4\mu}}{2}\xi\right)\mathrm{d}\xi\,\mathrm{e}^{\frac{1}{2}y}\cos\left(\frac{\sqrt{-1-4\mu}}{2}y\right)+ \\
& \frac{1}{2}c_1\mathrm{e}^{\frac{1}{2}y}\cos\left(\frac{\sqrt{-1-4\mu}}{2}y\right)+\frac{1}{2}c_2\mathrm{e}^{\frac{1}{2}y}\sin\left(\frac{\sqrt{-1-4\mu}}{2}y\right)- \\
& \frac{\sqrt{-1-4\mu}}{2}c_1\mathrm{e}^{\frac{1}{2}y}\sin\left(\frac{\sqrt{-1-4\mu}}{2}y\right)+\frac{\sqrt{-1-4\mu}}{2}c_2\mathrm{e}^{\frac{1}{2}y}\cos\left(\frac{\sqrt{-1-4\mu}}{2}y\right)
\end{aligned}
\tag{4.3.37}
$$

通过条件 $n'(x_0)=n(0)-n'(0)$ 和 $n(x_0)=0$ 得

$$
\begin{aligned}
& \frac{1}{2}c_1\mathrm{e}^{\frac{1}{2}x_0}\cos\left(\frac{\sqrt{-1-4\mu}}{2}x_0\right)+\frac{1}{2}c_2\mathrm{e}^{\frac{1}{2}x_0}\sin\left(\frac{\sqrt{-1-4\mu}}{2}x_0\right)- \\
& \frac{\sqrt{-1-4\mu}}{2}c_1\mathrm{e}^{\frac{1}{2}x_0}\sin\left(\frac{\sqrt{-1-4\mu}}{2}x_0\right)+\frac{\sqrt{-1-4\mu}}{2}c_2\mathrm{e}^{\frac{1}{2}x_0}\cos\left(\frac{\sqrt{-1-4\mu}}{2}x_0\right) \\
=& \frac{1}{2}\int_{x_0}^{0}\frac{2}{\sqrt{-1-4\mu}}l(x_0,\xi)n'(x_0)\mathrm{e}^{-\frac{1}{2}\xi}\sin\left(\frac{\sqrt{-1-4\mu}}{2}\xi\right)\mathrm{d}\xi+ \\
& \int_{x_0}^{0}l(x_0,\xi)n'(x_0)\mathrm{e}^{-\frac{1}{2}\xi}\cos\left(\frac{\sqrt{-1-4\mu}}{2}\xi\right)\mathrm{d}\xi+\frac{1}{2}c_1-\frac{\sqrt{-1-4\mu}}{2}c_2
\end{aligned}
\tag{4.3.38}
$$

和

$$
c_1\mathrm{e}^{\frac{1}{2}x_0}\cos\left(\frac{\sqrt{-1-4\mu}}{2}x_0\right)+c_2\mathrm{e}^{\frac{1}{2}x_0}\sin\left(\frac{\sqrt{-1-4\mu}}{2}x_0\right)=0
\tag{4.3.39}
$$

所以

$$
\begin{cases}
c_2 = \left(\dfrac{1}{2} \displaystyle\int_{x_0}^0 \dfrac{2}{\sqrt{-1-4\mu}} l(x_0,\xi) n'(x_0) \mathrm{e}^{-\frac{1}{2}\xi} \sin\left(\dfrac{\sqrt{-1-4\mu}}{2}\xi \right) \mathrm{d}\xi + \\[3mm]
\qquad \displaystyle\int_{x_0}^0 l(x_0,\xi) n'(x_0) \mathrm{e}^{-\frac{1}{2}\xi} \cos\left(\dfrac{\sqrt{-1-4\mu}}{2}\xi \right) \mathrm{d}\xi \right) \times \\[3mm]
\qquad \left(\dfrac{\sqrt{-1-4\mu}}{2\cos\left(\dfrac{\sqrt{-1-4\mu}}{2}x_0 \right)} \mathrm{e}^{\frac{1}{2}x_0} + \dfrac{1}{2}\tan\left(\dfrac{\sqrt{-1-4\mu}}{2}x_0 \right) + \dfrac{\sqrt{-1-4\mu}}{2} \right) \\[5mm]
c_1 = -c_2 \tan\left(\dfrac{\sqrt{-1-4\mu}}{2}x_0 \right)
\end{cases}
$$

$$(4.3.40)$$

因此

$$
\begin{aligned}
n(y) = & \int_{x_0}^y \frac{2}{\sqrt{-1-4\mu}} l(x_0,\xi) n'(x_0) \mathrm{e}^{-\frac{1}{2}\xi} \sin\left(\frac{\sqrt{-1-4\mu}}{2}\xi \right) \mathrm{d}\xi \, \mathrm{e}^{\frac{1}{2}y} \cos\left(\frac{\sqrt{-1-4\mu}}{2}y \right) - \\[3mm]
& \int_{x_0}^y \frac{2}{\sqrt{-1-4\mu}} l(x_0,\xi) n'(x_0) \mathrm{e}^{-\frac{1}{2}\xi} \cos\left(\frac{\sqrt{-1-4\mu}}{2}\xi \right) \mathrm{d}\xi \, \mathrm{e}^{\frac{1}{2}y} \sin\left(\frac{\sqrt{-1-4\mu}}{2}y \right) - \\[3mm]
& \frac{\dfrac{1}{2}\displaystyle\int_{x_0}^0 \dfrac{2}{\sqrt{-1-4\mu}} l(x_0,\xi) n'(x_0) \mathrm{e}^{-\frac{1}{2}\xi} \sin\left(\dfrac{\sqrt{-1-4\mu}}{2}\xi \right) \mathrm{d}\xi \, \tan\left(\dfrac{\sqrt{-1-4\mu}}{2}x_0 \right)}{\dfrac{\sqrt{-1-4\mu}}{2\cos\left(\dfrac{\sqrt{-1-4\mu}}{2}x_0 \right)} \mathrm{e}^{\frac{1}{2}x_0} + \dfrac{1}{2}\tan\left(\dfrac{\sqrt{-1-4\mu}}{2}x_0 \right) + \dfrac{\sqrt{-1-4\mu}}{2}} \times \\[3mm]
& \mathrm{e}^{\frac{1}{2}y} \cos\left(\frac{\sqrt{-1-4\mu}}{2}y \right) - \\[3mm]
& \frac{\displaystyle\int_{x_0}^0 l(x_0,\xi) n'(x_0) \mathrm{e}^{-\frac{1}{2}\xi} \cos\left(\dfrac{\sqrt{-1-4\mu}}{2}\xi \right) \mathrm{d}\xi \, \tan\left(\dfrac{\sqrt{-1-4\mu}}{2}x_0 \right)}{\dfrac{\sqrt{-1-4\mu}}{2\cos\left(\dfrac{\sqrt{-1-4\mu}}{2}x_0 \right)} \mathrm{e}^{\frac{1}{2}x_0} + \dfrac{1}{2}\tan\left(\dfrac{\sqrt{-1-4\mu}}{2}x_0 \right) + \dfrac{\sqrt{-1-4\mu}}{2}} \times \\[3mm]
& \mathrm{e}^{\frac{1}{2}y} \cos\left(\frac{\sqrt{-1-4\mu}}{2}y \right) + \\[3mm]
& \frac{\dfrac{1}{2}\displaystyle\int_{x_0}^0 \dfrac{2}{\sqrt{-1-4\mu}} l(x_0,\xi) n'(x_0) \mathrm{e}^{-\frac{1}{2}\xi} \sin\left(\dfrac{\sqrt{-1-4\mu}}{2}\xi \right) \mathrm{d}\xi}{\dfrac{\sqrt{-1-4\mu}}{2\cos\left(\dfrac{\sqrt{-1-4\mu}}{2}x_0 \right)} \mathrm{e}^{\frac{1}{2}x_0} + \dfrac{1}{2}\tan\left(\dfrac{\sqrt{-1-4\mu}}{2}x_0 \right) + \dfrac{\sqrt{-1-4\mu}}{2}} \times
\end{aligned}
$$

$$\mathrm{e}^{\frac{1}{2}y}\sin\left(\frac{\sqrt{-1-4\mu}}{2}y\right)+$$

$$\frac{\displaystyle\int_{x_0}^{0}l(x_0,\xi)n'(x_0)\mathrm{e}^{-\frac{1}{2}\xi}\cos\left(\frac{\sqrt{-1-4\mu}}{2}\xi\right)\mathrm{d}\xi}{\dfrac{\sqrt{-1-4\mu}}{2\cos\left(\dfrac{\sqrt{-1-4\mu}}{2}x_0\right)}\mathrm{e}^{\frac{1}{2}x_0}+\dfrac{1}{2}\tan\left(\dfrac{\sqrt{-1-4\mu}}{2}x_0\right)+\dfrac{\sqrt{-1-4\mu}}{2}}\times$$

$$\mathrm{e}^{\frac{1}{2}y}\sin\left(\frac{\sqrt{-1-4\mu}}{2}y\right) \tag{4.3.41}$$

所以方程组 (4.3.13) 在 $\mu<0$ 且 $\sin\left(\dfrac{\sqrt{-1-4\mu}}{2}x_0\right)\neq 0$ 的情况下有解。

② 当 $\sin\left(\dfrac{\sqrt{-1-4\mu}}{2}x_0\right)=0$ 时，解方程组

$$\begin{cases} n''(y)-n'(y)-\mu n(y)+n'(x_0)l(x_0,y)=0 \\ n(0)-n'(0)=n'(x_0) \\ n(x_0)=0 \end{cases} \tag{4.3.42}$$

得 $n(y)=$

$$\int_{x_0}^{y}\frac{2}{\sqrt{-1-4\mu}}l(x_0,\xi)n'(x_0)\mathrm{e}^{-\frac{1}{2}\xi}\sin\left(\frac{\sqrt{-1-4\mu}}{2}\xi\right)\mathrm{d}\xi\mathrm{e}^{\frac{1}{2}y}\cos\left(\frac{\sqrt{-1-4\mu}}{2}y\right)-$$

$$\int_{x_0}^{y}\frac{2}{\sqrt{-1-4\mu}}l(x_0,\xi)n'(x_0)\mathrm{e}^{-\frac{1}{2}\xi}\cos\left(\frac{\sqrt{-1-4\mu}}{2}\xi\right)\mathrm{d}\xi\mathrm{e}^{\frac{1}{2}y}\sin\left(\frac{\sqrt{-1-4\mu}}{2}y\right)+$$

$$c_1\mathrm{e}^{\frac{1}{2}y}\cos\left(\frac{\sqrt{-1-4\mu}}{2}y\right)+c_2\mathrm{e}^{\frac{1}{2}y}\sin\left(\frac{\sqrt{-1-4\mu}}{2}y\right) \tag{4.3.43}$$

由于 $n(x_0)=0$ 和 $\sin\left(\dfrac{\sqrt{-1-4\mu}}{2}x_0\right)=0$，所以

$$c_1\mathrm{e}^{\frac{1}{2}x_0}\cos\left(\frac{\sqrt{-1-4\mu}}{2}x_0\right)=0$$

因此

$$c_1=0 \tag{4.3.44}$$

又因为 $n'(x_0) = n(0) - n'(0)$，因此得

$$\frac{\sqrt{-1-4\mu}}{2}c_2 e^{\frac{1}{2}x_0} \cos\left(\frac{\sqrt{-1-4\mu}}{2}x_0\right)$$

$$=\frac{1}{2}\int_{x_0}^0 \frac{2}{\sqrt{-1-4\mu}}l(x_0,\xi)n'(x_0)e^{-\frac{1}{2}\xi}\sin\left(\frac{\sqrt{-1-4\mu}}{2}\xi\right)\mathrm{d}\xi+ \qquad (4.3.45)$$

$$\int_{x_0}^0 l(x_0,\xi)n'(x_0)e^{-\frac{1}{2}\xi}\cos\left(\frac{\sqrt{-1-4\mu}}{2}\xi\right)\mathrm{d}\xi - \frac{\sqrt{-1-4\mu}}{2}c_2$$

解得

$$\begin{cases} c_2 = \left(\int_{x_0}^0 \frac{2}{\sqrt{-1-4\mu}}l(x_0,\xi)n'(x_0)e^{-\frac{1}{2}\xi}\sin\left(\frac{\sqrt{-1-4\mu}}{2}\xi\right)\mathrm{d}\xi+ \right. \\ \qquad \left. 2\int_{x_0}^0 l(x_0,\xi)n'(x_0)e^{-\frac{1}{2}\xi}\cos\left(\frac{\sqrt{-1-4\mu}}{2}\xi\right)\mathrm{d}\xi\right)\times \\ \qquad \left(\sqrt{-1-4\mu}e^{\frac{1}{2}x_0}\cos\left(\frac{\sqrt{-1-4\mu}}{2}x_0\right) + \sqrt{-1-4\mu}\right) \\ c_1 = 0 \end{cases} \qquad (4.3.46)$$

因此 $n(y)$ 的表达式为

$$n(y) = \int_{x_0}^y \frac{2}{\sqrt{-1-4\mu}}l(x_0,\xi)n'(x_0)e^{-\frac{1}{2}\xi}\sin\left(\frac{\sqrt{-1-4\mu}}{2}\xi\right)\mathrm{d}\xi e^{\frac{1}{2}y}\cos\left(\frac{\sqrt{-1-4\mu}}{2}y\right)-$$

$$\int_{x_0}^y \frac{2}{\sqrt{-1-4\mu}}l(x_0,\xi)n'(x_0)e^{-\frac{1}{2}\xi}\cos\left(\frac{\sqrt{-1-4\mu}}{2}\xi\right)\mathrm{d}\xi e^{\frac{1}{2}y}\sin\left(\frac{\sqrt{-1-4\mu}}{2}y\right)+$$

$$\frac{\int_{x_0}^0 \frac{2}{\sqrt{-1-4\mu}}l(x_0,\xi)n'(x_0)e^{-\frac{1}{2}\xi}\sin\left(\frac{\sqrt{-1-4\mu}}{2}\xi\right)\mathrm{d}\xi}{\sqrt{-1-4\mu}e^{\frac{1}{2}x_0}\cos\left(\frac{\sqrt{-1-4\mu}}{2}x_0\right)+\sqrt{-1-4\mu}}e^{\frac{1}{2}y}\sin\left(\frac{\sqrt{-1-4\mu}}{2}y\right)+$$

$$\frac{2\int_{x_0}^0 l(x_0,\xi)n'(x_0)e^{-\frac{1}{2}\xi}\cos\left(\frac{\sqrt{-1-4\mu}}{2}\xi\right)\mathrm{d}\xi}{\sqrt{-1-4\mu}e^{\frac{1}{2}x_0}\cos\left(\frac{\sqrt{-1-4\mu}}{2}x_0\right)+\sqrt{-1-4\mu}}e^{\frac{1}{2}y}\sin\left(\frac{\sqrt{-1-4\mu}}{2}y\right)$$

$$(4.3.47)$$

所以方程组 (4.3.13) 在 $\mu < 0$ 且 $\sin\left(\frac{\sqrt{-1-4\mu}}{2}x_0\right) = 0$ 的情况下有解。

综上，定理 4.3 证毕。   □

4.4   主要结论的证明

下面完成定理 4.1 的证明。

对于系统 (4.2.2)，$w_0 \in H^1(0,1)$，利用 Lumer-Phillips 定理可知其解 $w \in C([0,+\infty); H^1(0,1))$（参见文献 [11]）。同时在范数 $\int_0^{x_0} w^2(x,t)\mathrm{d}x$ 的意义下，对于任意规定的衰减率，系统 (4.2.2) 都是稳定的（参见文献 [11]）。

结合变换 (4.2.1)、系统 (4.2.2) 和变换 (4.3.1)，设定 $x=1$，得

$$U(t) = p(1)\int_0^{x_0} q(y)u(y,t)\mathrm{d}y + \int_0^1 k(1,y)u(y,t)\mathrm{d}y$$

基于上述控制器，由于 $w \in C([0,+\infty); H^1(0,1))$，所以闭环系统的解 $u \in C([0,+\infty); H^1(0,1))$。同时基于此控制器，由于系统 (4.2.2) 是指数稳定的以及

$$\|u(\cdot,t)\|_{L^2(0,1)} \leqslant C_2\|w(\cdot,t)\|_{L^2(0,1)}, \quad \exists C_2 > 0 \qquad (4.4.1)$$

在逆变换 (4.3.1) 中，得到在范数 $\int_0^1 u^2(x,t)\mathrm{d}x$ 的意义下，闭环系统在任意衰减率下都是指数稳定的，从而完成了定理 4.1 的证明。   □

4.5   本章小结

本章主要考虑了具有中间点热源的线性热方程的边界控制稳定性问题。选择合适的且已被证明稳定的系统作为目标系统，在边界控制的诸多方法中选择了计算简单且容易实现的反步法，同时确定合适的反步变换形式。通过证明变换方程中的积分算子（核函数）的存在性，从而证明控制器的合理性；又通过证明逆变换中核函数的存在性，使得目标系统与原系统在控制器的作用下实现等价，进而使得初始系统实现指数渐近稳定。

第 5 章
一类四阶抛物型系统的边界控制和观测器设计

本章设计了边界反馈控制器和观测器来镇定一类四阶抛物型方程，同时考虑了状态反馈控制和输出反馈控制。与一般的控制器设计不同，本章所研究的模型在右侧采用两个控制器，并考虑了奇异控制器的情况。这是因为当系统参数满足一定条件时，奇异控制器的衰减率较小。控制器设计采用了反步法，并使用逐次逼近技术[1] 证明了核函数的存在性。此外，本章还设计了基于控制器的观测器。在同一位置的情况下，驱动器和传感器放在同一端。利用李雅普诺夫方法分析了基于观测器的反演控制器的闭环指数稳定性，还证明了偏微分方程模型的适定性。最后，分别在不受控情况和受控情况下进行了数值仿真，验证了控制器的有效性。

5.1 引言

近年来，四阶偏微分方程被广泛应用于物理工程、计算机技术、图像处理等各个领域。相比于低阶偏微分系统，对四阶偏微分系统的稳定性研究还较少，可以参考的文献不多。二阶偏微分方程（如热传导方程和波动方程）在很多论文中被研究，例如文献 [32, 35-37]。文献 [33-34] 分别研究了三阶 Korteweg-de Vries（KdV）方程和三阶线性及非线性薛定谔方程的稳定性。在文献 [29-31] 中考虑了四阶 Kuramoto-Sivashinsky 方程的稳定性，文献 [103] 研究了四阶剪切梁模型的稳定性。

本章主要研究一类四阶抛物型方程，内容如下：

• 针对四阶抛物型系统，采用反步法在区间右端设计了双控制器。

• 针对由四阶抛物型方程建模的系统，设计了一个反步观测器，在 5.4 节中提出了一个新的李雅普诺夫函数，由此证明了闭环系统的稳定性。

• 应用算子理论，证明了四阶抛物型模型的适定性。

5.2   系统描述与控制器设计

本章将考虑在有界区域 $\Omega = [0,1]$ 上如下的四阶抛物型偏微分系统

$$
\begin{cases}
w_t(x,t) + Cw_{xxxx}(x,t) + \lambda w(x,t) = 0; & (x,t) \in \Omega \times \mathbb{R}_+ \\
w(0,t) = 0,\ w(1,t) = U(t); & t \in \mathbb{R}_+ \\
w_x(0,t) = 0,\ w_x(1,t) = V(t); & t \in \mathbb{R}_+ \\
w(x,0) = w^0(x); & x \in \Omega
\end{cases}
\tag{5.2.1}
$$

其中 $w(x,t) \in [0,1] \times (0,+\infty)$，参数 $C > 0$，$\lambda < 0$，w^0 是初始条件；如果 λ 足够小，则 $\lambda w(x,t)$ 是一个不稳定项。$U(t)$ 和 $V(t)$ 是在区域 Ω 右端点的边界控制输入。本章旨在设计控制器 $U(t)$ 和 $V(t)$ 使受控系统 (5.2.1) 稳定，即当 $t \to \infty$ 时，系统 (5.2.1) 的解以指数衰减速率收敛到 0。

在本节中，通过应用反步法设计系统 (5.2.1) 的状态反馈控制律，并用逐次逼近方法证明了核函数的存在性。

5.2.1   目标系统

引入如下具有齐次边界条件的目标系统

$$
\begin{cases}
u_t(x,t) + Cu_{xxxx}(x,t) + \gamma u(x,t) = 0; & (x,t) \in \Omega \times \mathbb{R}_+ \\
u(0,t) = 0,\ u(1,t) = 0; & t \in \mathbb{R}_+ \\
u_x(0,t) = 0,\ u_x(1,t) = 0; & t \in \mathbb{R}_+ \\
u(x,0) = u^0(x); & x \in \Omega
\end{cases}
\tag{5.2.2}
$$

其中参数 $\gamma \geqslant 0$，$C > 0$ 在系统 (5.2.1) 中已有定义。

下列引理说明了所选目标系统的指数稳定性。

引理 5.1   对于任意初始值 $u^0(x) \in L^2(\Omega)$，系统 (5.2.2) 的相应解满足

$$
\|u(t)\|_2^2 \leqslant \|u^0\|_2^2\, \mathrm{e}^{-\frac{\pi^4 C + \gamma}{8}t}, \quad \forall t > 0
\tag{5.2.3}
$$

证明   选择以下李雅普诺夫候选函数

$$
W(t) = \frac{1}{2} \int_0^1 u^2(x,t)\mathrm{d}x
\tag{5.2.4}
$$

通过运用分部积分法和 Poincare 不等式，$W(t)$ 的导数为

$$
\begin{aligned}
\dot{W}(t) &= \int_0^1 u(x,t)u_t(x,t)\mathrm{d}x \\
&= \int_0^1 -Cu(x,t)u_{xxxx}(x,t)\mathrm{d}x - \gamma \int_0^1 u^2(x,t)\mathrm{d}x \\
&= -C\int_0^1 u_{xx}^2(x,t)\mathrm{d}x - \gamma \int_0^1 u^2(x,t)\mathrm{d}x \\
&\leqslant -\frac{\pi^4 C + \gamma}{16}\int_0^1 u^2(x,t)\mathrm{d}x \\
&= -\frac{\pi^4 C + \gamma}{8}W(t)
\end{aligned}
\tag{5.2.5}
$$

由此得 $W(t) \leqslant W(0)\mathrm{e}^{-\frac{\pi^4 C+\gamma}{8}t}$，从而证得

$$
||u(t)||_{L^2(\Omega)}^2 \leqslant ||u^0||_{L^2(\Omega)}^2 \mathrm{e}^{-\frac{\pi^4 C+\gamma}{8}t}, \quad \forall t > 0
\tag{5.2.6}
$$

$\square$

5.2.2 反步变换

采用以下反步变换把初始系统 (5.2.1) 转化为目标系统 (5.2.2)：

$$
u(x,t) = w(x,t) - \int_0^x k(x,y)w(y,t)\mathrm{d}y
\tag{5.2.7}
$$

其中 $k(x,y)$ 是核函数。正如引理 5.1 所证，目标系统 (5.2.2) 在空间 $L^2(\Omega)$ 中是指数稳定的。如果存在核函数 $k(x,y)$ 使得系统 (5.2.1) 能够转化为系统 (5.2.2)，且变换 (5.2.7) 是可逆的，则可证得受控系统 (5.2.1) 是指数稳定的。

基于反步变换 (5.2.7)，利用系统 (5.2.1) 的第一个方程和分部积分法对 $u(x,t)$ 关于 t 求偏导数，可得

$$
\begin{aligned}
u_t(x,t) &= w_t(x,t) - \int_0^x k(x,y)w_t(y,t)\mathrm{d}y \\
&= w_t(x,t) + C\int_0^x k(x,y)w_{yyyy}(y,t)\mathrm{d}y + \lambda \int_0^x k(x,y)w(y,t)\mathrm{d}y \\
&= w_t(x,t) + Ck(x,x)w_{xxx}(x,t) - Ck_y(x,x)w_{xx}(x,t) + Ck_{yy}(x,x)w_x(x,t) -
\end{aligned}
$$

$$Ck_{yyy}(x,x)w(x,t) - Ck(x,0)w_{xxx}(0,t) + Ck_y(x,0)w_{xx}(0,t)+$$

$$\int_0^x [Ck_{yyyy}(x,y) + \lambda k(x,y)]w(y,t)\mathrm{d}y \tag{5.2.8}$$

$u(x,t)$ 关于 x 求四阶偏导数为

$$\begin{aligned}
u_{xxxx}(x,t) = {}& w_{xxxx}(x,t) - \Big[k_{xxx}(x,x) + \frac{\mathrm{d}}{\mathrm{d}x}k_{xx}(x,x) + \frac{\mathrm{d}^2}{\mathrm{d}x^2}k_x(x,x)+ \\
& \frac{\mathrm{d}^3}{\mathrm{d}x^3}k(x,x)\Big]w(x,t) - \Big[k_x(x,x) + 3\frac{\mathrm{d}}{\mathrm{d}x}k(x,x)\Big]w_{xx}(x,t)- \\
& \Big[k_{xx}(x,x) + 2\frac{\mathrm{d}}{\mathrm{d}x}k_x(x,x) + 3\frac{\mathrm{d}^2}{\mathrm{d}x^2}k(x,x)\Big]w_x(x,t)- \\
& k(x,x)w_{xxx}(x,t) - \int_0^x k_{xxxx}(x,y)w(y,t)\mathrm{d}y
\end{aligned} \tag{5.2.9}$$

结合式 (5.2.7)、式 (5.2.8) 和式 (5.2.9)，可得

$$\begin{aligned}
& u_t(x,t) + Cu_{xxxx}(x,t) + \gamma u(x,t) \\
={}& -C[-k_{yy}(x,x) + k_{xx}(x,x) + 2\frac{\mathrm{d}}{\mathrm{d}x}k_x(x,x) + 3\frac{\mathrm{d}^2}{\mathrm{d}x^2}k(x,x)]w_x(x,t)- \\
& C[k_x(x,x) + k_y(x,x) + 2\frac{\mathrm{d}}{\mathrm{d}x}k(x,x)]w_{xx}(x,t) - C\Big[k_{yyy}(x,x)+ \\
& k_{xxx}(x,x) + \frac{\mathrm{d}}{\mathrm{d}x}k_{xx}(x,x) + \frac{\mathrm{d}^2}{\mathrm{d}x^2}k_x(x,x) + \frac{\mathrm{d}^3}{\mathrm{d}x^3}k(x,x) + \frac{(\lambda-\gamma)}{C}\Big]w(x,t)+ \\
& \int_0^x [-C(k_{xxxx}(x,y) - k_{yyyy}(x,y)) + (\lambda-\gamma)k(x,y)]w(y,t)\mathrm{d}y- \\
& Ck(x,0)w_{xxx}(0,t) + Ck_y(x,0)w_{xx}(0,t)
\end{aligned} \tag{5.2.10}$$

如果核函数 $k(x,y)$ 满足

$$\begin{cases}
k_{xxxx}(x,y) - k_{yyyy}(x,y) - \dfrac{\lambda}{C}k(x,y) = 0 \\[2mm]
k_{xxx}(x,x) + k_{yyy}(x,x) + \dfrac{\mathrm{d}}{\mathrm{d}x}k_{xx}(x,x) + \dfrac{\lambda}{C} = 0 \\[2mm]
k(x,0) = k_y(x,0) = \dfrac{\mathrm{d}}{\mathrm{d}x}k(x,x) = k_x(x,x) = 0
\end{cases} \tag{5.2.11}$$

其中 $(x, y) \in \Upsilon = \{(x, y) \in \mathbb{R}^2 | x \in [0, 1], y \in [0, x]\}$ (见图 5.1)，则式 (5.2.10) 等号右端恒等于零。由于偏微分方程组 (5.2.11) 中包含一个四阶偏微分方程，因此解核方程 (5.2.11) 的过程比文献 [33] 中解核函数的过程要更为复杂。

现在考虑系统 (5.2.2) 的边界条件，由反步变换 (5.2.7)，代入 $x = 0$，可知 $u(0, t) = w(0, t) = 0$，$u_x(0, t) = w_x(0, t) = 0$。为了满足另外两个边界条件，反馈控制律应设计为

$$\begin{cases} U(t) = w(1, t) = \displaystyle\int_0^1 k(1, y) w(y, t) \mathrm{d}y \\ V(t) = w_x(1, t) = \displaystyle\int_0^1 k_x(1, y) w(y, t) \mathrm{d}y \end{cases} \tag{5.2.12}$$

从而所有的边界条件都得到满足。

如果核方程 (5.2.11) 的解存在，则称初始系统 (5.2.1) 通过变换 (5.2.7) 转化到目标系统 (5.2.2)。受文献 [33] 中证明核函数存在性方法的启发，利用变量替换和逐次逼近法证明了核方程 (5.2.11) 解的存在性，证明过程如下。

首先，运用变量替换简化核方程 (5.2.11)。定义 $t \equiv y$，$s \equiv x - y$，且 $G(s, t) = k(x, y) = k(s + t, t)$，则方程 (5.2.11) 转化为求解如下方程组

$$\begin{cases} 4G_{ssst}(s, t) - 6G_{sstt}(s, t) + 4G_{sttt}(s, t) - G_{tttt}(s, t) - \dfrac{\lambda - \gamma}{C} G(s, t) = 0 \\ 4G_{sst}(0, t) - 3G_{stt}(0, t) + G_{ttt}(0, t) = -\dfrac{\lambda - \gamma}{C} \\ G(s, 0) = G_t(s, 0) = G_t(0, t) = G_s(0, t) = 0 \end{cases} \tag{5.2.13}$$

其中 $(s, t) \in \Upsilon_0 = \{(s, t) \in \mathbb{R}^2 | t \in [0, 1], s \in [0, 1 - t]\}$ (见图 5.1)。

对方程组 (5.2.13) 的第一个方程关于 s 从 0 到 ω 求积分，有

$$4G_{sst}(\omega, t) - 3G_{sst}(\omega, t) + G_{ttt}(\omega, t) - 4G_{sst}(0, t) + 3G_{sst}(0, t) - G_{ttt}(0, t)$$

$$= \int_0^\omega \left(G_{tttt} + 3G_{sstt} - 3G_{sttt} + \frac{\lambda - \gamma}{C} G \right)(\xi, t) \mathrm{d}\xi \tag{5.2.14}$$

其次，把方程组 (5.2.13) 的第二个方程代入式 (5.2.14)，且对式 (5.2.14) 关于 ω

从 0 到 p 求积分，因为 $G_{st}(0, t) = 0$，所以结果为

$$
G_{st}(p, t) = -\frac{\lambda - \gamma}{4C}p + \int_0^p \left(\frac{3}{4}G_{stt} - \frac{1}{4}G_{ttt}\right)(\omega, t)\mathrm{d}\omega +
$$
$$
\frac{1}{4}\int_0^p \int_0^\omega \left(G_{tttt} + 3G_{sstt} - 3G_{sltt} + \frac{\lambda - \gamma}{C}G\right)(\xi, t)\mathrm{d}\xi\mathrm{d}\omega
$$
$$(5.2.15)$$

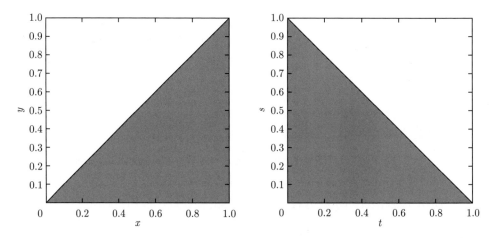

图 5.1   三角区域 Υ 和 Υ_0

再次，对式 (5.2.15) 关于 p 从 0 到 s 求积分，由于 $G_t(0, t) = 0$，从而得

$$
G_t(s, t) = -\frac{\lambda - \gamma}{8C}s^2 + \int_0^s \int_0^p \left(\frac{3}{4}G_{stt} - \frac{1}{4}G_{ttt}\right)(\omega, t)\mathrm{d}\omega\mathrm{d}p +
$$
$$
\frac{1}{4}\int_0^s \int_0^p \int_0^\omega \left(G_{tttt} + 3G_{sstt} - 3G_{sttt} + \frac{\lambda - \gamma}{C}G\right)(\xi, t)\mathrm{d}\xi\mathrm{d}\omega\mathrm{d}p
$$
$$(5.2.16)$$

最后，对式 (5.2.16) 关于 t 从 0 到 t 求积分，由于 $G(s, 0) = 0$ 和 $G_t(s, 0) = 0$，从而得到下列积分方程

$$
G(s, t) = -\frac{\lambda - \gamma}{8C}s^2 t + \int_0^t \int_0^s \int_0^p \left(\frac{3}{4}G_{stt} - \frac{1}{4}G_{ttt}\right)(\omega, \eta)\mathrm{d}\omega\mathrm{d}p\mathrm{d}\eta +
$$
$$
\frac{3}{4}\int_0^s G_t(p, t)\mathrm{d}p +
$$
$$
\frac{1}{4}\int_0^t \int_0^s \int_0^p \int_0^\omega \left(G_{tttt} - 3G_{sttt} + \frac{\lambda - \gamma}{C}G\right)(\xi, \eta)\mathrm{d}\xi\mathrm{d}\omega\mathrm{d}p\mathrm{d}\eta
$$
$$(5.2.17)$$

现在，定义算子 T 为

$$(Tf)(s,t) = \int_0^t \int_0^s \int_0^p \left(\frac{3}{4}f_{stt} - \frac{1}{4}f_{ttt} \right) (\omega, \eta) \mathrm{d}\omega \mathrm{d}p \mathrm{d}\eta + \frac{3}{4} \int_0^s f_t(p,t) \mathrm{d}p +$$

$$\frac{1}{4} \int_0^t \int_0^s \int_0^p \int_0^\omega \left(f_{tttt} - 3f_{sttt} + \frac{\lambda-\gamma}{C}f \right) (\xi, \eta) \mathrm{d}\xi \mathrm{d}\omega \mathrm{d}p \mathrm{d}\eta \quad (5.2.18)$$

则方程 (5.2.17) 等价为 $G(s,t) = -\dfrac{\lambda-\gamma}{8C}s^2t + TG(s,t)$。定义 $G^0 \equiv 0$, $G^1(s,t) = -\dfrac{\lambda-\gamma}{8C}s^2t$ 以及 $G^{n+1} = G^1 + TG^n$。则对于 $n \geqslant 1$，有

$$G^{n+1} - G^n = T(G^n - G^{n-1})$$

定义 $H^0(s,t) = s^2t$ 和 $H^{n+1} = TH^n$。则有 $H^n = -\dfrac{8C}{\lambda-\gamma}(G^{n+1} - G^n)$，且对于 $j > i$ 有

$$G^j - G^i = \sum_{n=i}^{n=j-1} (G^{n+1} - G^n) = -\frac{\lambda-\gamma}{8C} \sum_{n=i}^{n=j-1} H^n \quad (5.2.19)$$

由式 (5.2.19) 可知，为了证明 G^n (以及 G^n 的偏导数) 是收敛的，只要证明 H^n (以及 H^n 的偏导数) 关于范数 $||\cdot||_\infty$ 是绝对可加序列。

下面，证明 H^n (以及 H^n 的偏导数) 是绝对可和的。把 T 写为 $T = T_{-3} + T_{-2} + T_{-1} + T_1$，其中

$$\begin{cases} T_{-3}G = \dfrac{1}{4} \int_0^t \int_0^s \int_0^p \int_0^w G_{tttt}(\xi, \eta) \mathrm{d}\xi \mathrm{d}\omega \mathrm{d}p \mathrm{d}\eta \\[2mm] T_{-2}G = -\dfrac{1}{4} \int_0^t \int_0^s \int_0^p G_{ttt}(\omega, \eta) \mathrm{d}\omega \mathrm{d}p \mathrm{d}\eta - \\[2mm] \qquad\quad \dfrac{3}{4} \int_0^t \int_0^s \int_0^p \int_0^w G_{sttt}(\xi, \eta) \mathrm{d}\xi \mathrm{d}\omega \mathrm{d}p \mathrm{d}\eta \\[2mm] T_{-1}G = \dfrac{3}{4} \int_0^t \int_0^s \int_0^p G_{stt}(\omega, \eta) \mathrm{d}\omega \mathrm{d}p \mathrm{d}\eta + \dfrac{3}{4} \int_0^s G_t(p,t) \mathrm{d}p \\[2mm] T_1G = \dfrac{\lambda-\gamma}{4C} \int_0^t \int_0^s \int_0^p \int_0^w G(\xi, \eta) \mathrm{d}\xi \mathrm{d}\omega \mathrm{d}p \mathrm{d}\eta \end{cases} \quad (5.2.20)$$

那么

$$H^n = T^n H^0 = (T_{-3} + T_{-2} + T_{-1} + T_1)^n s^2 t = \sum_{r=1}^{4^n} R_{r,n} s^2 t \tag{5.2.21}$$

其中 $R_{r,n} := T_{j_{r,n}} T_{j_{r,n-1}} \cdots T_{j_{r,1}}$，$j_{r,i} \in \{-3, -2, -1, 1\}$。对于正整数 m 和非负整数 k，有

$$\begin{cases} T_{-3} s^m t^k = c_{-3} s^{m+3} t^{k-3} \\ T_{-2} s^m t^k = c_{-2} s^{m+2} t^{k-2} \\ T_{-1} s^m t^k = c_{-1} s^{m+1} t^{k-1} \\ T_1 s^m t^k = c_1 s^{m+3} t^{k+1} \end{cases} \tag{5.2.22}$$

其中

$$c_{-3} = \begin{cases} 0, & k \leqslant 3 \\ \dfrac{k(k-1)(k-2)}{4(m+1)(m+2)(m+3)}, & k > 3 \end{cases} \tag{5.2.23}$$

$$c_{-2} = \begin{cases} 0, & k \leqslant 2 \\ -\dfrac{k(k-1)}{(m+1)(m+2)}, & k > 2 \end{cases} \tag{5.2.24}$$

$$c_{-1} = \begin{cases} 0, & k < 1 \\ \dfrac{3k}{4(m+1)}, & k = 1 \\ \dfrac{3k}{2(m+1)}, & k > 1 \end{cases} \tag{5.2.25}$$

$$c_1 = \frac{\lambda - \gamma}{4C(m+1)(m+2)(m+3)(k+1)} \tag{5.2.26}$$

设 $\sigma = \sigma(n, r) = \sum_{i=1}^{n} j_{r,i}$。根据式 (5.2.22)～式 (5.2.26)，可以得到如下结果

$$R_{r,n} s^2 t = \begin{cases} 0, & \sigma < -1 \\ C_{r,n} s^\beta t^{\sigma+1}, & \sigma \geqslant -1 \end{cases} \tag{5.2.27}$$

其中 $n+2 \leqslant \beta \leqslant 3n+2$，$\sigma \leqslant n$ 且 $C_{r,n}$ 是一个仅依赖于 n 和 r 的常数。

设 $\bar{\lambda} = \max\left\{1, \gamma-\lambda, \dfrac{\gamma-\lambda}{C}\right\}$。由归纳假设，可得

$$|C_{r,n}| \leqslant \frac{6^n \bar{\lambda}^n}{(n+2)!(\sigma+1)!} \tag{5.2.28}$$

事实上，在式 (5.2.22)～式 (5.2.26) 中取 $m=2$，$k=1$，则式 (5.2.28) 对于 $n=1$ 成立 (见注记 5.1)。假设式 (5.2.28) 对于 $n=\ell-1$ 和所有 $r \in \{1,2,\cdots,4^{\ell-1}\}$ 成立，这表明 $|C_{r,\ell-1}| \leqslant \dfrac{6^{\ell-1}\bar{\lambda}^{\ell-1}}{(\ell+1)!(\sigma+1)!}$。则对于 $n=\ell$ 和 $\tilde{r} \in \{1,2,\cdots,4^{\ell}\}$，有

$$R_{\tilde{r},\ell}s^2t = T_i R_{r,\ell-1}s^2t = C_{r,\ell-1}T_i s^\beta t^{\sigma+1} = C_{r,\ell-1}c_i s^{\tilde{\beta}}t^{\tilde{\sigma}+1}$$

其中 $i \in \{-3,-2,-1,1\}$，$r \in \{1,2,\cdots,4^{\ell-1}\}$，$\tilde{\beta} \in \{\beta+1,\beta+2,\beta+3\}$ 且 $\tilde{\sigma} = \sigma+i$。根据式 (5.2.23)～式 (5.2.26)，因为 $\beta \geqslant \ell+1$，对于 $i=-1,-2,-3$，有 $|c_i| \leqslant \dfrac{6(\sigma+1)}{\ell+2}$，且 $|c_1| \leqslant \dfrac{\bar{\lambda}}{(\sigma+2)(\ell+2)}$，因此对于任意 $i \in \{-3,-2,-1,1\}$，有

$$|C_{\tilde{r},\ell}| = |c_i C_{r,\ell-1}| \leqslant \frac{6^\ell \bar{\lambda}^\ell}{(\ell+2)!(\sigma+i+1)!} = \frac{6^\ell \bar{\lambda}^\ell}{(\ell+2)!(\tilde{\sigma}+1)!}$$

所以式 (5.2.28) 对于 $n=\ell$ 同样成立。

由式 (5.2.21)、式 (5.2.27)、式 (5.2.28) 以及 $0 \leqslant s$，$t \leqslant 1$，可以得到

$$||H^n||_\infty \leqslant 4^n|C_{r,n}| \leqslant \frac{24^n \bar{\lambda}^n}{(n+2)!} \tag{5.2.29}$$

这个序列是可加的。同时，通过下列计算可知，对于 H^n 的任意偏导数也是可加的

$$||\partial_s^a \partial_t^b H^n||_\infty \leqslant \frac{(3n+2)^a(n+1)^b 24^n \bar{\lambda}^n}{(n+2)!} \tag{5.2.30}$$

综上所述，方程组 (5.2.13) 存在解 $G(s,t)$，且 $G(s,t) \in C^\infty((0,1-t) \times (0,1))$。由 $k(x,y) = G(s,t)$ 可以找到一个满足方程组 (5.2.11) 的连续核函数 $k(x,y)$。图 5.2 是核函数 $k(x,y)$ 的一个三维数值图像。

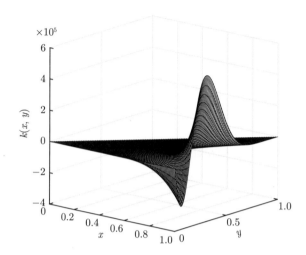

图 5.2　当 $C = 5 \times 10^{-4}$，$\lambda = -10$，$\gamma = 2 \times 10^{-4}$ 时的核函数 $k(x,y)$

注记 5.1　对于任意给定的常数 $C > 0$，选择 $\bar{\lambda} = \max\left\{1, \gamma - \lambda, \dfrac{\gamma - \lambda}{C}\right\}$ 可以确保在 $n = 1$ 的情况下，不等式 (5.2.28) 成立。事实上，当 $n = 1$ 有

$$H^1 = (T_{-3} + T_{-2} + T_{-1} + T_1)s^2 t = T_{-1}s^2 t + T_1 s^2 t = \frac{1}{4}s^3 + \frac{\lambda - \gamma}{480C}s^5 t^2$$

则 $|C_{r,n}| \leqslant \dfrac{6^n \bar{\lambda}^n}{(n+2)!(\sigma+1)!}$ 对于 $n = 1$ 成立当且仅当 $\dfrac{1}{4} \leqslant \bar{\lambda}$，$\dfrac{\gamma - \lambda}{480C} \leqslant \dfrac{\bar{\lambda}}{2}$ 成立。显然，对于给定的 $C > 0$，如果 $\bar{\lambda} = \max\left\{1, \gamma - \lambda, \dfrac{\gamma - \lambda}{C}\right\}$，以下条件满足

$$\frac{1}{4} \leqslant \bar{\lambda}, \ \frac{\gamma - \lambda}{480C} \leqslant \frac{\bar{\lambda}}{2}$$

令算子 K 是一个从 $L^2(\Omega)$ 空间到 $L^2(\Omega)$ 空间的积分算子，定义为 $(Kw)(x,t) = \displaystyle\int_0^x k(x,y)u(y,t)\mathrm{d}y$。同时，这也明确定义了一个在空间 $L^2(\Omega)$ 上的线性算子 $I - K: w \to u$。对于算子 $I - K$ 的性质，有如下引理。

引理 5.2　算子 $I - K$ 是有界可逆的，且是一个 $L^2(\Omega) \to L^2(\Omega)$ 的有界逆算子。

证明　在 5.2.2 节应该注意到核函数 $k(x,y)$ 在区域 Υ 内是有界的。因此算子 $I - K$ 是有界的。文献 [33] 对上述引理进行了详细证明。下面将展示另一种冗长但直接的方法来证明算子 $I - K$ 是可逆的。

为此，设逆变换

$$w(x,t) = u(x,t) + \int_0^x l(x,y)u(y,t)\mathrm{d}y \tag{5.2.31}$$

对 $w(x,t)$ 关于 t 求偏导数，得

$$
\begin{aligned}
w_t(x,t) =& u_t(x,t) - Cl(x,x)u_{xxx}(x,t) + Cl_y(x,x)u_{xx}(x,t) - Cl_{yy}(x,x)u_x(x,t) + \\
& Cl_{yyy}(x,x)u(x,t) + Cl(x,0)u_{xxx}(0,t) - Cl_y(x,0)u_{xx}(0,t) - \\
& C\int_0^x l_{yyyy}(x,y)u(y,t)\mathrm{d}y - \gamma \int_0^x l(x,y)u(y,t)\mathrm{d}y
\end{aligned}
\tag{5.2.32}
$$

对 $w(x,t)$ 关于 x 求四阶偏导数，有

$$
\begin{aligned}
w_{xxxx}(x,t) =& u_{xxxx}(x,t) + l(x,x)u_{xxx}(x,t) + \left[l_x(x,x) + 3\frac{\mathrm{d}}{\mathrm{d}x}l(x,x)\right]u_{xx}(x,t) + \\
& \left[l_{xx}(x,x) + 2\frac{\mathrm{d}}{\mathrm{d}x}l_x(x,x) + 3\frac{\mathrm{d}^2}{\mathrm{d}x^2}l(x,x)\right]u_x(x,t) + \\
& \left[l_{xxx}(x,x) + \frac{\mathrm{d}}{\mathrm{d}x}l_{xx}(x,x) + \frac{\mathrm{d}^2}{\mathrm{d}x^2}l_x(x,x) + \frac{\mathrm{d}^3}{\mathrm{d}x^3}l(x,x)\right]u(x,t) + \\
& \int_0^x l_{xxxx}(x,y)u(y,t)\mathrm{d}y
\end{aligned}
\tag{5.2.33}
$$

结合式 (5.2.31)、式 (5.2.32) 和式 (5.2.33)，可得

$$
\begin{aligned}
w_t(x,t) + Cw_{xxxx}(x,t) + \lambda w(x,t) =& C\left[l_y(x,x) + l_x(x,x) + \frac{\mathrm{d}}{\mathrm{d}x}l(x,x)\right]u_{xx}(x,t) - \\
& C\left[l_{yy}(x,x) - l_{xx}(x,x) - 2\frac{\mathrm{d}}{\mathrm{d}x}l_x(x,x) - 3\frac{\mathrm{d}^2}{\mathrm{d}x^2}l(x,x)\right]u_x(x,t) + \\
& C\left[l_{yyy}(x,x) + l_{xxx}(x,x) + \frac{\mathrm{d}}{\mathrm{d}x}l_{xx}(x,x) + \frac{\mathrm{d}^2}{\mathrm{d}x^2}l_x(x,x) + \frac{\mathrm{d}^3}{\mathrm{d}x^3}l(x,x) + \right. \\
& \left. \frac{\lambda - \gamma}{C}\right]u(x,t) + Cl(x,0)u_{xxx}(0,t) - Cl_y(x,0)u_{xx}(0,t) + \\
& C\int_0^x\left[l_{xxxx}(x,y) - l_{yyyy}(x,y) + \frac{\lambda - \gamma}{C}l(x,y)\right]u(y,t)\mathrm{d}y
\end{aligned}
\tag{5.2.34}
$$

若令式 (5.2.34) 等号右边恒等于零，则核函数 $l(x,y)$ 满足以下偏微分方程组

$$
\begin{cases}
l_{xxxx}(x,y) - l_{yyyy}(x,y) + \dfrac{\lambda - \gamma}{C}l(x,y) = 0 \\[2mm]
l_{xxx}(x,x) + l_{yyy}(x,x) + \dfrac{\mathrm{d}}{\mathrm{d}x}l_{xx}(x,x) + \dfrac{\lambda - \gamma}{C} = 0 \\[2mm]
l(x,0) = l_y(x,0) = \dfrac{\mathrm{d}}{\mathrm{d}x}l(x,x) = l_x(x,x) = 0
\end{cases}
\tag{5.2.35}
$$

可以观察到方程组 (5.2.35) 的形式与方程组 (5.2.11) 的形式相似。遵循式 (5.2.13)~式 (5.2.30) 相同的计算过程，可以推导出存在满足方程组 (5.2.35) 的解 $l(x,y)$。换句话说，一旦定义了这样一个线性算子 $(Lu)(x,t) = \displaystyle\int_0^x l(x,y)u(y,t)\mathrm{d}y$，则在空间 $L^2(\Omega)$ 上的线性算子 $I + L\colon u \to w$ 是算子 $I - K$ 的逆算子。图 5.3 是逆核函数 $l(x,y)$ 的三维数值图像。   □

因此得到下列相关定理 5.1。

定理 5.1   对于满足相容性条件

$$
\begin{cases}
w^0(0) = 0 \\[2mm]
w^0(1) = \displaystyle\int_0^1 k(1,y)w^0(y)\mathrm{d}y \\[2mm]
w_x^0(0) = 0 \\[2mm]
w_x^0(1) = \displaystyle\int_0^1 k_x(1,y)w^0(y)\mathrm{d}y
\end{cases}
\tag{5.2.36}
$$

的任意初始值 $w^0(x) \in L^2(\Omega)$，具有边界反馈控制器 (5.2.12) 的受控系统 (5.2.1) 有一个满足下列不等式的解

$$
\|w(t)\|_2^2 \leqslant M\|w^0\|_2^2\, \mathrm{e}^{-\frac{\pi^4 C + \gamma}{8}t}, \ \forall t > 0
\tag{5.2.37}
$$

其中 M 是一个不依赖于 w^0 的正常数。

证明   由引理 5.1 和引理 5.2，根据 $w(x,t) = [(I - K)^{-1}u](x,t)$，$u^0(x) = [(I - K)w^0](x)$，利用范数的性质，可以得到

$$
\begin{aligned}
\|w(t)\|_2^2 &\leqslant \|(I - K)^{-1}\|_{B[L^2(\Omega)]}^2 \|u(t)\|_2^2 \\
&\leqslant \|(I - K)^{-1}\|_{B[L^2(\Omega)]}^2 \|u^0\|_2^2\, \mathrm{e}^{-\frac{\pi^4 C + \gamma}{8}t} \\
&\leqslant \|(I - K)^{-1}\|_{B[L^2(\Omega)]}^2 \|I - K\|_{B[L^2(\Omega)]}^2 \|w^0\|_2^2\, \mathrm{e}^{-\frac{\pi^4 C + \gamma}{8}t}
\end{aligned}
\tag{5.2.38}
$$

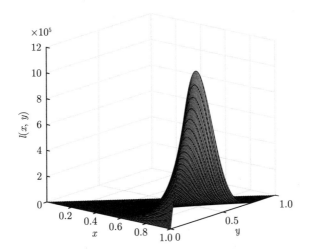

图 5.3 当 $C = 5 \times 10^{-4}$，$\lambda = -10$，$\gamma = 2 \times 10^{-4}$ 时的逆核函数 $l(x, y)$

设 $M = ||(I - K)^{-1}||^2_{B[L^2(\Omega)]} ||I - K||^2_{B[L^2(\Omega)]}$，则式 (5.2.37) 证明完毕。 $\square$

定理 5.1 说明可以明确地构造一个边界反馈控制律使得具有该控制律的系统 (5.2.1) 的解在 $\dfrac{\pi^4 C + \gamma}{8}$ 的速率下指数收敛到零。设计参数 γ 用于调节衰减率。

5.3 系统观测器设计

假设输出信号 $w_{xx}(1, t)$ 和 $w_{xxx}(1, t)$ 是可测的，执行器放置在 $u(1, t)$ 和 $u_x(1, t)$。设 $\hat{w}(x, t)$ 表示系统状态 $w(x, t)$ 的估计，参考文献 [2] 中的相关内容，系统 (5.2.1) 的状态观测器设计如下

$$
\begin{cases}
\hat{w}_t(x, t) + C\hat{w}_{xxxx}(x, t) + \lambda\hat{w}(x, t) + p_1(x)[w_{xx}(1, t) - \hat{w}_{xx}(1, t)] + \\
\quad p_2(x)[w_{xxx}(1, t) - \hat{w}_{xxx}(1, t)] = 0 \\
\hat{w}(0, t) = \hat{w}_x(0, t) = 0 \\
\hat{w}(1, t) = U(t) \\
\hat{w}_x(1, t) = V(t) \\
\hat{w}(x, 0) = \hat{w}^0(x)
\end{cases}
\tag{5.3.1}
$$

其中 $p_1(x)$、$p_2(x)$ 是待确定的，它们是用来使系统 (5.3.1) 稳定的观测器增益。

设 $\tilde{w}(x,t) = \hat{w}(x,t) - w(x,t)$ 是观测器误差，观测器误差系统为

$$
\begin{cases}
\tilde{w}_t(x,t) + C\tilde{w}_{xxxx}(x,t) + \lambda\tilde{w}(x,t) - p_1(x)\tilde{w}_{xx}(1,t) - p_2(x)\tilde{w}_{xxx}(1,t) = 0 \\
\tilde{w}(0,t) = \tilde{w}_x(0,t) = \tilde{w}(1,t) = \tilde{w}_x(1,t) = 0 \\
\tilde{w}(x,0) = \tilde{w}^0(x)
\end{cases}
$$

$$(5.3.2)$$

在可逆反步变换 $\tilde{u} \to \tilde{w}$ 下

$$
\tilde{w}(x,t) = \tilde{u}(x,t) - \int_x^1 p(x,y)\tilde{u}(y,t)\mathrm{d}y \tag{5.3.3}
$$

系统 (5.3.2) 转化为以下指数稳定的目标系统

$$
\begin{cases}
\tilde{u}_t(x,t) + C\tilde{u}_{xxxx}(x,t) + \gamma\tilde{u}(x,t) = 0 \\
\tilde{u}(0,t) = \tilde{u}_x(0,t) = \tilde{u}(1,t) = \tilde{u}_x(1,t) = 0 \\
\tilde{u}(x,0) = \tilde{u}^0(x)
\end{cases} \tag{5.3.4}
$$

把式 (5.3.3) 代入系统 (5.3.2)，得到下列关于 $\tilde{u}$ 的偏微分方程

$$
\tilde{u}_t(x,t) + C\tilde{u}_{xxxx}(x,t)
$$

$$
= -C\left[p_{yyy}(x,x) + p_{xxx}(x,x) + \frac{\mathrm{d}^3}{\mathrm{d}x^3}p(x,x) + \right.
$$

$$
\left. \frac{\mathrm{d}^2}{\mathrm{d}x^2}p_x(x,x) + \frac{\mathrm{d}}{\mathrm{d}x}p_{xx}(x,x) + \frac{\lambda}{C} \right]\tilde{u}(x,t) -
$$

$$
C\left[p_{xx}(x,x) - p_{yy}(x,x) + 3\frac{\mathrm{d}^2}{\mathrm{d}x^2}p(x,x) + 2\frac{\mathrm{d}}{\mathrm{d}x}p_x(x,x) \right]\tilde{u}_x(x,t) -
$$

$$
C\left[p_y(x,x) + p_x(x,x) + 3\frac{\mathrm{d}}{\mathrm{d}x}p(x,x) \right]\tilde{u}_{xx}(x,t) +
$$

$$
[-Cp(x,1) + p_2(x)]\tilde{u}_{xxx}(1,t) + [Cp_y(x,1) + p_1(x) + p_2(x)p(1,1)]\tilde{u}_{xx}(1,t) +
$$

$$
C\int_x^1 \left[p_{xxxx}(x,y) - p_{yyyy}(x,y) + \frac{\lambda - \gamma}{C}p(x,y) \right]\tilde{u}(y,t)\mathrm{d}y
$$

$$(5.3.5)$$

$$
\tilde{u}(0,t) = \int_0^1 p(0,y)\tilde{u}(y,t)\mathrm{d}y \tag{5.3.6}
$$

$$\tilde{u}(1,t) = \tilde{w}(1,t) = 0 \tag{5.3.7}$$

$$\tilde{u}_x(0,t) = \int_0^1 p_x(0,y)\tilde{u}(y,t)\mathrm{d}y \tag{5.3.8}$$

$$\tilde{u}_x(1,t) = \tilde{w}_x(1,t) - p(1,1)\tilde{u}(1,t) = 0 \tag{5.3.9}$$

将偏微分方程 (5.3.5), 边界条件式 (5.3.6)~ 式 (5.3.9) 与系统 (5.3.4) 相比较, 可知 $p(x,y)$ 需要满足以下关系式

$$\begin{cases} p_{xxxx}(x,y) - p_{yyyy}(x,y) + \dfrac{\lambda - \gamma}{C}p(x,y) = 0 \\ p_{xxx}(x,x) + p_{yyy}(x,x) + \dfrac{\mathrm{d}}{\mathrm{d}x}p_{xx}(x,x) + \dfrac{\lambda - \gamma}{C} = 0 \\ p(0,y) = p_x(0,y) = \dfrac{\mathrm{d}}{\mathrm{d}x}p(x,x) = p_x(x,x) = 0 \end{cases} \tag{5.3.10}$$

此外, 因为 $\dfrac{\mathrm{d}}{\mathrm{d}x}p(x,x) = 0$, $p(0,0) = 0$, 所以得 $p(1,1) = 0$, 因此应该选择观测器增益为

$$p_1(x) = -Cp_y(x,1), \ p_2(x) = Cp(x,1) \tag{5.3.11}$$

再次运用变量替换

$$\bar{x} = y, \ \bar{y} = x, \ \bar{p}(\bar{x},\bar{y}) = p(x,y) \tag{5.3.12}$$

方程 (5.3.10) 变为

$$\begin{cases} \bar{p}_{\bar{x}\bar{x}\bar{x}\bar{x}}(\bar{x},\bar{y}) - \bar{p}_{\bar{y}\bar{y}\bar{y}\bar{y}}(\bar{x},\bar{y}) - \dfrac{\lambda}{C}\bar{p}(\bar{x},\bar{y}) = 0 \\ \bar{p}_{\bar{x}\bar{x}\bar{x}}(\bar{x},\bar{x}) + \bar{p}_{\bar{y}\bar{y}\bar{y}}(\bar{x},\bar{x}) + \dfrac{\mathrm{d}}{\mathrm{d}\bar{x}}\bar{p}_{\bar{x}\bar{x}}(\bar{x},\bar{x}) + \dfrac{\lambda}{C} = 0 \\ \bar{p}(\bar{x},0) = \bar{p}_{\bar{y}}(\bar{x},0) = \dfrac{\mathrm{d}}{\mathrm{d}\bar{x}}\bar{p}(\bar{x},\bar{x}) = \bar{p}_{\bar{x}}(\bar{x},\bar{x}) = 0 \end{cases} \tag{5.3.13}$$

这些偏微分方程与方程 (5.2.11) 相似, 因此得到了方程 (5.3.10) 的解的存在性。

于是得到以下定理。

定理 5.2 设 $p(x,y)$ 是系统 (5.3.10) 的解。对于任意与边界条件相容的初始值 $\tilde{w}^0(x) \in L^2(\Omega)$, 具有如式 (5.3.11) 所示增益 $p_1(x)$、$p_2(x)$ 的系统 (5.3.2) 存在解 $\tilde{w}(x,t) \in C^{4,1}((0,1) \times (0,\infty))$ 且是指数稳定的。

注记 5.2 不同于其他参考文献中的观测器设计, 比如与文献 [28, 42, 103] 中的观测器相比, 本节为观测器 (5.3.1) 的主方程设计的观测器增益有两个。

5.4   闭环系统的稳定性分析

在本节中，我们将 5.3 节中的反步观测器与 5.2 节中设计的反步控制器结合起来形成一个闭环系统，并证明了它的稳定性。

由观测器 (5.3.1) 得到状态 $w(x,t)$ 的一个估计 $\hat{w}(x,t)$，因此由状态反馈 (5.2.12)，输出反馈控制应设计为

$$U(t) = \int_0^1 k(1,y)\hat{w}(y,t)\mathrm{d}y, \quad V(t) = \int_0^1 k_x(1,y)\hat{w}(y,t)\mathrm{d}y \qquad (5.4.1)$$

在输出反馈 (5.4.1) 的作用下，可得到系统 (5.2.1) 的闭环系统

$$
\begin{cases}
w_t(x,t) + Cw_{xxxx}(x,t) + \lambda w(x,t) = 0 \\
w(0,t) = w_x(0,t) = 0 \\
w(1,t) = U(t) \\
w_x(1,t) = V(t) \\
\hat{w}_t(x,t) + C\hat{w}_{xxxx}(x,t) + \lambda\hat{w}(x,t) + p_1(x)[w_{xx}(1,t) - \hat{w}_{xx}(1,t)] + \\
\quad p_2(x)[w_{xxx}(1,t) - \hat{w}_{xxx}(1,t)] = 0 \\
\hat{w}(0,t) = \hat{w}_x(0,t) = 0 \\
\hat{w}(1,t) = U(t) \\
\hat{w}_x(1,t) = V(t) \\
w(x,0) = w^0(x) \\
\hat{w}(x,0) = \hat{w}^0(x)
\end{cases}
\qquad (5.4.2)
$$

定理 5.3   对于任意初始值 $w^0 \in L^2(\Omega), \hat{w}^0 \in L^2(\Omega)$，具有观测器控制律 (5.4.1) 的闭环系统 (5.4.2) 的相应解满足

$$\lim_{t\to\infty} ||\hat{w}(x,t)||_2 = \lim_{t\to\infty} ||w(x,t)||_2 = 0 \qquad (5.4.3)$$

证明   由于 $\tilde{w}(x,t) = \hat{w}(x,t) - w(x,t)$，显然系统 (5.4.2) 等价于以下系统

$$
\begin{cases}
\hat{w}_t(x,t) + C\hat{w}_{xxxx}(x,t) + \lambda\hat{w}(x,t) + p_1(x)[w_{xx}(1,t) - \hat{w}_{xx}(1,t)] + \\
\quad p_2(x)[w_{xxx}(1,t) - \hat{w}_{xxx}(1,t)] = 0 \\[4pt]
\hat{w}(0,t) = \hat{w}_x(0,t) = 0 \\[4pt]
\hat{w}(1,t) = \displaystyle\int_0^1 k(1,y)\hat{w}(y,t)\mathrm{d}y \\[4pt]
\hat{w}_x(1,t) = \displaystyle\int_0^1 k_x(1,y)\hat{w}(y,t)\mathrm{d}y \\[4pt]
\tilde{w}_t(x,t) + C\tilde{w}_{xxxx}(x,t) + \lambda\tilde{w}(x,t) - p_1(x)\tilde{w}_{xx}(1,t) - p_2(x)\tilde{w}_{xxx}(1,t) = 0 \\[4pt]
\tilde{w}(0,t) = \tilde{w}_x(0,t) = \tilde{w}(1,t) = \tilde{w}_x(1,t) = 0 \\[4pt]
\hat{w}(x,0) = \hat{w}^0(x) \\[4pt]
\tilde{w}(x,0) = \tilde{w}^0(x)
\end{cases}
\tag{5.4.4}
$$

由下列反步变换

$$
\hat{u}(x,t) = \hat{w}(x,t) - \int_0^x k(x,y)\hat{w}(y,t)\mathrm{d}y, \quad \tilde{w}(x,t) = \tilde{u}(x,t) - \int_x^1 p(x,y)\tilde{u}(y,t)\mathrm{d}y
\tag{5.4.5}
$$

系统 (5.4.4) 可以映射为以下系统

$$
\begin{cases}
\hat{u}_t(x,t) = -C\hat{u}_{xxxx}(x,t) - \left[p_1(x) - \displaystyle\int_0^x k(x,y)p_1(y)\mathrm{d}y\right]\tilde{u}_{xx}(1,t) - \\
\quad \left[p_2(x) - \displaystyle\int_0^x k(x,y)p_2(y)\mathrm{d}y\right]\tilde{u}_{xxx}(1,t) \\[4pt]
\hat{u}(0,t) = \hat{u}_x(0,t) = \hat{u}(1,t) = \hat{u}_x(1,t) = 0 \\[4pt]
\tilde{u}_t(x,t) = -C\tilde{u}_{xxxx}(x,t) \\[4pt]
\tilde{u}(0,t) = \tilde{u}_x(0,t) = \tilde{u}(1,t) = \tilde{u}_x(1,t) = 0 \\[4pt]
\hat{u}(x,0) = \hat{u}^0(x) \\[4pt]
\tilde{u}(x,0) = \tilde{u}^0(x)
\end{cases}
\tag{5.4.6}
$$

假设 $\tilde{u}_{xx}(1,t)$ 和 $\tilde{u}_{xxx}(1,t)$ 是有界的，则可以选择下列李雅普诺夫候选函数

$$E(t) = \frac{1}{2}\int_0^1 \hat{u}^2(x,t)\mathrm{d}x + B_1\int_t^{+\infty}\mathrm{e}^{t-s}\tilde{u}_{xx}^2(1,s)\mathrm{d}s + B_2\int_t^{+\infty}\mathrm{e}^{t-s}\tilde{u}_{xxx}^2(1,s)\mathrm{d}s$$

$$(5.4.7)$$

其中 $B_1 > 0$，$B_2 > 0$ 是之后要确定的权重常数。设

$$F(x) = p_1(x) - \int_0^x k(x,y)p_1(y)\mathrm{d}y, \ G(x) = p_2(x) - \int_0^x k(x,y)p_2(y)\mathrm{d}y \quad (5.4.8)$$

且 $\bar{F} = \max\limits_{x\in[0,1]}|F(x)|$，$\bar{G} = \max\limits_{x\in[0,1]}|G(x)|$。

通过运用分部积分，$E(t)$ 的导数为

$$\begin{aligned}
\dot{E}(t) &= \int_0^1 \hat{u}(x,t)\hat{u}_t(x,t)\mathrm{d}x - B_1\tilde{u}_{xx}^2(1,t) + B_1\int_t^{+\infty}\mathrm{e}^{t-s}\tilde{u}_{xx}^2(1,s)\mathrm{d}s - \\
&\quad B_2\tilde{u}_{xxx}^2(1,t) + B_2\int_t^{+\infty}\mathrm{e}^{t-s}\tilde{u}_{xxx}^2(1,s)\mathrm{d}s \\
&= -C\int_0^1 \hat{u}(x,t)\hat{u}_{xxxx}(x,t)\mathrm{d}x - \tilde{u}_{xx}(1,t)\int_0^1 F(x)\hat{u}(x,t)\mathrm{d}x - \\
&\quad \tilde{u}_{xxx}(1,t)\int_0^1 G(x)\hat{u}(x,t)\mathrm{d}x - B_1\tilde{u}_{xx}^2(1,t) + \\
&\quad B_1\int_t^{+\infty}\mathrm{e}^{t-s}\tilde{u}_{xx}^2(1,s)\mathrm{d}s - B_2\tilde{u}_{xxx}^2(1,t) + B_2\int_t^{+\infty}\mathrm{e}^{t-s}\tilde{u}_{xxx}^2(1,s)\mathrm{d}s
\end{aligned}$$

$$(5.4.9)$$

运用 Young 不等式，有

$$\left|\tilde{u}_{xx}(1,t)\int_0^1 F(x)\hat{u}(x,t)\mathrm{d}x\right| \leqslant \frac{C}{64}\int_0^1 \hat{u}^2(x,t)\mathrm{d}x + \frac{16\bar{F}^2}{C}\tilde{u}_{xx}^2(1,t) \qquad (5.4.10)$$

类似地，以相同的方法也可以得到

$$\left|\tilde{u}_{xxx}(1,t)\int_0^1 G(x)\hat{u}(x,t)\mathrm{d}x\right| \leqslant \frac{C}{64}\int_0^1 \hat{u}^2(x,t)\mathrm{d}x + \frac{16\bar{G}^2}{C}\tilde{u}_{xxx}^2(1,t) \qquad (5.4.11)$$

则在这些估计下，有

$$
\begin{aligned}
\dot{E}(t) \leqslant & -C \int_0^1 \hat{u}_{xx}^2(x,t)\mathrm{d}x + \frac{C}{32}\int_0^1 \hat{u}^2(x,t)\mathrm{d}x + \frac{16\bar{F}^2}{C}\tilde{u}_{xx}^2(1,t) + \frac{16\bar{G}^2}{C}\tilde{u}_{xxx}^2(1,t) - \\
& B_1 \tilde{u}_{xx}^2(1,t) + B_1 \int_t^{+\infty} \mathrm{e}^{t-s}\tilde{u}_{xx}^2(1,s)\mathrm{d}s - B_2\tilde{u}_{xxx}^2(1,t) + \\
& B_2 \int_t^{+\infty} \mathrm{e}^{t-s}\tilde{u}_{xxx}^2(1,s)\mathrm{d}s
\end{aligned}
$$

$$(5.4.12)$$

取 $B_1 = \dfrac{16\bar{F}^2}{C}$，$B_2 = \dfrac{16\bar{G}^2}{C}$，通过 Poincare 不等式，继续计算 $E(t)$ 的导数，可得

$$
\begin{aligned}
\dot{E}(t) \leqslant & -\frac{C}{32}\int_0^1 \hat{u}^2(x,t)\mathrm{d}x + \frac{16\bar{F}^2}{C}\int_t^{+\infty} \mathrm{e}^{t-s}\tilde{u}_{xx}^2(1,s)\mathrm{d}s + \\
& \frac{16\bar{G}^2}{C}\int_t^{+\infty} \mathrm{e}^{t-s}\tilde{u}_{xxx}^2(1,s)\mathrm{d}s
\end{aligned}
$$

$$(5.4.13)$$

因为当 $t \to \infty$ 时，$\displaystyle\int_t^{+\infty} \mathrm{e}^{t-s}\tilde{u}_{xx}^2(1,s)\mathrm{d}s \to 0$ 和 $\displaystyle\int_t^{+\infty} \mathrm{e}^{t-s}\tilde{u}_{xxx}^2(1,s)\mathrm{d}s \to 0$。则

$$
\dot{E}(t) \leqslant -\frac{C}{16}E(t)
$$

$$(5.4.14)$$

这说明 $E(t) \leqslant E(0)\mathrm{e}^{-\frac{C}{16}t}$。与 $\tilde{u}$-系统的指数稳定性相结合，可以写为

$$
\lim_{t\to\infty} ||\hat{u}(x,t)||_2 = \lim_{t\to\infty} ||\tilde{u}(x,t)||_2 = 0
$$

$$(5.4.15)$$

通过可逆变换链 $(\tilde{u},\hat{u}) \to (\tilde{w},\hat{w}) \to (w,\hat{w})$，可证得式 (5.4.3)。 $\qquad\square$

5.5 系统解的适定性

在本节中，证明了系统 (5.2.1) 解的适定性。为了达到这个目的，只需证明具有齐次边界条件的目标系统的适定性就足够了。

在这里采取两个步骤，第一步是证明局部解的存在唯一性，第二步是证明全局解的存在性。首先证明解是局部定义的。

为了方便，这里范数 $||\cdot||_{C([0,T];L^2(\Omega))}$ 简记为 $||\cdot||$。

引理 5.3 对于任意初始值 $u^0(x)$，存在 $T > 0$ 使得系统 (5.2.1) 存在唯一解 $u(x,t) \in C([0,T];L^2(\Omega))$。

证明　定义线性算子 $\mathscr{A}:D(\mathscr{A})\subset L^2(\Omega)\to L^2(\Omega)$ 为 $\mathscr{A}u(x,t)=-Cu_{xxxx}(x,t)$, 其中 $D(\mathscr{A})=\{u\in H^4(\Omega):u(0,t)=u(1,t)=u_x(0,t)=u_x(1,t)=0\}$。线性算子 $\mathscr{B}$ 定义为 $\mathscr{B}u(x,t)=-\gamma u(x,t)$, 其中 $D(\mathscr{B})=\{u\in L^2(\Omega):u(0,t)=u(1,t)=u_x(0,t)=u_x(1,t)=0\}$。则系统 (5.2.2) 可以表达为以下抽象算子理论形式

$$\begin{cases} \dot{u}(x,t)=\mathscr{A}u(x,t)+\mathscr{B}u(x,t), & \text{在 } \Omega\times\mathbb{R}_+\text{中} \\ u(x,0)=u^0(x), & \text{在 } \Omega\text{ 中} \end{cases} \tag{5.5.1}$$

$\mathscr{A}$ 是一个具有性质 $\mathscr{A}^*=\mathscr{A}$ 的自伴算子, 且 $D(\mathscr{A}^*)=D(\mathscr{A})$。同时 $\mathscr{A}$ 是一个稠定的闭算子, 而且通过计算可以发现 $\mathscr{A}$ 和 $\mathscr{A}^*$ 是耗散的。因此根据 Lumer-Philips 定理, $\mathscr{A}$ 是压缩 C_0 半群的无穷小生成元[102]。$\mathscr{A}$ 是一个有界线性算子且生成了一个强连续半群 $\mathrm{e}^{\mathscr{A}t}$, 因此 $\mathrm{e}^{\mathscr{A}t}$ 是一个 C_0 半群。从而存在常数 $\omega\geqslant 0$ 和 $K\geqslant 1$ 对于 $0\leqslant t<\infty$ 满足 $\|\mathrm{e}^{\mathscr{A}t}\|\leqslant K\mathrm{e}^{\omega t}$[102]。式 (5.5.1) 的解可以表示为积分形式, 即

$$u(x,t)=\mathrm{e}^{\mathscr{A}t}u^0+\int_0^t \mathrm{e}^{\mathscr{A}(t-s)}\mathscr{B}u(x,s)\mathrm{d}s \tag{5.5.2}$$

设 $\mathscr{F}=\{u\in C([0,T];L^2(\Omega)):\|u-u^0\|\leqslant R\}$, 则构建映射 $\phi:\mathscr{F}\to C([0,T];L^2(\Omega))$ 为

$$(\phi u)(x,t)=\mathrm{e}^{\mathscr{A}t}u^0+\int_0^t \mathrm{e}^{\mathscr{A}(t-s)}\mathscr{B}u(x,s)\mathrm{d}s \tag{5.5.3}$$

因为半群 $\mathrm{e}^{\mathscr{A}t}$ 是强连续的, 取 $\varepsilon=\dfrac{2}{3}R-\gamma TK\mathrm{e}^{\omega T}\|u^0\|_{L^2(\Omega)}$, 则存在正的 δ 使得当 $t\in(0,\delta)$ 时, 有 $\|\mathrm{e}^{\mathscr{A}t}u^0-u^0\|<\varepsilon$。对于 $\|u-u^0\|\leqslant R$, $\|\mathscr{B}u\|\leqslant \|\mathscr{B}(u-u^0)\|+\|\mathscr{B}u^0\|\leqslant \gamma R+\gamma\|u^0\|$。根据以上分析, 当 T 小到可以满足 $\gamma TK\mathrm{e}^{\omega T}<\dfrac{1}{3}$ 时, 可得

$$\begin{aligned} \|\phi u-\phi u^0\| &\leqslant \|\mathrm{e}^{\mathscr{A}t}u^0-u^0\|+\left\|\int_0^t \mathrm{e}^{\mathscr{A}(t-s)}\mathscr{B}u(s)\mathrm{d}s\right\| \\ &\leqslant \varepsilon+TK\mathrm{e}^{\omega T}(\gamma R+\gamma\|u^0\|) \\ &\leqslant R \end{aligned} \tag{5.5.4}$$

不等式 (5.5.4) 说明 ϕ 是空间 $\mathscr{F}$ 到空间 $\mathscr{F}$ 的映射。

现在设 $u_1(x,t)$, $u_2(x,t) \in \mathscr{F}$，有

$$||\phi u_1 - \phi u_2|| = ||\int_0^t e^{\mathscr{A}(t-s)}\mathscr{B}(u_1(s) - u_2(s))ds|| \leqslant 2TKe^{\omega T}\gamma||u_1 - u_2|| \tag{5.5.5}$$

存在 $T > 0$ 使得 $2\gamma TKe^{\omega T} < 1$ 成立。结合上面提及的条件 $\gamma TKe^{\omega T} < \dfrac{1}{3}$，只需要使得 T 满足 $\gamma TKe^{\omega T} < \dfrac{1}{3}$ 和 $T > 0$，从而可以得到 ϕ 是空间 $\mathscr{F}$ 上的一个映射，再根据压缩映射定理可证得局部解的存在唯一性。 □

接下来证明解是全局定义的，因此有以下定理。

定理 5.4 对于任意 $T' > 0$ 和 $u^0 \in L^2(\Omega)$，系统 (5.2.1) 有全局解 $u(x,t) \in C([0,T']; L^2(\Omega))$。换句话说，解 $u(x,t) \in C([0,T]; L^2(\Omega))$ 可以延拓到 $u(x,t) \in C([0,T']; L^2(\Omega))$。

证明 设 $T_{\max} \leqslant T'$ 表示局部解存在的最大时间。$u(x,t)$ 是式 (5.5.1) 的解且 $0 \leqslant t < T_{\max} \leqslant T'$。基于式 (5.5.2)，则

$$\begin{aligned} ||u(t)||_{L^2(\Omega)} &\leqslant Ke^{\omega T_{\max}}\left(||u^0||_{L^2(\Omega)} + \int_0^t 2\gamma||u(s)||_{L^2(\Omega)}ds\right) \\ &\leqslant Ke^{\omega T_{\max}}||u^0||_{L^2(\Omega)} + 2\gamma Ke^{\omega T_{\max}}\int_0^t ||u(s)||_{L^2(\Omega)}ds \end{aligned} \tag{5.5.6}$$

根据 Gronwall 不等式，有

$$||u||_{L^2(\Omega)} \leqslant Ke^{\omega T_{\max}}||u^0||_{L^2(\Omega)}e^{2K\gamma e^{\omega t}} \tag{5.5.7}$$

设 $t \to T_{\max}^-$，则可导出

$$\lim_{t \to T_{\max}^-} ||u||_{L^2(\Omega)} \leqslant Ke^{\omega T_{\max}}||u^0||_{L^2(\Omega)}e^{2K\gamma e^{\omega T_{\max}}} < \infty \tag{5.5.8}$$

即 $\lim\limits_{t \to T_{\max}^-} ||u||_{L^2(\Omega)}$ 存在。因此解 $u(x,t)$ 在时间域内可以延拓到 $[0,T']$。 □

上述定理证明了系统 (5.2.2) 的解的适定性。因此由系统 (5.2.1) 和系统 (5.2.2) 的等价性，系统 (5.2.1) 解的适定性证毕。

5.6 数值模拟

为了证明 5.2 节中设计的控制器的有效性，模拟了系统 (5.2.1) 的非受控解和受控解。设置参数 $C = 5 \times 10^{-4}$，$\lambda = -10$，$\gamma = 2 \times 10^{-4}$。对于 $x \in [0,1]$，

令初始条件为 $w^0(x) = 5\cos(2\pi x) - 5$。用有限差分法离散初始系统和目标系统，将空间域 $x \in [0,1]$ 离散为 N 个均匀间隔的节点 $x_i = ih$, $i = 1, 2, \cdots, N$。h 取为 0.035, $N = 28$。同时时间的固定步长取为 1×10^{-4}，在 MATLAB 中进行了数值模拟。

图 5.4 显示了在不受控的情况下，解 $w(x, t)$ 趋于无穷大，也就是说开环系统是不稳定的。一旦如预期的那样在边界上加入控制器，此时新的解就会衰减到零，如图 5.5 所示。通过对两个仿真结果的比较，得出闭环系统由于边界控制而稳定的结论。

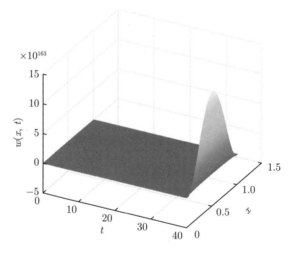

图 5.4　未受控系统的解在区域 $x \in [0, 1]$, $t \in [0, 40]$ 的轨迹

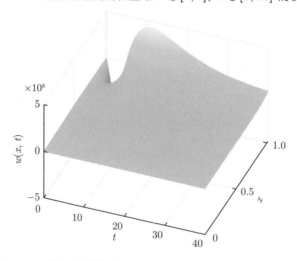

图 5.5　受控系统的解在区域 $x \in [0, 1]$, $t \in [0, 40]$ 的轨迹

5.7 本章小结

本章致力于一类四阶偏微分方程边界控制器的设计，同时考虑了状态反馈和输出反馈两种情况。应用反步法对不稳定系统进行了稳定化处理。通过反步变换得到了相应的核模型，定义了实现指数稳定的反馈律。逐次逼近法是证明核函数存在性的一种有效方法，因为处理核函数所满足的四阶核偏微分方程模型是一项复杂的工作，所以它的证明不仅是一个关键问题，而且是一个难点。本章也设计了观测器，并基于状态反馈实现了输出反馈控制。算子理论和 Lumer-Philips 定理在证明偏微分方程模型的适定性方面发挥了重要作用。对于存在外部扰动和不确定因素的情况，在输入扰动未知的情形下，该模型还有待进一步研究。

第 6 章
分数阶反应扩散系统的边界控制

本章研究了具有 Robin 边界控制条件的分数阶反应扩散系统的镇定问题。本章的目的是利用边界反馈控制器对该问题进行反演镇定。此外，根据李雅普诺夫 Mittag-Leffler 稳定性理论，通过提出的三种基于反步变换的边界反馈控制，证明了具有 Robin 边界控制条件的分数阶反应扩散系统是 Mittag-Leffler 稳定的。

6.1 引言

分数阶微积分作为整数阶微积分的推广，其不但在理论方面成果丰富，而且在经济学、生物学、物理学、天文学、医学以及动力系统控制中得到了广泛的应用。这得益于分数阶模型可以更精确、更具体地描述系统的状态，也可以更好地描述自然界物理信息过程。其中文献 [96] 讨论了分数阶神经网络的全局 Mittag-Leffler 稳定性和同步性。时变（或时间和空间变量或仅有空间变量）分数阶反应–对流–扩散方程可以用来描述随机和无序介质、多孔介质、分形和渗流、流动团簇、生物系统、地球物理和地质过程中发生的重要物理现象[97-99]。由于该系统在许多科学分支中被应用，解决此类涉及空间相关系数的分数阶反应扩散系统的稳定与控制具有特殊价值。

与整数阶反应–对流–扩散系统[65] 相比，分数阶反应–对流–扩散系统可以看作一个具有 α-阶 Caputo 时间分数导数的扩张系统。为了稳定这类系统，需要设计一种基于反演变换的边界反馈控制器，使得闭环系统稳定。因此，对于不同的边界条件，可以得到不同的边界控制器，其中 Dirichlet 边界条件和 Neumann 边界条件在文献 [93] 中被提到，并获得了相应的控制器，使初始系统稳定。

基于上述理论，本章讨论了 Robin 边界下具有空间相关系数的分数阶反应–对流–扩散系统的边界控制问题。这里，反应–对流–扩散方程被转化为一个更一般的扩散方程，初始系统被转化为一个基于反步变换的稳定目标系统，通过边界控制器的设计和增益核方程的适定性讨论，利用分数阶李雅普诺夫方法分析了闭环系统的 Mittag-lefflier 稳定性。

6.2 概念与基本知识

本节给出需要的一些概念、引理及重要的不等式。

定义 6.1 Caputo 分数阶导数

$$
{}_{t_0}^{c}D_t^\alpha u(t) = \frac{1}{\Gamma(1-\alpha)} \int_{t_0}^{t} \frac{\dot{u}(\tau)}{(t-\tau)^\alpha} \mathrm{d}\tau, \ 0 < \alpha < 1
$$

定义 6.2 Mittag-Leffler 函数

$$
\begin{cases}
E_\alpha(z) = \displaystyle\sum_{k=0}^{\infty} \frac{z^k}{\Gamma(\alpha k + 1)}; & \forall \alpha > 0, \ z \in C \\[2mm]
E_{\alpha,\beta}(z) = \displaystyle\sum_{k=0}^{\infty} \frac{z^k}{\Gamma(\alpha k + \beta)}; & \forall \alpha > 0, \ \forall \beta > 0, \ z \in C
\end{cases}
$$

于是有

$$
\begin{cases}
E_{\alpha,1}(z) = \displaystyle\sum_{k=0}^{\infty} \frac{z^k}{\Gamma(\alpha k + 1)} \equiv E_\alpha(z) \\[2mm]
E_{1,m}(z) = \dfrac{1}{z^{m-1}} \left\{ \mathrm{e}^z - \displaystyle\sum_{k=0}^{m-2} \frac{z^k}{k!} \right\}, \ m \in N
\end{cases}
$$

特别地

$$
E_1(z) = E_{1,1}(z) = \mathrm{e}^z
$$

考虑如下的 Caputo 时间分数阶系统

$$
{}_{t_0}^{c}D_t^\alpha u(t) = f(t, u) \tag{6.2.1}
$$

其中 $0 < \alpha < 1$。

定义 6.3 Mittag-Leffler 稳定性　如果存在常数 $M \geqslant 0$，$b > 0$ 使得对系统 (6.2.1) 的任意解 $u(t)$ 都有

$$
\| u(t) \| \leqslant m(\| \varphi(\cdot) \|)\{E_\alpha(-M(t-t_0)^\alpha)\}^b, \ t \geqslant 0
$$

其中 $\varphi(x)$ 是初值条件，$m(0) = 0$，$m(s) \geqslant 0$，并且 $m(s)$ 在 $s \in R$ 满足局部 Lipschitz 条件，其 Lipschitz 常数是 m_0，则系统 (6.2.1) 被称为是 Mittag-Leffler 稳定的。

引理 6.1 Poincare 不等式　对任意光滑的函数 $\omega(x) \in C[0,1]$，都有

$$
\begin{cases}
\displaystyle \int_0^1 \omega^2(x)\mathrm{d}x \leqslant 2\omega^2(1) + 4\int_0^1 \omega_x^2(x)\mathrm{d}x \\[3mm]
\displaystyle \int_0^1 \omega^2(x)\mathrm{d}x \leqslant 2\omega^2(0) + 4\int_0^1 \omega_x^2(x)\mathrm{d}x
\end{cases}
$$

引理 6.2 Agmon 不等式　对任意光滑的函数 $\omega \in C[0,1]$，都有

$$
\max_{x\in[0,1]} \omega^2(x) \leqslant \omega^2(1) + 2\sqrt{\int_0^1 \omega^2 \mathrm{d}x}\sqrt{\int_0^1 \omega_x^2 \mathrm{d}x}
$$

引理 6.3　设 $u(t) \in R$ 是一个光滑的函数，则对任意的 $t \geqslant t_0 \geqslant 0$ 都有

$$
\frac{1}{2}{}_{t_0}^{c}D_t^\alpha u^2(t) \leqslant u(t){}_{t_0}^{c}D_t^\alpha u(t), \ 0 < \alpha < 1
$$

证明　若要证明引理 6.3 成立，只需证明

$$
u(t){}_{t_0}^{c}D_t^\alpha u(t) - \frac{1}{2}{}_{t_0}^{c}D_t^\alpha u^2(t) \geqslant 0, 0 < \alpha < 1
$$

根据 Caputo 时间分数阶导数的定义

$$
{}_{t_0}^{c}D_t^\alpha u(t) = \frac{1}{\Gamma(1-\alpha)}\int_{t_0}^{t}\frac{\dot{u}(\tau)}{(t-\tau)^\alpha}\mathrm{d}\tau
$$

$$
\frac{1}{2}{}_{t_0}^{c}D_t^\alpha u^2(t) = \frac{1}{\Gamma(1-\alpha)}\int_{t_0}^{t}\frac{u(\tau)\dot{u}(\tau)}{(t-\tau)^\alpha}\mathrm{d}\tau
$$

故原式可表示为 $\displaystyle \frac{1}{\Gamma(1-\alpha)}\int_{t_0}^{t}\frac{[u(t)-u(\tau)]\dot{u}(\tau)}{(t-\tau)^\alpha}\mathrm{d}\tau \geqslant 0$。

定义一个辅助变量 $y(\tau) = u(t) - u(\tau)$，则 $y'(\tau) = -\dot{u}(\tau)\mathrm{d}\tau$。故上式可写为 $\displaystyle \frac{1}{\Gamma(1-\alpha)}\int_{t_0}^{t}\frac{y(\tau)y'(\tau)}{(t-\tau)^\alpha}\mathrm{d}\tau \leqslant 0$。应用分部积分进行计算可得

$$
\frac{1}{\Gamma(1-\alpha)}\int_{t_0}^{t}\frac{y(\tau)y'(\tau)}{(t-\tau)^\alpha}\mathrm{d}\tau = \frac{1}{\Gamma(1-\alpha)}\left[\left.\frac{y^2(\tau)}{(t-\tau)^\alpha}\right|_{\tau=t} - \right.
$$

$$
\left. \frac{y^2(t_0)}{(t-t_0)^\alpha} - \int_{t_0}^{t}\frac{\dot{y}(\tau)y(\tau)}{(t-t_0)^\alpha}\mathrm{d}\tau - \alpha\int_{t_0}^{t}\frac{y^2(\tau)}{(t-t_0)^{2\alpha-1}}\right]\mathrm{d}\tau \leqslant 0
$$

因此 $\dfrac{1}{\Gamma(1-\alpha)}\displaystyle\int_{t_0}^{t}\dfrac{y(\tau)y'(\tau)}{(t-\tau)^\alpha}\mathrm{d}\tau=\dfrac{1}{2\Gamma(1-\alpha)}\left[\dfrac{y^2(\tau)}{(t-\tau)^\alpha}\bigg|_{\tau=t}-\dfrac{y^2(t_0)}{(t-t_0)^\alpha}-\alpha\cdot\right.$
$\left.\displaystyle\int_{t_0}^{t}\dfrac{y^2(\tau)}{(t-t_0)^{2\alpha-1}}\mathrm{d}\tau\right]\leqslant 0$。

利用洛必达法则处理等号右边的第一项可得

$$\lim_{\tau\to t}\frac{y^2(\tau)}{(t-\tau)^\alpha}=\lim_{\tau\to t}\frac{[u(t)-u(\tau)]^2}{(t-\tau)^\alpha}=\lim_{\tau\to t}\frac{[u^2(t)-2u(t)u(\tau)+u^2(\tau)]}{(t-\tau)^\alpha}$$
$$=\lim_{\tau\to t}\frac{-2u(t)\dot u(\tau)+2u(\tau)\dot u(\tau)}{-\alpha(t-\tau)^{\alpha-1}}$$
$$=\lim_{\tau\to t}\frac{[2u(t)\dot u(t)-2u(\tau)\dot u(\tau)](t-\tau)^{1-\alpha}}{\alpha}=0$$

故

$$-\frac{y_0^2}{2\Gamma(1-\alpha)(t-t_0)^\alpha}-\frac{\alpha}{2\Gamma(1-\alpha)}\int_{t_0}^{t}\frac{y^2(\tau)}{(t-\tau)^{2\alpha-1}}\mathrm{d}\tau\leqslant 0$$

是显然成立的，引理得证。 $\qquad\square$

引理 6.4 设 $V(t)$ 是 $[0,+\infty)$ 上的连续函数且满足

$$_{t_0}^{c}D_t^\alpha V(t)\leqslant\theta V(t)$$

其中 $0<\alpha<1$，θ 是常数，则

$$V(t)\leqslant V(0)E_\alpha(\theta t^\alpha),\ t\geqslant 0$$

6.3 数学模型及问题陈述

考虑如下的反应扩散方程

$$\begin{cases} {}_{t_0}^{c}D_t^\alpha u(x,t)=\theta(x)u_{xx}(x,t)+a(x)u_x(x,t)+b(x)u(x,t); & x\in(0,1),t>0\\ u(x,0)=\lambda(x); & x\in[0,1]\\ u_x(0,t)=mu(0,t); & t>0\\ u_x(1,t)+nu(1,t)=U(t); & t>0 \end{cases}$$

$$(6.3.1)$$

其中，t 是通常的时间变量，x 是通常的空间变量；$u(x,t)$ 表示反应扩散系统的状态；${}_{t_0}^{c}D_t^\alpha u(x,t)$ 表示 Caputo 分数阶导数 $(0<\alpha<1)$；$\theta(x)$ 是非常数扩散系

数，且满足 $\theta(x) \in C^3[0,1]$，$\theta(x) > 0$；对于 $\forall x \in [0,1]$，$a(x)$、$b(x)$ 是连接权重函数，满足 $a(x) \in C^1[0,1]$、$b(x) \in C^1[0,1]$；m，n 是任意大于零的常数；$\lambda(x)$ 是非零初值函数；$U(t)$ 是关于时间 t 的边界控制器；系统的边界条件是 Robin 边界条件，即混合边界条件。

首先对初始系统中的 $u(x,t)$ 进行变换

$$u(x,t) \to u(x,t)\mathrm{e}^{-\int_0^x \frac{a(\tau)}{2\theta(\tau)}\mathrm{d}\tau} \tag{6.3.2}$$

则

$$\,_{t_0}^{c}D_t^\alpha u(x,t) \to \,_{t_0}^{c}D_t^\alpha u(x,t)\mathrm{e}^{-\int_0^x \frac{a(\tau)}{2\theta(\tau)}\mathrm{d}\tau} \tag{6.3.3}$$

$$u_x(x,t) \to u_x(x,t)\mathrm{e}^{-\int_0^x \frac{a(\tau)}{2\theta(\tau)}\mathrm{d}\tau} + u(x,t) \cdot \left[-\frac{a(x)}{2\theta(x)}\right]\mathrm{e}^{-\int_0^x \frac{a(\tau)}{2\theta(\tau)}\mathrm{d}\tau} \tag{6.3.4}$$

$$u_{xx}(x,t) \to u_{xx}(x,t)\mathrm{e}^{-\int_0^x \frac{a(\tau)}{2\theta(\tau)}\mathrm{d}\tau} + u_x(x,t) \cdot \left[-\frac{a(x)}{2\theta(x)}\right]\mathrm{e}^{-\int_0^x \frac{a(\tau)}{2\theta(\tau)}\mathrm{d}\tau} -$$

$$\left[u_x(x,t)\frac{a(x)}{2\theta(x)} + u(x,t)\frac{2a'(x)\theta(x) - 2a(x)\theta'(x)}{4\theta^2(x)}\right]\mathrm{e}^{-\int_0^x \frac{a(\tau)}{2\theta(\tau)}\mathrm{d}\tau} +$$

$$\frac{a^2(x)}{4\theta^2(x)}u(x,t)\mathrm{e}^{-\int_0^x \frac{a(\tau)}{2\theta(\tau)}\mathrm{d}\tau}$$

$$= \left\{u_{xx}(x,t) - \frac{a(x)}{\theta(x)}u_x(x,t) - \frac{[2a'(x)\theta(x) - 2a(x)\theta'(x) - a^2(x)]}{4\theta^2(x)}u(x,t)\right\}\mathrm{e}^{-\int_0^x \frac{a(\tau)}{2\theta(\tau)}\mathrm{d}\tau} \tag{6.3.5}$$

由式 (6.3.4) 得到

$$a(x)u_x(x,t) \to a(x)u_x(x,t)\mathrm{e}^{-\int_0^x \frac{a(\tau)}{2\theta(\tau)}\mathrm{d}\tau} + u(x,t)\left[-\frac{a^2(x)}{2\theta(x)}\right]\mathrm{e}^{-\int_0^x \frac{a(\tau)}{2\theta(\tau)}\mathrm{d}\tau} \tag{6.3.6}$$

由式 (6.3.5) 有

$$\theta(x)u_{xx}(x,t) \to \left\{\theta(x)u_{xx}(x,t) - a(x)u_x(x,t) - \frac{[2a'(x)\theta(x) - 2a(x)\theta'(x) - a^2(x)]}{4\theta(x)}u(x,t)\right\}\mathrm{e}^{-\int_0^x \frac{a(\tau)}{2\theta(\tau)}\mathrm{d}\tau} \tag{6.3.7}$$

于是有

$$\,_{t_0}^{c}D_t^\alpha u(x,t) = \theta(x)u_{xx}(x,t) + \left[b(x) - \frac{a^2(x)}{2\theta(x)} - \frac{a'(x)}{2} + \frac{a(x)\theta'(x)}{2\theta(x)} + \frac{a^2(x)}{4\theta(x)}\right]u(x,t) \tag{6.3.8}$$

选择合适的参数变换

$$\begin{cases} b(x) \rightarrow b(x) - \dfrac{a^2(x)}{2\theta(x)} - \dfrac{a'(x)}{2} + \dfrac{a(x)\theta'(x)}{2\theta(x)} + \dfrac{a^2(x)}{4\theta(x)} \\[3mm] u(0,t) \rightarrow u(0,t) \\[3mm] u_x(0,t) \rightarrow u_x(0,t) - \dfrac{a(0)}{2\theta(0)}u_x(0,t) \\[3mm] u(1,t) \rightarrow u(1,t)\mathrm{e}^{-\int_0^1 \frac{a(\tau)}{2\theta(\tau)}\mathrm{d}\tau} \\[3mm] u_x(1,t) \rightarrow u_x(1,t)\mathrm{e}^{-\int_0^1 \frac{a(\tau)}{2\theta(\tau)}\mathrm{d}\tau} - \dfrac{a(1)}{2\theta(1)}u(1,t)\mathrm{e}^{-\int_0^1 \frac{a(\tau)}{2\theta(\tau)}\mathrm{d}\tau} \end{cases}$$

由于 $u_x(0,t) = mu(0,t)$，则

$$u_x(0,t) = \left[m + \frac{a(0)}{2\theta(0)}\right]u(0,t)$$

于是

$$m \rightarrow m + \frac{a(0)}{2\theta(0)}$$

因为 $u_x(1,t) + nu(1,t) = U(t)$，则

$$u_x(1,t) + \left[n - \frac{a(1)}{2\theta(1)}\right]u(1,t) = U(t)\mathrm{e}^{\int_0^1 \frac{a(\tau)}{2\theta(\tau)}\mathrm{d}\tau}$$

从而

$$\begin{cases} n \rightarrow n - \dfrac{a(1)}{2\theta(1)} \\[3mm] U(t) \rightarrow U(t)\mathrm{e}^{\int_0^1 \frac{a(\tau)}{2\theta(\tau)}\mathrm{d}\tau} \end{cases}$$

通过以上变换发现，$a(x)u_x(x,t)$ 项可以消去，因此原系统 (6.3.1) 可以变换为

$$\begin{cases} {}^c_{t_0}D_t^\alpha u(x,t) = \theta(x)u_{xx}(x,t) + b(x)u(x,t); & x \in (0,1), t > 0 \\[2mm] u(x,0) = \lambda(x); & x \in [0,1] \\[2mm] u_x(0,t) = mu(0,t); & t > 0 \\[2mm] u_x(1,t) + nu(1,t) = U(t); & t > 0 \end{cases} \tag{6.3.9}$$

利用以下积分反步变换

$$w(x,t) = u(x,t) + \int_0^x k(x,y)u(y,t)\mathrm{d}y \tag{6.3.10}$$

将初始系统 (6.3.1) 转化为以下目标系统

$$\begin{cases} {}^c_{t_0}D_t^\alpha w(x,t) = \theta(x)w_{xx}(x,t) - cw(x,t); & x \in (0,1), t > 0 \\ w(x,0) = \eta(x); & x \in [0,1] \\ w_x(0,t) = m^*w(0,t); & t > 0 \\ w_x(1,t) + n^*w(1,t) = 0; & t > 0 \end{cases} \tag{6.3.11}$$

6.4   目标系统的核函数

接下来进行关于核函数的偏微分方程的分析。在式 (6.3.10) 中令 $x = 0$，得 $w(0,t) = u(0,t)$。还是在式 (6.3.10) 中，对变量 x 求导得

$$w_x(x,t) = u_x(x,t) + \int_0^x k_x(x,y)u(y,t)\mathrm{d}y + k(x,x)u(x,t)$$

再令 $x = 0$，得 $w_x(0,t) = u_x(0,t) + k(0,0)u(0,t)$。

根据

$$\begin{cases} u_x(0,t) = mu(0,t) \\ w_x(0,t) = m^*w(0,t) \end{cases} \tag{6.4.1}$$

得到 $m^*w(0,t) = w_x(0,t) = u_x(0,t) + k(0,0)u(0,t)$。因此 $k(0,0) = m^* - m$。

对于式 (6.3.10) 关于 x 求二阶导数可得

$$w_{xx}(x,t) = u_{xx}(x,t) + \int_0^x k_{xx}(x,y)u(y,t)\mathrm{d}y + k_x(x,x)u(x,t) + \frac{\mathrm{d}}{\mathrm{d}x}k(x,x) +$$

$$k(x,x)u_x(x,t)$$

对于式 (6.3.10) 关于 t 求 Caputo 导数并将系统 (6.3.9) 的第一个方程代入可得

$$\begin{aligned} {}^c_{t_0}D_t^\alpha w(x,t) &= {}^c_{t_0}D_t^\alpha u(x,t) + \int_0^x k(x,y){}^c_{t_0}D_t^\alpha u(y,t)\mathrm{d}y \\ &= \theta(x)u_{xx}(x,t) + b(x)u(x,t) + \int_0^x k(x,y)\theta(y)u_{yy}(y,t)\mathrm{d}y + \\ &\quad \int_0^x k(x,y)b(y)u(y,t)\mathrm{d}y \end{aligned} \tag{6.4.2}$$

对于式 (6.4.2) 的第二部分进行分部积分处理可得

$$\int_0^x k(x,y)\theta(y)u_{yy}(y,t)\mathrm{d}y = \int_0^x k(x,y)\theta(y)\mathrm{d}(u_y(y,t))$$

$$= k(x,y)\theta(y)u_y(y,t)\Big|_0^x - \int_0^x [k_y(x,y)\theta(y) + k(x,y)\theta'(y)]\mathrm{d}(u(y,t))$$

$$= k(x,x)\theta(x)u_x(x,x) - k(x,0)\theta(0)u_x(0,t) -$$

$$k_y(x,x)\theta(x)u(x,x) - k(x,x)\theta'(x)u(x,x) +$$

$$k_y(x,0)\theta(0)u(0,t) + k(x,0)\theta'(0)u(0,t) +$$

$$\int_0^x [k_{yy}(x,y)\theta(y) + 2k_y(x,y)\theta'(y) + k(x,y)\theta''(y)]u(y,t)\mathrm{d}y \tag{6.4.3}$$

将式 (6.4.3) 的计算结果代入式 (6.4.2) 可得

$$_{t_0}^{c}D_t^{\alpha}w(x,t) = {}_{t_0}^{c}D_t^{\alpha}u(x,t) + \int_0^x k(x,y){}_{t_0}^{c}D_t^{\alpha}u(y,t)\mathrm{d}y$$

$$= \theta(x)u_{xx}(x,t) + b(x)u(x,t) + k(x,x)\theta(x)u_x(x,x) -$$

$$k(x,0)\theta(0)u_x(0,t) - k_y(x,x)\theta(x)u(x,x) -$$

$$k(x,x)\theta'(x)u(x,x) + k_y(x,0)\theta(0)u(0,t) +$$

$$k(x,0)\theta'(0)u(0,t) + \int_0^x [k_{yy}(x,y)\theta(y) +$$

$$2k_y(x,y)\theta'(y) + k(x,y)\theta''(y) + k(x,y)b(y)]u(y,t)\mathrm{d}y \tag{6.4.4}$$

将式 (6.4.4) 代入系统 (6.3.11) 的第一个方程得

$$\theta(x)u_{xx}(x,t) + b(x)u(x,t) + k(x,x)\theta(x)u_x(x,x) - k(x,0)\theta(0)u_x(0,t) -$$

$$k_y(x,x)\theta(x)u(x,x) - k(x,x)\theta'(x)u(x,x) + k_y(x,0)\theta(0)u(0,t) +$$

$$k(x,0)\theta'(0)u(0,t) + \int_0^x [k_{yy}(x,y)\theta(y) + 2k_y(x,y)\theta'(y) + k(x,y)\theta''(y) +$$

$$k(x,y)b(y)]u(y,t)\mathrm{d}y$$

$$= \theta(x)\left[u_{xx}(x,t) + \int_0^x k_{xx}(x,y)u(y,t)\mathrm{d}y + k_x(x,x)u(x,t) + \frac{\mathrm{d}}{\mathrm{d}x}k(x,x) +\right.$$

$$\left. k(x,x)u_x(x,t)\right] - c\left[u(x,t) + \int_0^x k(x,y)u(y,t)\mathrm{d}y\right] \tag{6.4.5}$$

简化得

$$
\begin{aligned}
&\left[\theta(x)\frac{\mathrm{d}}{\mathrm{d}x}k(x,x) + \theta(x)k_x(x,x) + \theta(x)k_y(x,x) - \right.\\
&\left. b(x) - c + \theta'(x)k(x,x)\right]u(x,t) + [m\theta(0)k(x,0) -\\
&\theta(0)k_y(x,0) - \theta'(0)k(x,0)]u(0,t) + \int_0^x [\theta(x)k_{xx}(x,y) -\\
&(\theta(y)k(x,y))_{yy} - b(y)k(x,y) - ck(x,y)]u(y,t)\mathrm{d}y = 0
\end{aligned}
\tag{6.4.6}
$$

从而可得关于核函数的偏微分方程

$$
\begin{cases}
\theta(x)k_{xx}(x,y) - (\theta(y)k(x,y))_{yy} = (b(y)+c)k(x,y)\\[2mm]
k_y(x,0) = \left[m - \dfrac{\theta'(0)}{\theta(0)}\right]k(x,0)\\[2mm]
2\theta(x)\dfrac{\mathrm{d}}{\mathrm{d}x}k(x,x) = -\theta'(x)k(x,x) + b(x) + c\\[2mm]
k(0,0) = m^* - m
\end{cases}
\tag{6.4.7}
$$

利用常数变易法求 $k(x,x)$。方程 (6.4.7) 的第三个等式变形可得

$$
\frac{\mathrm{d}k(x,x)}{\mathrm{d}x} = -\frac{\theta'(x)}{2\theta(x)}k(x,x) + \frac{b(x)+c}{2\theta(x)}
$$

由变分法可得

$$
\begin{aligned}
k(x,x) &= \mathrm{e}^{\int -\frac{1}{2}[\ln\theta(x)]'\mathrm{d}x}\left(\int_0^x \frac{b(x)+c}{2\theta(x)}\mathrm{e}^{\int \frac{1}{2}[\ln\theta(x)]'\mathrm{d}x}\mathrm{d}x + \tilde{p}\right)\\
&= \mathrm{e}^{\ln\frac{1}{\sqrt{\theta(x)}}}\left(\int_0^x \frac{b(x)+c}{2\theta(x)}\mathrm{e}^{\ln\frac{1}{\sqrt{\theta(x)}}}\mathrm{d}x + \tilde{p}\right)\\
&= \frac{1}{\sqrt{\theta(x)}}\left(\int_0^x \frac{b(x)+c}{2\sqrt{\theta(x)}}\mathrm{d}x + \tilde{p}\right)
\end{aligned}
\tag{6.4.8}
$$

又因为 $k(0,0) = m^* - m$，所以 $k(0,0) = \dfrac{1}{\sqrt{\theta(x)}}\tilde{p} = m^* - m$。因此，$\tilde{p} = (m^* - m)\sqrt{\theta(0)}$。

$$
k(x,x) = \frac{1}{2\sqrt{\theta(x)}}\int_0^x \frac{b(\tau)+c}{\sqrt{\theta(\tau)}}\mathrm{d}\tau + \frac{(m^*-m)\sqrt{\theta(0)}}{\sqrt{\theta(x)}}
\tag{6.4.9}
$$

注记 6.1 这里 $\dfrac{\mathrm{d}}{\mathrm{d}x}k(x,x) = k_x(x,x) + k_y(x,x)$, $k_x(x,x) = k_x(x,y)\mid_{y=x}$, $k_y(x,x) = k_y(x,y)\mid_{y=x}$。

接下来引入一个变量代换，将关于核函数的偏微分方程转化为一个更规范的形式。变量代换为

$$\check{k}(\check{x},\check{y}) = \theta^{-\frac{1}{4}}(x)\theta^{\frac{3}{4}}(y)k(x,y) \tag{6.4.10}$$

$$\check{x} = \phi(x), \check{y} = \phi(y), \phi(\xi) = \sqrt{\theta(0)}\int_0^\xi \frac{1}{\sqrt{\theta(\tau)}}\mathrm{d}\tau \tag{6.4.11}$$

由变量代换式 (6.4.10) 可得

$$k(x,y) = \frac{\check{k}(\check{x},\check{y})\theta^{\frac{1}{4}}(x)}{\theta^{\frac{3}{4}}(y)} \tag{6.4.12}$$

$$k_x(x,y) = \frac{\check{k}_{\check{x}}(\check{x},\check{y})\phi'(x)\theta^{\frac{1}{4}}(x) + \frac{1}{4}\check{k}(\check{x},\check{y})\theta^{-\frac{3}{4}}(y)\theta'(x)}{\theta^{\frac{3}{4}}(y)} \tag{6.4.13}$$

$$
\begin{aligned}
k_{xx}(x,y) = \Bigg\{ & \check{k}_{\check{x}\check{x}}(\check{x},\check{y})\phi'(x)\phi'(x)\theta^{\frac{1}{4}}(x) + \\
& \check{k}_{\check{x}}(\check{x},\check{y})\left[\phi''(x)\theta^{\frac{1}{4}}(x) + \frac{1}{4}\theta^{-\frac{3}{4}}(y)\theta'(x)\right] + \\
& \frac{1}{4}\check{k}_{\check{x}}(\check{x},\check{y})\phi'(x)\theta^{-\frac{3}{4}}(x)\theta'(x) + \\
& \check{k}(\check{x},\check{y})\left[-\frac{3}{16}\theta^{-\frac{7}{4}}(x)\theta'^2(x) + \frac{1}{4}\theta^{-\frac{3}{4}}(x)\theta''(x)\right]\Bigg\}\Bigg/\theta^{\frac{3}{4}}(y)
\end{aligned}
\tag{6.4.14}
$$

$$
\begin{aligned}
\theta(x)k_{xx}(x,y) = \theta^{-\frac{3}{4}}(y)\Bigg[& \check{k}_{\check{x}\check{x}}(\check{x},\check{y})\phi'(x)\phi'(x)\theta^{\frac{5}{4}}(x) + \\
& \check{k}_{\check{x}}(\check{x},\check{y})\phi''(x)\theta^{\frac{5}{4}}(x) + \frac{1}{4}\check{k}_{\check{x}}(\check{x},\check{y})\phi'(x)\theta^{\frac{1}{4}}(x)\theta'(x) + \\
& \frac{1}{4}\check{k}_{\check{x}}(\check{x},\check{y})\phi'(x)\theta^{\frac{1}{4}}(x)\theta'(x) - \\
& \frac{3}{16}\check{k}(\check{x},\check{y})\theta^{-\frac{3}{4}}\theta'^2(x) + \frac{1}{4}\check{k}(\check{x},\check{y})\theta^{\frac{1}{4}}(x)\theta''(x)\Bigg]
\end{aligned}
\tag{6.4.15}
$$

$$\theta(y)k(x,y) = \check{k}(\check{x},\check{y})\theta^{\frac{1}{4}}(x)\theta^{\frac{1}{4}}(y) \tag{6.4.16}$$

$$[\theta(y)k(x,y)]_y = \theta^{\frac{1}{4}}(x)\left[\check{k}_{\check{y}}(\check{x},\check{y})\phi'(y)\theta^{\frac{1}{4}}(y) + \frac{1}{4}\check{k}(\check{x},\check{y})\theta^{-\frac{3}{4}}(y)\theta'(y)\right] \tag{6.4.17}$$

$$[\theta(y)k(x,y)]_{yy} = \theta^{\frac{1}{4}}(x)\bigg[\check{k}_{\check{y}\check{y}}(\check{x},\check{y})\phi'^2(y)\theta^{\frac{1}{4}}(y) + \check{k}_{\check{y}}(\check{x},\check{y})\phi''(y)\theta^{\frac{1}{4}}(y)+$$

$$\frac{1}{4}\check{k}_{\check{y}}(\check{x},\check{y})\phi'(y)\theta^{-\frac{3}{4}}(y)\theta'(y) + \frac{1}{4}\check{k}_{\check{y}}(\check{x},\check{y})\phi'(y)\theta^{-\frac{3}{4}}(y)\theta'(y)-$$

$$\frac{3}{16}\check{k}(\check{x},\check{y})\theta^{-\frac{7}{4}}(y)\theta'^2(y) + \frac{1}{4}\check{k}(\check{x},\check{y})\theta^{-\frac{3}{4}}(y)\theta''(y)\bigg] \qquad (6.4.18)$$

再由 $\theta(x)k_{xx}(x,y) - (\theta(y)k(x,y))_{yy} = (a(y)+c)k(x,y)$ 得到

$$\theta^{-\frac{3}{4}}(y)\theta^{\frac{1}{4}}(x)\bigg[\check{k}_{\check{x}\check{x}}(\check{x},\check{y})\phi'^2(x)\theta(x) + \check{k}_{\check{x}}(\check{x},\check{y})\phi''(x)\theta(x)+$$

$$\frac{1}{2}\check{k}_{\check{x}}(\check{x},\check{y})\phi'(x)\theta'(x) - \frac{3}{16}\check{k}(\check{x},\check{y})\theta^{-1}(x)\theta'^2(x) + \frac{1}{4}\check{k}(\check{x},\check{y})\theta''(x)\bigg]-$$

$$\theta^{-\frac{3}{4}}(y)\theta^{\frac{1}{4}}(x)\bigg[\check{k}_{\check{y}\check{y}}(\check{x},\check{y})\phi'^2(y)\theta(y) + \check{k}_{\check{y}}(\check{x},\check{y})\phi''(y)\theta(y)+ \qquad (6.4.19)$$

$$\frac{1}{2}\check{k}_{\check{y}}(\check{x},\check{y})\phi'(y)\theta'(y) - \frac{3}{16}\check{k}(\check{x},\check{y})\theta^{-1}(y)\theta'^2(y) + \frac{1}{4}\check{k}(\check{x},\check{y})\theta''(y)\bigg]$$

$$= [b(y)+c]\check{k}(\check{x},\check{y})\theta^{-\frac{3}{4}}(y)\theta^{\frac{1}{4}}(x)$$

根据变量替换式 (6.4.11) 有 $\phi'^2(\xi) = \dfrac{\theta(0)}{\theta(\xi)}$，从而 $\phi'^2(x)\theta(x) = \phi'^2(y)\theta(y) = \theta(0)$。由于 $\phi''(\xi) = -\dfrac{\sqrt{\theta(0)}}{2\theta(\xi)\sqrt{\theta(\xi)}}$，于是

$$\phi''(x)\theta(x) = -\frac{\sqrt{\theta(0)}}{2\sqrt{\theta(x)}}, \quad \phi''(y)\theta(y) = -\frac{\sqrt{\theta(0)}}{2\sqrt{\theta(y)}}$$

则

$$\check{k}_{\check{x}}(\check{x},\check{y})\phi''(x)\theta(x) + \frac{1}{2}\check{k}_{\check{x}}(\check{x},\check{y})\phi'(x)\theta'(x) = 0 \qquad (6.4.20)$$

$$\check{k}_{\check{y}}(\check{x},\check{y})\phi''(y)\theta(y) + \frac{1}{2}\check{k}_{\check{y}}(\check{x},\check{y})\phi'(y)\theta'(y) = 0 \qquad (6.4.21)$$

所以式 (6.4.19) 可以简化为

$$\check{k}_{\check{x}\check{x}}(\check{x},\check{y}) - \check{k}_{\check{y}\check{y}}(\check{x},\check{y}) = \frac{\check{b}(\check{x},\check{y})}{\theta(0)}\check{k}(\check{x},\check{y}) \qquad (6.4.22)$$

其中

$$\check{b}(\check{x},\check{y}) = \frac{3}{16}\left[\frac{\theta'^2(x)}{\theta(x)} - \frac{\theta'^2(y)}{\theta(y)}\right] + \frac{1}{4}[\theta''(x) - \theta''(y)] + b(y) + c \tag{6.4.23}$$

对式 (6.4.12) 关于 y 求导得

$$k_y(x,y) = \theta^{\frac{1}{4}}(x)\left[\check{k}_{\check{y}}(\check{x},\check{y})\phi'(y)\theta^{-\frac{3}{4}}(x) - \frac{3}{4}\check{k}(\check{x},\check{y})\theta^{-\frac{7}{4}}(y)\theta'(y)\right] \tag{6.4.24}$$

注记 6.2 当 $y = 0$ 时，$\check{y} = \phi(0) = 0$，$\phi'(0) = 1$。
所以

$$k(x,0) = \check{k}(\check{x},0)\theta^{\frac{1}{4}}(x)\theta^{-\frac{3}{4}}(0) \tag{6.4.25}$$

$$k_y(x,0) = \theta^{\frac{1}{4}}(x)\left[\check{k}_{\check{y}}(\check{x},0)\theta^{-\frac{3}{4}}(x) - \frac{3}{4}\check{k}(\check{x},0)\theta^{-\frac{7}{4}}(0)\theta'(0)\right] \tag{6.4.26}$$

由式 (6.4.25)、式 (6.4.26) 以及 $k_y(x,0) = \left[m - \dfrac{\theta'(0)}{\theta(0)}\right]k(x,0)$ 可得

$$\check{k}_{\check{y}}(\check{x},0) = \left[m - \frac{\theta'(0)}{4\theta(0)}\right]\check{k}(\check{x},0) \tag{6.4.27}$$

$$\frac{\mathrm{d}}{\mathrm{d}x}k(x,x) = k_x(x,x) + k_y(x,x)$$

$$= \check{k}_{\check{x}}(\check{x},\check{x})\frac{\sqrt{\theta(0)}}{\theta(x)} + \frac{1}{4}\check{k}(\check{x},\check{x})\theta^{-\frac{3}{2}}(x)\theta'(x) + \tag{6.4.28}$$

$$\check{k}_{\check{y}}(\check{x},\check{x})\frac{\sqrt{\theta(0)}}{\theta(x)} - \frac{3}{4}\check{k}(\check{x},\check{x})\theta^{-\frac{3}{2}}(x)\theta'(x)$$

和

$$k(x,x) = \check{k}(\check{x},\check{y})\theta^{-\frac{1}{2}}(x) \tag{6.4.29}$$

将式 (6.4.28) 和式 (6.4.29) 代入 $2\theta(x)\dfrac{\mathrm{d}}{\mathrm{d}x}k(x,x) = -\theta'(x)k(x,x) + b(x) + c$ 得

$$2\sqrt{\theta(0)}[\check{k}_{\check{x}}(\check{x},\check{x}) + \check{k}_{\check{y}}(\check{x},\check{x})] - \check{k}(\check{x},\check{x})\theta^{-\frac{1}{2}}(x)\theta'(x) = -\check{k}(\check{x},\check{x})\theta^{-\frac{1}{2}}(x)\theta'(x) + b(x) + c \tag{6.4.30}$$

于是有

$$\frac{\mathrm{d}}{\mathrm{d}\check{x}}\check{k}(\check{x},\check{x}) = \frac{b(x) + c}{2\sqrt{\theta(0)}} = \frac{b(\phi^{-1}(\check{x})) + c}{2\sqrt{\theta(0)}} \tag{6.4.31}$$

记 $\check{x} = \phi(x), \phi^{-1}(\check{x}) = x$，同理可得

$$\check{k}(0,0) = \theta^{\frac{1}{2}}(0)(m^* - m) \tag{6.4.32}$$

因此，经过变量代换之后，核偏微分方程转化成了以下形式

$$\check{k}_{\check{x}\check{x}}(\check{x}, \check{y}) - \check{k}_{\check{y}\check{y}}(\check{x}, \check{y}) = \frac{\check{b}(\check{x}, \check{y})}{\theta(0)} \check{k}(\check{x}, \check{y}) \tag{6.4.33}$$

$$\check{k}_{\check{y}}(\check{x}, 0) = \left(m - \frac{\theta'(0)}{4\theta(0)}\right) \check{k}(\check{x}, 0) \tag{6.4.34}$$

$$\frac{\mathrm{d}}{\mathrm{d}\check{x}} \check{k}(\check{x}, \check{x}) = \frac{b(\phi^{-1}(\check{x})) + c}{2\sqrt{\theta(0)}} \tag{6.4.35}$$

$$\check{k}(0,0) = \theta^{\frac{1}{2}}(0)(m^* - m) \tag{6.4.36}$$

综合式 (6.4.35) 和式 (6.4.36)，通过常数变易法求得

$$\check{k}(\check{x}, \check{x}) = \frac{1}{2\sqrt{\theta(0)}} \int_0^{\check{x}} b(\phi^{-1}(\eta) + c)\mathrm{d}\eta + \theta^{\frac{1}{2}}(0)(m^* - m) \tag{6.4.37}$$

接下来证明核函数 PDE 的适定性，即将核函数 PDE 转化为积分方程，并用逐次逼近法证明核增益的存在性。记 $\xi = \check{x} + \check{y}$，$\eta = \check{x} - \check{y}$，可得

$$\check{x} = \frac{1}{2}(\xi + \eta), \quad \check{y} = \frac{1}{2}(\xi - \eta)$$

$$G(\xi, \eta) = \check{k}(\check{x}, \check{y}) = \check{k}\left(\frac{\xi + \eta}{2}, \frac{\xi - \eta}{2}\right)$$

注记 6.3　由 $\check{x} = \phi(x)$，$\check{y} = \phi(y)$，可得

$$x = \phi^{-1}\left(\frac{\xi + \eta}{2}\right), \quad y = \phi^{-1}\left(\frac{\xi - \eta}{2}\right)$$

通过计算可得

$$\check{k}_{\check{x}} = G_\xi \cdot \xi_{\check{x}} + G_\eta \cdot \eta_{\check{x}} = G_\xi + G_\eta \tag{6.4.38}$$

$$\check{k}_{\check{x}\check{x}} = G_{\xi\xi} \cdot \xi_{\check{x}} + G_{\xi\eta} \cdot \eta_{\check{x}} + G_{\eta\xi} \cdot \xi_{\check{x}} + G_{\eta\eta} \cdot \eta_{\check{x}} = G_{\xi\xi} + 2G_{\xi\eta} + G_{\eta\eta} \tag{6.4.39}$$

$$\check{k}_{\check{y}} = G_\xi - G_\eta \tag{6.4.40}$$

$$\check{k}_{\check{y}\check{y}} = G_{\xi\xi} - 2G_{\xi\eta} + G_{\eta\eta} \tag{6.4.41}$$

将计算结果代入式 (6.4.33) 整理可得

$$G_{\xi\eta}(\xi,\eta) = \left[\frac{3}{16}\left(\frac{\theta'^2\left(\phi^{-1}\left(\dfrac{\xi+\eta}{2}\right)\right)}{\theta\left(\phi^{-1}\left(\dfrac{\xi+\eta}{2}\right)\right)} - \frac{\theta'^2\left(\phi^{-1}\left(\dfrac{\xi-\eta}{2}\right)\right)}{\theta\left(\phi^{-1}\left(\dfrac{\xi-\eta}{2}\right)\right)} \right) + \right.$$
$$\frac{1}{4}\left(\theta''\left(\phi^{-1}\left(\dfrac{\xi-\eta}{2}\right)\right) - \theta''\left(\phi^{-1}\left(\dfrac{\xi+\eta}{2}\right)\right) \right) + \qquad (6.4.42)$$
$$\left. b\left(\phi^{-1}\left(\dfrac{\xi-\eta}{2}\right)\right) + c \right]\frac{G(\xi,\eta)}{4\theta(0)}$$

记

$$B(\xi,\eta) := \left[\frac{3}{16}\left(\frac{\theta'^2\left(\phi^{-1}\left(\dfrac{\xi+\eta}{2}\right)\right)}{\theta\left(\phi^{-1}\left(\dfrac{\xi+\eta}{2}\right)\right)} - \frac{\theta'^2\left(\phi^{-1}\left(\dfrac{\xi-\eta}{2}\right)\right)}{\theta\left(\phi^{-1}\left(\dfrac{\xi-\eta}{2}\right)\right)} \right) + \right.$$
$$\frac{1}{4}\left(\theta''\left(\phi^{-1}\left(\dfrac{\xi-\eta}{2}\right)\right) - \theta''\left(\phi^{-1}\left(\dfrac{\xi+\eta}{2}\right)\right) \right) + \qquad (6.4.43)$$
$$\left. b\left(\phi^{-1}\left(\dfrac{\xi-\eta}{2}\right)\right) + c \right]$$

则式 (6.4.42) 可表示为

$$G_{\xi\eta}(\xi,\eta) = B(\xi,\eta)\frac{G(\xi,\eta)}{4\theta(0)} \qquad (6.4.44)$$

当 $\check{y}=0$，即 $\xi=\eta$ 时，式 (6.4.34)、式 (6.4.35) 转化为

$$G_{\xi}(\xi,\xi) - G_{\eta}(\xi,\xi) = \left(m - \frac{\theta'(0)}{4\theta(0)} \right)G(\xi,\xi) \qquad (6.4.45)$$

$$\frac{\mathrm{d}}{\mathrm{d}\check{x}}\check{k}(\check{x},\check{x}) = k_{\check{x}}(\check{x},\check{y})\Big|_{\check{y}=\check{x}} + k_{\check{y}}(\check{x},\check{y})\Big|_{\check{y}=\check{x}}$$
$$= G_{\xi}(\xi,0) + G_{\eta}(\xi,0) + G_{\xi}(\xi,0) - G_{\eta}(\xi,0) \qquad (6.4.46)$$
$$= \frac{b(\phi^{-1}(\check{x})) + c}{2\sqrt{\theta(0)}}$$

$$G_\xi(\xi,0) = \frac{b(\phi^{-1}(\check{x})) + c}{4\sqrt{\theta(0)}} \tag{6.4.47}$$

当 $\check{x} = 0$, $\check{y} = 0$ 时

$$\check{k}(0,0) = G(0,0) = \sqrt{\theta(0)}(m^* - m) \tag{6.4.48}$$

因此，根据变量替换 $\xi = \check{x} + \check{y}$, $\eta = \check{x} - \check{y}$，核偏微分方程可以被转换成以下的积分方程

$$
\begin{cases}
G_{\xi\eta}(\xi,\eta) = B(\xi,\eta)\dfrac{G(\xi,\eta)}{4\theta(0)} \\[2mm]
G_\xi(\xi,\xi) - G_\eta(\xi,\xi) = \left(m - \dfrac{\theta'(0)}{4\theta(0)}\right)G(\xi,\xi) \\[2mm]
G_\xi(\xi,0) = \dfrac{b(\phi^{-1}(\check{x})) + c}{4\sqrt{\theta(0)}} \\[2mm]
G(0,0) = \sqrt{\theta(0)}(m^* - m)
\end{cases}
\tag{6.4.49}
$$

接下来求 $G(\xi,\eta)$ 的表达式。首先对式 (6.4.49) 的第一个方程关于 η 从 0 到 ξ 进行积分并且将式 (6.4.49) 的第三个方程代入，可得

$$
\begin{aligned}
&G_\xi(\xi,\xi) \\
&= \frac{b\left(\phi^{-1}\left(\dfrac{\xi}{2}\right)\right) + c}{4\sqrt{\theta(0)}} + \int_0^\xi \left[\frac{3}{16}\left(\frac{\theta'^2\left(\phi^{-1}\left(\dfrac{\xi+s}{2}\right)\right)}{\theta\left(\phi^{-1}\left(\dfrac{\xi+s}{2}\right)\right)} - \frac{\theta'^2\left(\phi^{-1}\left(\dfrac{\xi-s}{2}\right)\right)}{\theta\left(\phi^{-1}\left(\dfrac{\xi-s}{2}\right)\right)} \right) + \right. \\
&\quad \frac{1}{4}\left(\theta''\left(\phi^{-1}\left(\dfrac{\xi-s}{2}\right)\right) - \theta''\left(\phi^{-1}\left(\dfrac{\xi+s}{2}\right)\right) \right) + \\
&\quad \left. b\left(\phi^{-1}\left(\dfrac{\xi-s}{2}\right)\right) + c \right] \frac{G(\xi,s)}{4\theta(0)}\mathrm{d}s
\end{aligned}
\tag{6.4.50}
$$

对式 (6.4.50) 关于 ξ 从 0 到 ξ 进行积分并将式 (6.4.49) 的第四个方程代入可得

$$
\begin{aligned}
G(\xi,\xi) &= \sqrt{\theta(0)}(m^* - m) + \int_0^\xi \frac{b\left(\phi^{-1}\left(\dfrac{\tau}{2}\right)\right) + c}{4\sqrt{\theta(0)}}\mathrm{d}\tau + \\
&\quad \int_0^\xi \int_0^\tau \left[\frac{3}{16}\left(\frac{\theta'^2\left(\phi^{-1}\left(\dfrac{\tau+s}{2}\right)\right)}{\theta\left(\phi^{-1}\left(\dfrac{\tau+s}{2}\right)\right)} - \frac{\theta'^2\left(\phi^{-1}\left(\dfrac{\tau-s}{2}\right)\right)}{\theta\left(\phi^{-1}\left(\dfrac{\tau-s}{2}\right)\right)} \right) + \right.
\end{aligned}
$$

$$
\frac{1}{4}\left(\theta''\left(\phi^{-1}\left(\frac{\tau-s}{2}\right)\right)-\theta''\left(\phi^{-1}\left(\frac{\tau+s}{2}\right)\right)\right)+
$$

$$
b\left(\phi^{-1}\left(\frac{\tau-s}{2}\right)\right)+c\left.\right]\frac{G(\tau,s)}{4\theta(0)}\mathrm{d}s\mathrm{d}\tau \tag{6.4.51}
$$

由式 (6.4.49) 的第二个方程可得

$$
\frac{\mathrm{d}}{\mathrm{d}\xi}G(\xi,\xi)=G_\xi(\xi,\xi)+G_\eta(\xi,\xi)=2G_\xi(\xi,\xi)+\left[\frac{\theta'(0)}{4\theta(0)}-m\right]G(\xi,\xi) \tag{6.4.52}
$$

将式 (6.4.50) 的计算结果代入可得

$$
\frac{\mathrm{d}}{\mathrm{d}\xi}G(\xi,\xi)
$$

$$
=\frac{b\left(\phi^{-1}\left(\frac{\xi}{2}\right)\right)+c}{2\sqrt{\theta(0)}}+\int_0^\xi\left[\frac{3}{16}\left(\frac{\theta'^2\left(\phi^{-1}\left(\frac{\xi+s}{2}\right)\right)}{\theta\left(\phi^{-1}\left(\frac{\xi+s}{2}\right)\right)}-\frac{\theta'^2\left(\phi^{-1}\left(\frac{\xi-s}{2}\right)\right)}{\theta\left(\phi^{-1}\left(\frac{\xi-s}{2}\right)\right)}\right)+\right.
$$

$$
\frac{1}{4}\left(\theta''\left(\phi^{-1}\left(\frac{\xi-s}{2}\right)\right)-\theta''\left(\phi^{-1}\left(\frac{\xi+s}{2}\right)\right)\right)+
$$

$$
b\left(\phi^{-1}\left(\frac{\xi-s}{2}\right)\right)+c\left.\right]\frac{G(\xi,s)}{2\theta(0)}\mathrm{d}s+\left[\frac{\theta'(0)}{4\theta(0)}-m\right]G(\xi,\xi) \tag{6.4.53}
$$

结合初值条件 $G(0,0)=\sqrt{\theta(0)}(m^*-m)$，利用常数变易法对式 (6.4.53) 进行求解可得

$$
G(\xi,\xi)
$$

$$
=(m^*-m)\mathrm{e}^{\left[\frac{\theta'(0)}{4\theta(0)}-m\right]\xi}+\frac{1}{2}\int_0^\xi\mathrm{e}^{\left[\frac{\theta'(0)}{4\theta(0)}-m\right](\xi-\tau)}\frac{b\left(\phi^{-1}\left(\frac{\tau}{2}\right)\right)+c}{\sqrt{\theta(0)}}\mathrm{d}\tau+
$$

$$
\frac{1}{2}\int_0^\xi\mathrm{e}^{\left[\frac{\theta'(0)}{4\theta(0)}-m\right](\xi-\tau)}\int_0^\tau\left[\frac{3}{16}\left(\frac{\theta'^2\left(\phi^{-1}\left(\frac{\tau+s}{2}\right)\right)}{\theta\left(\phi^{-1}\left(\frac{\tau+s}{2}\right)\right)}-\frac{\theta'^2\left(\phi^{-1}\left(\frac{\tau-s}{2}\right)\right)}{\theta\left(\phi^{-1}\left(\frac{\tau-s}{2}\right)\right)}\right)+\right.
$$

$$
\frac{1}{4}\left(\theta''\left(\phi^{-1}\left(\frac{\tau-s}{2}\right)\right)-\theta''\left(\phi^{-1}\left(\frac{\tau+s}{2}\right)\right)\right)+
$$

$$\left.b\left(\phi^{-1}\left(\frac{\tau-s}{2}\right)\right)+c\right]\frac{G(\tau,s)}{\theta(0)}\mathrm{d}s\mathrm{d}\tau \tag{6.4.54}$$

显然，$G(\eta,\eta)$ 可以写成如下的形式

$$G(\eta,\eta)$$

$$= (m^*-m)\mathrm{e}^{[\frac{\theta'(0)}{4\theta(0)}-m]\eta}+\frac{1}{2}\int_0^\eta \mathrm{e}^{[\frac{\theta'(0)}{4\theta(0)}-m](\eta-\tau)}\frac{b\left(\phi^{-1}\left(\frac{\tau}{2}\right)\right)+c}{\sqrt{\theta(0)}}\mathrm{d}\tau+$$

$$\frac{1}{2}\int_0^\eta \mathrm{e}^{[\frac{\theta'(0)}{4\theta(0)}-m](\eta-\tau)}\int_0^\tau\left[\frac{3}{16}\left(\frac{\theta'^2\left(\phi^{-1}\left(\frac{\tau+s}{2}\right)\right)}{\theta\left(\phi^{-1}\left(\frac{\tau+s}{2}\right)\right)}-\frac{\theta'^2\left(\phi^{-1}\left(\frac{\tau-s}{2}\right)\right)}{\theta\left(\phi^{-1}\left(\frac{\tau-s}{2}\right)\right)}\right)+\right.$$

$$\frac{1}{4}\left(\theta''\left(\phi^{-1}\left(\frac{\tau-s}{2}\right)\right)-\theta''\left(\phi^{-1}\left(\frac{\tau+s}{2}\right)\right)\right)+$$

$$\left.b\left(\phi^{-1}\left(\frac{\tau-s}{2}\right)\right)+c\right]\frac{G(\tau,s)}{\theta(0)}\mathrm{d}s\mathrm{d}\tau \tag{6.4.55}$$

对式 (6.4.49) 的第一个方程关于 η 从 0 到 η 进行积分并且将式 (6.4.49) 的第三个方程代入可得

$$G_\xi(\xi,\eta)$$

$$= \frac{b\left(\phi^{-1}\left(\frac{\xi}{2}\right)\right)+c}{4\sqrt{\theta(0)}}+\int_0^\eta\left[\frac{3}{16}\left(\frac{\theta'^2\left(\phi^{-1}\left(\frac{\xi+s}{2}\right)\right)}{\theta\left(\phi^{-1}\left(\frac{\xi+s}{2}\right)\right)}-\frac{\theta'^2\left(\phi^{-1}\left(\frac{\xi-s}{2}\right)\right)}{\theta\left(\phi^{-1}\left(\frac{\xi-s}{2}\right)\right)}\right)+\right.$$

$$\frac{1}{4}\left(\theta''\left(\phi^{-1}\left(\frac{\xi-s}{2}\right)\right)-\theta''\left(\phi^{-1}\left(\frac{\xi+s}{2}\right)\right)\right)+$$

$$\left.b\left(\phi^{-1}\left(\frac{\xi-s}{2}\right)\right)+c\right]\frac{G(\xi,s)}{4\theta(0)}\mathrm{d}s \tag{6.4.56}$$

对于式 (6.4.56) 关于 ξ 从 η 到 ξ 进行积分可得

$$G(\xi,\eta) - G(\eta,\eta) = \int_\eta^\xi \frac{b\left(\phi^{-1}\left(\dfrac{\tau}{2}\right)\right) + c}{4\sqrt{\theta(0)}} \mathrm{d}\tau +$$

$$\int_\eta^\xi \int_0^\eta \left[\frac{3}{16}\left(\frac{\theta'^2\left(\phi^{-1}\left(\dfrac{\tau+s}{2}\right)\right)}{\theta\left(\phi^{-1}\left(\dfrac{\tau+s}{2}\right)\right)} - \frac{\theta'^2\left(\phi^{-1}\left(\dfrac{\tau-s}{2}\right)\right)}{\theta\left(\phi^{-1}\left(\dfrac{\tau-s}{2}\right)\right)} \right) + \right.$$

$$\frac{1}{4}\left(\theta''\left(\phi^{-1}\left(\dfrac{\tau-s}{2}\right)\right) - \theta''\left(\phi^{-1}\left(\dfrac{\tau+s}{2}\right)\right) \right) +$$

$$\left. b\left(\phi^{-1}\left(\dfrac{\tau-s}{2}\right)\right) + c \right] \frac{G(\tau,s)}{4\theta(0)} \mathrm{d}s \mathrm{d}\tau \tag{6.4.57}$$

将式 (6.4.55) 的计算结果代入式 (6.4.57) 可得

$$G(\xi,\eta)$$

$$= (m^*-m)\mathrm{e}^{\left[\frac{\theta'(0)}{4\theta(0)} - m\right]\eta} + \frac{1}{2}\int_0^\eta \mathrm{e}^{\left[\frac{\theta'(0)}{4\theta(0)} - m\right](\eta-\tau)} \frac{b\left(\phi^{-1}\left(\dfrac{\tau}{2}\right)\right) + c}{\sqrt{\theta(0)}} \mathrm{d}\tau +$$

$$\frac{1}{2}\int_0^\eta \mathrm{e}^{\left[\frac{\theta'(0)}{4\theta(0)} - m\right](\eta-\tau)} \int_0^\tau \left[\frac{3}{16}\left(\frac{\theta'^2\left(\phi^{-1}\left(\dfrac{\tau+s}{2}\right)\right)}{\theta\left(\phi^{-1}\left(\dfrac{\tau+s}{2}\right)\right)} - \frac{\theta'^2\left(\phi^{-1}\left(\dfrac{\tau-s}{2}\right)\right)}{\theta\left(\phi^{-1}\left(\dfrac{\tau-s}{2}\right)\right)} \right) + \right.$$

$$\left. \frac{1}{4}\left(\theta''\left(\phi^{-1}\left(\dfrac{\tau-s}{2}\right)\right) - \theta''\left(\phi^{-1}\left(\dfrac{\tau+s}{2}\right)\right) \right) + b\left(\phi^{-1}\left(\dfrac{\tau-s}{2}\right)\right) + c \right] \cdot$$

$$\frac{G(\tau,s)}{\theta(0)} \mathrm{d}s \mathrm{d}\tau + \int_\eta^\xi \frac{b\left(\phi^{-1}\left(\dfrac{\tau}{2}\right)\right) + c}{4\sqrt{\theta(0)}} \mathrm{d}\tau +$$

$$\int_\eta^\xi \int_0^\eta \left[\frac{3}{16}\left(\frac{\theta'^2\left(\phi^{-1}\left(\dfrac{\tau+s}{2}\right)\right)}{\theta\left(\phi^{-1}\left(\dfrac{\tau+s}{2}\right)\right)} - \frac{\theta'^2\left(\phi^{-1}\left(\dfrac{\tau-s}{2}\right)\right)}{\theta\left(\phi^{-1}\left(\dfrac{\tau-s}{2}\right)\right)} \right) + \right.$$

$$\frac{1}{4}\left(\theta''\left(\phi^{-1}\left(\frac{\tau-s}{2}\right)\right)-\theta''\left(\phi^{-1}\left(\frac{\tau+s}{2}\right)\right)\right)+$$

$$\left.b\left(\phi^{-1}\left(\frac{\tau-s}{2}\right)\right)+c\right]\frac{G(\tau,s)}{4\theta(0)}\mathrm{d}s\mathrm{d}\tau \tag{6.4.58}$$

故 $G(\xi,\eta)$ 满足方程 (6.4.49) 和式 (6.4.58)，因此将用逐次逼近法和数学归纳法证明式 (6.4.58) 解的有界性。

令

$$G_0(\xi,\eta)=0;$$

$$G_{n+1}(\xi,\eta)$$

$$=(m^*-m)\mathrm{e}^{\left[\frac{\theta'(0)}{4\theta(0)}-m\right]\eta}+\frac{1}{2}\int_0^\eta \mathrm{e}^{\left[\frac{\theta'(0)}{4\theta(0)}-m\right](\eta-\tau)}\frac{b\left(\phi^{-1}\left(\frac{\tau}{2}\right)\right)+c}{\sqrt{\theta(0)}}\mathrm{d}\tau+$$

$$\frac{1}{2\theta(0)}\int_0^\eta \mathrm{e}^{\left[\frac{\theta'(0)}{4\theta(0)}-m\right](\eta-\tau)}\int_0^\tau\left[\frac{3}{16}\left(\frac{\theta'^2\left(\phi^{-1}\left(\frac{\tau+s}{2}\right)\right)}{\theta\left(\phi^{-1}\left(\frac{\tau+s}{2}\right)\right)}-\frac{\theta'^2\left(\phi^{-1}\left(\frac{\tau-s}{2}\right)\right)}{\theta\left(\phi^{-1}\left(\frac{\tau-s}{2}\right)\right)}\right)+\right.$$

$$\left.\frac{1}{4}\left(\theta''\left(\phi^{-1}\left(\frac{\tau-s}{2}\right)\right)-\theta''\left(\phi^{-1}\left(\frac{\tau+s}{2}\right)\right)\right)+b\left(\phi^{-1}\left(\frac{\tau-s}{2}\right)\right)+c\right]\cdot$$

$$G_n(\tau,s)\mathrm{d}s\mathrm{d}\tau+\int_\eta^\xi\frac{b\left(\phi^{-1}\left(\frac{\tau}{2}\right)\right)+c}{4\sqrt{\theta(0)}}\mathrm{d}\tau+$$

$$\frac{1}{4\theta(0)}\int_\eta^\xi\int_0^\eta\left[\frac{3}{16}\left(\frac{\theta'^2\left(\phi^{-1}\left(\frac{\tau+s}{2}\right)\right)}{\theta\left(\phi^{-1}\left(\frac{\tau+s}{2}\right)\right)}-\frac{\theta'^2\left(\phi^{-1}\left(\frac{\tau-s}{2}\right)\right)}{\theta\left(\phi^{-1}\left(\frac{\tau-s}{2}\right)\right)}\right)+\right.$$

$$\frac{1}{4}\left(\theta''\left(\phi^{-1}\left(\frac{\tau-s}{2}\right)\right)-\theta''\left(\phi^{-1}\left(\frac{\tau+s}{2}\right)\right)\right)+$$

$$\left.b\left(\phi^{-1}\left(\frac{\tau-s}{2}\right)\right)+c\right]G_n(\tau,s)\mathrm{d}s\mathrm{d}\tau \tag{6.4.59}$$

其中 $n \geqslant 0$。

如果 $G_n(\xi, \eta)$ 是收敛的，那么 $\lim\limits_{n \to \infty} G_n(\xi, \eta) = G(\xi, \eta)$。记

$$\Delta G_n(\xi, \eta) = G_{n+1}(\xi, \eta) - G_n(\xi, \eta) \tag{6.4.60}$$

故有

$$
\begin{aligned}
G_n(\xi, \eta) &= G_n(\xi, \eta) - G_{n-1}(\xi, \eta) + G_{n-1}(\xi, \eta) - G_{n-2}(\xi, \eta) + \cdots + \\
&\quad G_1(\xi, \eta) - G_0(\xi, \eta) + G_0(\xi, \eta) \\
&= \Delta G_{n-1}(\xi, \eta) + \Delta G_{n-2}(\xi, \eta) + \cdots + \Delta G_0(\xi, \eta) + G_0(\xi, \eta) \\
&= \sum_{n=1}^{n} \Delta G_{n-1}(\xi, \eta)
\end{aligned} \tag{6.4.61}
$$

当 $n \to \infty$ 时，对式 (6.4.61) 两边同时取极限得

$$\lim_{n \to \infty} G_n(\xi, \eta) = G(\xi, \eta) = \sum_{n=1}^{\infty} \Delta G_{n-1}(\xi, \eta) \tag{6.4.62}$$

且有

$$\Delta G_n(\xi, \eta)$$

$$= G_{n+1}(\xi, \eta) - G_n(\xi, \eta)$$

$$
\begin{aligned}
&= \frac{1}{2\theta(0)} \int_0^{\eta} \mathrm{e}^{\left[\frac{\theta'(0)}{4\theta(0)} - m\right](\eta - \tau)} \int_0^{\tau} \left[\frac{3}{16} \left(\frac{\theta'^2\left(\phi^{-1}\left(\frac{\tau+s}{2}\right)\right)}{\theta\left(\phi^{-1}\left(\frac{\tau+s}{2}\right)\right)} - \right. \right. \\
&\quad \left. \frac{\theta'^2\left(\phi^{-1}\left(\frac{\tau-s}{2}\right)\right)}{\theta\left(\phi^{-1}\left(\frac{\tau-s}{2}\right)\right)} \right) + \frac{1}{4}\left(\theta''\left(\phi^{-1}\left(\frac{\tau-s}{2}\right)\right) - \\
&\quad \left. \theta''\left(\phi^{-1}\left(\frac{\tau+s}{2}\right)\right) \right) + b\left(\phi^{-1}\left(\frac{\tau-s}{2}\right)\right) + c \right] \Delta G_{n-1}(\tau, s)\mathrm{d}s\mathrm{d}\tau + \\
&\quad \frac{1}{4\theta(0)} \int_{\eta}^{\xi} \int_0^{\eta} \left[\frac{3}{16} \left(\frac{\theta'^2\left(\phi^{-1}\left(\frac{\tau+s}{2}\right)\right)}{\theta\left(\phi^{-1}\left(\frac{\tau+s}{2}\right)\right)} - \frac{\theta'^2\left(\phi^{-1}\left(\frac{\tau-s}{2}\right)\right)}{\theta\left(\phi^{-1}\left(\frac{\tau-s}{2}\right)\right)} \right) + \right.
\end{aligned}
$$

$$\frac{1}{4}\left(\theta''\left(\phi^{-1}\left(\frac{\tau-s}{2}\right)\right)-\theta''\left(\phi^{-1}\left(\frac{\tau+s}{2}\right)\right)\right)+b\left(\phi^{-1}\left(\frac{\tau-s}{2}\right)\right)+c\Bigg]\cdot$$

$$\Delta G_{n-1}(\tau,s)\mathrm{d}s\mathrm{d}\tau \tag{6.4.63}$$

$$\Delta G_0(\xi,\eta)=G_1(\xi,\eta)-G_0(\xi,\eta)=(m^*-m)\mathrm{e}^{\left[\frac{\theta'(0)}{4\theta(0)}-m\right]\eta}+$$

$$\frac{1}{2}\int_0^\eta \mathrm{e}^{\left[\frac{\theta'(0)}{4\theta(0)}-m\right](\eta-\tau)}\frac{b\left(\phi^{-1}\left(\frac{\tau}{2}\right)\right)+c}{\sqrt{\theta(0)}}\mathrm{d}\tau+ \tag{6.4.64}$$

$$\frac{1}{4}\int_\eta^\xi \frac{b\left(\phi^{-1}\left(\frac{\tau}{2}\right)\right)+c}{\sqrt{\theta(0)}}\mathrm{d}\tau$$

接下来利用数学归纳法寻找 $\Delta G_n(\xi,\eta)$ 的界。记

$$\left|\frac{3}{16}\left(\frac{\theta'^2\left(\phi^{-1}\left(\frac{\tau+s}{2}\right)\right)}{\theta\left(\phi^{-1}\left(\frac{\tau+s}{2}\right)\right)}-\frac{\theta'^2\left(\phi^{-1}\left(\frac{\tau-s}{2}\right)\right)}{\theta\left(\phi^{-1}\left(\frac{\tau-s}{2}\right)\right)}\right)+\right.$$
$$\frac{1}{4}\left(\theta''\left(\phi^{-1}\left(\frac{\tau-s}{2}\right)\right)-\theta''\left(\phi^{-1}\left(\frac{\tau+s}{2}\right)\right)\right)+ \tag{6.4.65}$$
$$\left.b\left(\phi^{-1}\left(\frac{\tau-s}{2}\right)\right)+c\right|=M_1$$

$$\left|\frac{b\left(\phi^{-1}\left(\frac{\tau}{2}\right)\right)+c}{\sqrt{\theta(0)}}\right|=M_2 \tag{6.4.66}$$

和

$$\max\{M_1,M_2\}=M,\quad \mid m^*-m\mid=R \tag{6.4.67}$$

因此可以得到以下估计

$$\mid\Delta G_0(\xi,\eta)\mid\leqslant R\mathrm{e}^{\left[\frac{\theta'(0)}{4\theta(0)}-m\right]\eta}+\frac{M}{2}\int_0^\eta \mathrm{e}^{\left[\frac{\theta'(0)}{4\theta(0)}-m\right](\eta-\tau)}\mathrm{d}\tau+\frac{M}{4}(\xi-\eta) \tag{6.4.68}$$

选取

$$\frac{\theta'(0)}{4\theta(0)} - m \leqslant 0$$

则

$$\mathrm{e}^{\left[\frac{\theta'(0)}{4\theta(0)} - m\right]\eta} \leqslant 1, \ \mathrm{e}^{\left[\frac{\theta'(0)}{4\theta(0)} - m\right](\eta-\tau)} \leqslant 1, \ \forall 0 \leqslant \tau \leqslant \eta$$

于是有

$$\mid \Delta G_0(\xi,\eta) \mid \leqslant R + \frac{M\eta}{2} + \frac{M}{4}(\xi - \eta) = R + \frac{M}{4}(\xi + \eta) \tag{6.4.69}$$

$$
\begin{aligned}
\mid \Delta G_1(\xi,\eta) \mid &\leqslant \frac{1}{2\theta(0)} \int_0^\eta \mathrm{e}^{\left[\frac{\theta'(0)}{4\theta(0)} - m\right](\eta-\tau)} \int_0^\tau M\Delta G_0(\tau,s)\mathrm{d}s\mathrm{d}\tau + \\
&\quad \frac{1}{4\theta(0)} \int_\eta^\xi \int_0^\eta M\Delta G_0(\xi,\eta)\mathrm{d}s\mathrm{d}\tau \\
&\leqslant \frac{1}{2\theta(0)} \int_0^\eta \int_0^\tau M\left(R + \frac{M}{4}(\xi + \eta)\right)\mathrm{d}s\mathrm{d}\tau + \\
&\quad \frac{1}{4\theta(0)} \int_\eta^\xi \int_0^\eta M\left(R + \frac{M}{4}(\xi + \eta)\right)\mathrm{d}s\mathrm{d}\tau \\
&= \frac{MR}{2\theta(0)} \int_0^\eta \tau\mathrm{d}\tau + \frac{M^2}{8\theta(0)} \int_0^\eta \left(\frac{1}{2}s^2 + s\tau\right)\Big|_0^\tau \mathrm{d}\tau + \\
&\quad \frac{MR}{4\theta(0)} \int_\eta^\xi \eta\mathrm{d}\tau + \frac{M^2}{16\theta(0)} \int_\eta^\xi \left(\frac{1}{2}s^2 + s\tau\right)\Big|_0^\eta \mathrm{d}\tau \\
&= \frac{MR}{4\theta(0)} \xi\eta + \frac{M^2}{16\theta^2(0)} \frac{\xi\eta(\xi + \eta)}{2}
\end{aligned}
\tag{6.4.70}
$$

同理可得

$$\mid \Delta G_2(\xi,\eta) \mid \leqslant \frac{M^2 R}{4^2\theta^2(0)}(\xi\eta)^2 \cdot \frac{1}{(2!)^2} + \left(\frac{M}{4(\theta(0))}\right)^3 \frac{(\xi + \eta)(\xi\eta)^2}{12} \tag{6.4.71}$$

$$\mid \Delta G_3(\xi,\eta) \mid \leqslant \frac{M^3 R}{4^3\theta^3(0)}(\xi\eta)^3 \cdot \frac{1}{(3!)^2} + \left(\frac{M}{4(\theta(0))}\right)^4 \frac{(\xi + \eta)(\xi\eta)^3}{144} \tag{6.4.72}$$

因此，可以归纳出

$$|\Delta G_n(\xi,\eta)| \leqslant R\left(\frac{M}{4\theta(0)}\xi\eta\right)^n \cdot \frac{1}{(n!)^2} + \left(\frac{M}{4(\theta(0))}\right)^{n+1} \frac{(\xi + \eta)(\xi\eta)^n}{n!(n+1)!} \tag{6.4.73}$$

接下来利用数学归纳法，观察 $n+1$ 时是否成立。

$$|\Delta G_{n+1}(\xi,\eta)| = | G_{n+2}(\xi,\eta) - G_{n+1}(\xi,\eta)|$$

$$\leqslant \frac{M}{2\theta(0)} \int_0^\eta \mathrm{e}^{\left[\frac{\theta'(0)}{4\theta(0)} - m\right](\eta-\tau)} \int_0^\tau \Delta G_n(\xi,\eta) \mathrm{d}s \mathrm{d}\tau +$$

$$\frac{M}{4\theta(0)} \int_\eta^\xi \mathrm{e}^{\left[\frac{\theta'(0)}{4\theta(0)} - m\right](\eta-\tau)} \int_0^\eta \Delta G_n(\xi,\eta) \mathrm{d}s \mathrm{d}\tau$$

$$\leqslant \frac{M}{2\theta(0)} \int_0^\eta \int_0^\tau \left[R\left(\frac{M}{4\theta(0)}\xi\eta\right)^n \cdot \frac{1}{(n!)^2} + \left(\frac{M}{4(\theta(0))}\right)^{n+1} \frac{(\xi+\eta)(\xi\eta)^n}{n!(n+1)!} \right] \mathrm{d}s \mathrm{d}\tau +$$

$$\frac{M}{4\theta(0)} \int_\eta^\xi \int_0^\eta \left[R\left(\frac{M}{4\theta(0)}\xi\eta\right)^n \cdot \frac{1}{(n!)^2} + \left(\frac{M}{4(\theta(0))}\right)^{n+1} \frac{(\xi+\eta)(\xi\eta)^n}{n!(n+1)!} \right] \mathrm{d}s \mathrm{d}\tau$$

$$= R\left(\frac{M}{4\theta(0)}\xi\eta\right)^{n+1} \cdot \frac{1}{((n+1)!)^2} + \left(\frac{M}{4(\theta(0))}\right)^{n+2} \frac{(\xi+\eta)(\xi\eta)^{n+1}}{(n+1)!(n+2)!} \tag{6.4.74}$$

因此，通过数学归纳法可知 $G(\xi,\eta) = \sum\limits_{n=1}^{\infty} \Delta G_n(\xi,\eta)$，即 $G(\xi,\eta)$ 的界已经找到。

由 $0 \leqslant \eta \leqslant \xi \leqslant 2$ 可得 $\xi + \eta \leqslant 4$，$\xi\eta \leqslant 4$，利用以上结论进行放缩可得

$$| G(\xi,\eta) | \leqslant R\sum_{n=1}^{\infty} \left(\frac{M}{4\theta(0)}\xi\eta\right)^n \cdot \frac{1}{(n!)^2} +$$

$$\sum_{n=1}^{\infty} \left(\frac{M}{4(\theta(0))}\right)^{n+1} \frac{(\xi+\eta)(\xi\eta)^n}{n!(n+1)!} \tag{6.4.75}$$

$$\leqslant \frac{R}{\theta(0)} \sum_{n=1}^{\infty} \frac{1}{n!} \cdot \frac{M^n}{n!} + \frac{M}{\theta(0)} \sum_{n=1}^{\infty} \frac{1}{(n+1)!} \cdot \frac{M^n}{n!}$$

因为 $\dfrac{1}{n!}$ 和 $\dfrac{1}{(n+1)!}$ 均有界，不妨设为

$$\frac{1}{n!} \leqslant A, \quad \frac{1}{(n+1)!} \leqslant B \tag{6.4.76}$$

因此，根据式 (6.4.76) 可得

$$| G(\xi,\eta) | \leqslant \left[\frac{RA}{\theta(0)} + \frac{MB}{\theta(0)}\right] \mathrm{e}^M \tag{6.4.77}$$

于是解的存在性得证。解的唯一性的证明可参考文献 [28]。

总之，初始系统可以通过反步变换转化为目标系统，反步变换的可逆性在文献 [37] 的引理 2.4 中得到了证明。初始系统的稳定性来自目标系统的稳定性和反步变换的可逆性。通过证明下面的定理 6.1，可知初始系统也是 Mittag-Leffler 稳定的。

6.5 目标系统的稳定性

初始系统的稳定性来自目标系统的稳定性和反步变换的可逆性，接下来证明目标系统的稳定性。

定理 6.1 如果非常数扩散系数 $\theta(x)$ 和参数 c 满足条件

$$
\begin{cases}
n^*\theta(1) + \dfrac{1}{2}\theta'(1) > 0 \\
m^*\theta(0) - \dfrac{1}{2}\theta'(0) - \dfrac{N_1}{2} > 0 \\
c - \dfrac{1}{2}\theta''(x) + \dfrac{N_1}{4} > 0
\end{cases}
\tag{6.5.1}
$$

其中 $N_1 = \min\limits_{x \in [0,1]} \theta(x)$。则目标系统 (6.3.11) 在 $L^2(0,1)$ 范数下是 Mittag-Leffler 稳定的。

证明 考虑李雅普诺夫函数

$$
V(x,t) = \frac{1}{2} \int_0^1 w^2(x,t)\mathrm{d}x
\tag{6.5.2}
$$

对于 $V(x,t)$ 关于 t 求 Caputo 分数阶导数，并且利用引理 6.3 可得

$$
\begin{aligned}
{}^c_{t_0}D_t^\alpha V(x,t) &= \frac{1}{2} \int_0^1 {}^c_{t_0}D_t^\alpha w^2(x,t)\mathrm{d}x \\
&\leqslant \int_0^1 w(x,t){}^c_{t_0}D_t^\alpha w(x,t)\mathrm{d}x \\
&= \int_0^1 w(x,t)[\theta(x)w_{xx}(x,t) - cw(x,t)]\mathrm{d}x \\
&= \int_0^1 w(x,t)\theta(x)w_{xx}(x,t)\mathrm{d}x - \int_0^1 cw^2(x,t)\mathrm{d}x
\end{aligned}
\tag{6.5.3}
$$

对第一部分进行分部积分并且利用边界条件

$$
\begin{cases}
w_x(0,t) = m^* w(0,t) \\
w_x(1,t) = -n^* w(1,t)
\end{cases}
\tag{6.5.4}
$$

可得

$$
\begin{aligned}
&\int_0^1 w(x,t)\theta(x)w_{xx}(x,t)\mathrm{d}x \\
&= -n^*\theta(1)w^2(1,t) - m^*\theta(0)w^2(0,t) - \\
&\quad \int_0^1 \theta(x)w_x^2(x,t)\mathrm{d}x - \int_0^1 w(x,t)\theta'(x)w_x(x,t)\mathrm{d}x - \\
&\quad c\int_0^1 w^2(x,t)\mathrm{d}x
\end{aligned}
\tag{6.5.5}
$$

对等式右边第四项进行分部积分整理可得

$$
\begin{aligned}
\int_0^1 w(x,t)\theta'(x)w_x(x,t)\mathrm{d}x &= \frac{1}{2}\theta'(1)w^2(1,t) - \frac{1}{2}\theta'(0)w^2(0,t) - \\
&\quad \frac{1}{2}\int_0^1 \theta''(x)w^2(x,t)\mathrm{d}x
\end{aligned}
\tag{6.5.6}
$$

把式 (6.5.5)、式 (6.5.6) 的结果代入式 (6.5.3) 得

$$
\begin{aligned}
{}_{t_0}^{c}D_t^{\alpha}V(x,t) \leqslant &-n^*\theta(1)w^2(1,t) - m^*\theta(0)w^2(0,t) - \int_0^1 \theta(x)w_x^2(x,t)\mathrm{d}x - \\
&\left[\frac{1}{2}\theta'(1)w^2(1,t) - \frac{1}{2}\theta'(0)w^2(0,t) - \frac{1}{2}\int_0^1 \theta''(x)w^2(x,t)\mathrm{d}x\right] - \\
&c\int_0^1 w^2(x,t)\mathrm{d}x \\
= &\left[-n^*\theta(1) - \frac{1}{2}\theta'(1)\right]w^2(1,t) - \left[m^*\theta(0) - \frac{1}{2}\theta'(0)\right]w^2(0,t) - \\
&\int_0^1 \theta(x)w_x^2(x,t)\mathrm{d}x - \int_0^1 \left(c - \frac{1}{2}\theta''(x)\right)w^2(x,t)\mathrm{d}x
\end{aligned}
\tag{6.5.7}
$$

利用 Poincare 不等式可得

$$
\begin{aligned}
\int_0^1 \theta(x)w_x^2(x,t)\mathrm{d}x &\geqslant N_1 \int_0^1 w_x^2(x,t)\mathrm{d}x \\
&\geqslant N_1\left[\frac{1}{4}\int_0^1 w_x^2(x,t)\mathrm{d}x - \frac{1}{2}w^2(0,t)\right] \\
&= -\frac{N_1}{2}w^2(0,t) + \frac{N_1}{4}\int_0^1 w_x^2(x,t)\mathrm{d}x
\end{aligned}
\tag{6.5.8}
$$

从而

$$
-\int_0^1 \theta(x)w_x^2(x,t)\mathrm{d}x \leqslant \frac{N_1}{2}w^2(0,t) - \frac{N_1}{4}\int_0^1 w_x^2(x,t)\mathrm{d}x
\tag{6.5.9}
$$

其中

$$
N_1 = \min_{x\in[0,1]}\{\theta(x)\},\ N_2 = \max_{x\in[0,1]}\{\theta(x)\},\ N_1 \leqslant \theta(x) \leqslant N_2
$$

$$
\begin{aligned}
{}_{t_0}^{c}D_t^{\alpha}V(x,t) \leqslant &-\left[n^*\theta(1) + \frac{1}{2}\theta'(1)\right]w^2(1,t)- \\
&\left[m^*\theta(0) - \frac{1}{2}\theta'(0) - \frac{N_1}{2}\right]w^2(0,t)- \\
&\int_0^1 \left(c - \frac{1}{2}\theta''(x) + \frac{N_1}{4}\right)w^2(x,t)\mathrm{d}x \\
\leqslant &-2LV(x,t)
\end{aligned}
\tag{6.5.10}
$$

其中

$$
n^*\theta(1) + \frac{1}{2}\theta'(1) > 0,\ m^*\theta(0) - \frac{1}{2}\theta'(0) - \frac{N_1}{2} > 0
\tag{6.5.11}
$$

记

$$
L = c - \frac{1}{2}\theta''(x) + \frac{N_1}{4} > 0
\tag{6.5.12}
$$

因此有

$$
{}_{t_0}^{c}D_t^{\alpha}V(x,t) \leqslant -2LV(x,t)
\tag{6.5.13}
$$

利用引理 6.4 得

$$
V(x,t) \leqslant V(x,0)E_\alpha(-2Lt^\alpha)
\tag{6.5.14}
$$

由

$$
\| w(x,t) \| = \left(\int_0^1 w^2(x,t)\mathrm{d}x\right)^{\frac{1}{2}}
\tag{6.5.15}
$$

可得

$$\| w(x,t) \| = [2V(x,0)E_\alpha(-2Lt^\alpha)]^{\frac{1}{2}}$$
$$=\| w(x,0) \| E_\alpha(-2Lt^\alpha)^{\frac{1}{2}} \tag{6.5.16}$$

故由定义 6.3 可得该系统是 Mittag-Leffler 稳定的。   □

6.6   根据反步变换设计控制器

接下来进行控制器设计。由积分反步变换 $w(x,t) = u(x,t) + \int_0^x k(x,y)\cdot u(y,t)\mathrm{d}y$ 可得

$$u(1,t) = w(1,t) - \int_0^1 k(1,y)u(y,t)\mathrm{d}y \tag{6.6.1}$$

$$u_x(x,t) = w_x(x,t) - \int_0^x k_x(x,y)u(y,t)\mathrm{d}y - k(x,x)u(x,t) \tag{6.6.2}$$

$$u_x(1,t) = w_1(x,t) - \int_0^1 k_x(1,y)u(y,t)\mathrm{d}y - k(1,1)u(1,t) \tag{6.6.3}$$

由

$$w_x(1,t) = -n^*w(1,t) \tag{6.6.4}$$

可得

$$U(t) = u_x(1,t) + nu(1,t)$$
$$= -n^*w(1,t) - \int_0^1 k_x(1,y)u(y,t)\mathrm{d}y - k(1,1)u(1,t)+$$
$$n\left[w(1,t) - \int_0^1 k(1,y)u(y,t)\mathrm{d}y\right] \tag{6.6.5}$$
$$= [-n^* + n - k(1,1)]u(1,t) - n^*\int_0^1 k(1,y)u(y,t)\mathrm{d}y-$$
$$\int_0^1 k_x(1,y)u(y,t)\mathrm{d}y$$

通过以上的控制器设计结果可知，需要首先确定出核函数 $k(x,y)$，进而确定出 $k(1,1)$、$k(1,y)$、$k_x(1,y)$，从而可以确定出边界控制器 $U(t)$。

令 $b(x) \equiv b$（常数），$m = m^*$，则可以得到以下开环系统

$$\begin{cases} {}_{t_0}^{c}D_t^{\alpha} u(x,t) = \theta(x)u_{xx}(x,t) + bu(x,t); & x \in (0,1), t > 0 \\ u(x,0) = \lambda(x); & x \in [0,1] \\ u_x(0,t) = mu(0,t); & t > 0 \end{cases} \tag{6.6.6}$$

当不对系统施加控制即 $u_x(1,t) + nu(1,t) = 0$ 时，若常数 b 是足够大的正数，该系统是不稳定的。

相应的目标系统是以下形式

$$\begin{cases} {}_{t_0}^{c}D_t^{\alpha} w(x,t) = \theta(x)u_{xx}(x,t) - cw(x,t); & x \in (0,1), t > 0 \\ w(x,0) = \eta(x); & x \in [0,1] \\ w_x(0,t) = mw(0,t); & t > 0 \end{cases} \tag{6.6.7}$$

与此前求关于核函数的偏微分方程的方法类似，可得目标系统 (6.6.7) 对应的核函数偏微分方程

$$\begin{cases} \theta(x)k_{xx}(x,y) - (\theta(y)k(x,y))_{yy} = (b+c)k(x,y) \\ k_y(x,0) = \left[m - \dfrac{\theta'(0)}{\theta(0)} \right] k(x,0) \\ 2\theta(x)\dfrac{\mathrm{d}}{\mathrm{d}x}k(x,x) = -\theta'(x)k(x,x) + b + c \\ k(0,0) = 0 \end{cases} \tag{6.6.8}$$

同样利用变量代换式 (6.4.10) 和式 (6.4.11) 可以将方程 (6.6.8) 转化成以下形式

$$\begin{cases} \check{k}_{\check{x}\check{x}}(\check{x},\check{y}) - \check{k}_{\check{y}\check{y}}(\check{x},\check{y}) = \dfrac{\check{b}(\check{x},\check{y})}{\theta(0)}\check{k}(\check{x},\check{y}) \\ \check{k}_{\check{y}}(\check{x},0) = \left[m - \dfrac{\theta'(0)}{4\theta(0)} \right] \check{k}(\check{x},0) \\ \dfrac{\mathrm{d}}{\mathrm{d}\check{x}}\check{k}(\check{x},\check{x}) = \dfrac{b+c}{2\sqrt{\theta(0)}} \\ \check{k}(0,0) = 0 \end{cases} \tag{6.6.9}$$

其中

$$\check{b}(\check{x},\check{y}) = \frac{3}{16}\left[\frac{\theta'^2(x)}{\theta(x)} - \frac{\theta'^2(y)}{\theta(y)}\right] + \frac{1}{4}[\theta''(x) - \theta''(y)] + b + c \qquad (6.6.10)$$

由系统 (6.6.9) 的第三个和第四个方程可得

$$\check{k}(\check{x},\check{x}) = \frac{b+c}{2\sqrt{\theta(0)}}\check{x} \qquad (6.6.11)$$

因此系统 (6.6.9) 可以写成如下的形式

$$\begin{cases} \check{k}_{\check{x}\check{x}}(\check{x},\check{y}) - \check{k}_{\check{y}\check{y}}(\check{x},\check{y}) = \dfrac{\check{b}(\check{x},\check{y})}{\theta(0)}\check{k}(\check{x},\check{y}) \\[3mm] \check{k}_{\check{y}}(\check{x},0) = \left[m - \dfrac{\theta'(0)}{4\theta(0)}\right]\check{k}(\check{x},0) \\[3mm] \check{k}(\check{x},\check{x}) = \dfrac{b+c}{2\sqrt{\theta(0)}}\check{x} \end{cases} \qquad (6.6.12)$$

与参考文献 [114] 中 3.1 节的处理方法类似，假设 $\dfrac{3}{16}\dfrac{\theta'^2(x)}{\theta(x)} - \dfrac{\theta''(x)}{4} = A$ 为常数，对 $\theta(y)$ 的假设也是类似的即 $\dfrac{3}{16}\dfrac{\theta'^2(y)}{\theta(y)} - \dfrac{\theta''(y)}{4} = B$ 为常数。

以上这个方程有两个解，其中一个解的形式为

$$\theta(x) = \theta_0(1 + \rho_0(x - x_0)^2)^2 \qquad (6.6.13)$$

因此，$\check{b}(\check{x},\check{y}) = b + c$。

总之，系统 (6.6.12) 可以转化为

$$\check{k}_{\check{x}\check{x}}(\check{x},\check{y}) - \check{k}_{\check{y}\check{y}}(\check{x},\check{y}) = \frac{b+c}{\theta(0)}\check{k}(\check{x},\check{y}) \qquad (6.6.14)$$

$$\check{k}_{\check{y}}(\check{x},0) = \left[m - \frac{\theta'(0)}{4\theta(0)}\right]\check{k}(\check{x},0) \qquad (6.6.15)$$

$$\check{k}(\check{x},\check{x}) = \frac{b+c}{2\sqrt{\theta(0)}}\check{x} \qquad (6.6.16)$$

下面参照参考文献 [28] 给出以上方程的解。

记 $\check{c} = \dfrac{b+c}{\theta(0)}$, $\check{m} = m - \dfrac{\theta'(0)}{4\theta(0)}$。首先给出解的一个形式

$$
\begin{aligned}
\check{k}(\check{x}, \check{y}) = {} & \sqrt{\theta(0)}\check{c}\check{x}\frac{I_1(\sqrt{\check{c}(\check{x}^2 - \check{y}^2)})}{\sqrt{\check{c}(\check{x}^2 - \check{y}^2)}} - \\
& \sqrt{\theta(0)}\int_0^{\check{x}-\check{y}} I_0(\sqrt{\check{c}(\check{x} + \check{y})(\check{x} - \check{y} - \tau)})\rho(\tau)\mathrm{d}\tau
\end{aligned}
\tag{6.6.17}
$$

其中，I_i 是修改后的贝塞尔函数，$\rho(\tau)$ 是一个待定函数，记式 (6.6.17) 的第一项为 $\check{k}_1(\check{x}, \check{y})$，记式 (6.6.17) 的第二项为 $\check{k}_2(\check{x}, \check{y})$，由参考文献 [28] 可知，$\check{k}_1(\check{x}, \check{y})$ 是式 (6.6.14) 和式 (6.6.16) 的解，$\check{k}_2(\check{x}, \check{y})$ 是式 (6.6.14) 的解，显然 $\check{k}(\check{x}, \check{y})$ 是式 (6.6.14) 和式 (6.6.16) 的解。接下来就是确定出待定函数 $\rho(\tau)$ 的形式，从而使得 $\check{k}(\check{x}, \check{y})$ 也是式 (6.6.15) 的解，从而满足方程的解的形式 $\check{k}(\check{x}, \check{y})$ 就确定了。

首先对 $\check{k}(\check{x}, \check{y})$ 关于 $\check{y}$ 求偏导数。

为表达简洁，令 $\sqrt{\check{c}(\check{x}^2 - \check{y}^2)} = \check{z}$，则 $\check{k}_1(\check{x}, \check{y})$ 关于 $\check{y}$ 的偏导数为

$$
\begin{aligned}
\check{k}_{1\check{y}}(\check{x}, \check{y}) &= \sqrt{\theta(0)}\left(\frac{I_1(\check{z}) - I_1'(\check{z})\check{z}}{\check{z}^2}\right)\frac{\partial \check{z}}{\partial \check{y}} \\
&= \sqrt{\theta(0)}\left(\frac{-I_2(\check{z})}{\check{z}}\right)\frac{\partial \check{z}}{\partial \check{y}} \\
&= \sqrt{\theta(0)}\left(\frac{-I_2(\check{z})}{\check{z}}\right)\frac{-\check{y}\sqrt{\check{c}}}{\sqrt{(\check{x}^2 - \check{y}^2)}}
\end{aligned}
\tag{6.6.18}
$$

将原变量代入整理可得

$$
\check{k}_{1\check{y}}(\check{x}, \check{y}) = \sqrt{\theta(0)}\frac{\check{y}I_2\sqrt{\check{c}(\check{x}^2 - \check{y}^2)}}{\check{x}^2 - \check{y}^2}
\tag{6.6.19}
$$

注记 6.4　贝塞尔函数的求导公式为

$$
\frac{\mathrm{d}}{\mathrm{d}x_n}I_n(x) = \frac{1}{2}(I_{n-1}(x) + I_{n+1}(x)) = \frac{n}{x}I_n(x) + I_{n+1}(x)
\tag{6.6.20}
$$

为简便起见，令 $\sqrt{\check{c}(\check{x} + \check{y})(\check{x} - \check{y} - \tau)} = \check{e}$，则 $\check{k}_2(\check{x}, \check{y})$ 关于 $\check{y}$ 的偏导数为

$$
\begin{aligned}
\check{k}_{2\check{y}}(\check{x}, \check{y}) = {} & \sqrt{\theta(0)}I_0(0)\rho(\check{x} - \check{y}) - \sqrt{\theta(0)}\int_0^{\check{x}-\check{y}} I_0'(\check{e})\frac{\partial \check{e}}{\partial \check{y}}\rho(\tau)\mathrm{d}\tau \\
= {} & \sqrt{\theta(0)}\rho(\check{x} - \check{y}) - \sqrt{\theta(0)}\int_0^{\check{x}-\check{y}} I_1(\sqrt{\check{c}(\check{x} + \check{y})(\check{x} - \check{y} - \tau)})\cdot \\
& \frac{-2\check{c}\check{y} - \check{c}\tau}{2\sqrt{\check{c}(\check{x} + \check{y})(\check{x} - \check{y} - \tau)}}\rho(\tau)\mathrm{d}\tau
\end{aligned}
\tag{6.6.21}
$$

注记 6.5 $I_0(0) = 1$。

令 $\check{y} = 0$，可得

$$\check{k}_{\check{y}}(\check{x}, 0) = \sqrt{\theta(0)} \int_0^{\check{x}} \frac{\check{c}\tau I_1 \sqrt{\check{c}\check{x}(\check{x} - \tau)}}{2\sqrt{\check{c}\check{x}(\check{x} - \tau)}} \rho(\tau)\mathrm{d}\tau + \sqrt{\theta(0)}\rho(\check{x}) \qquad (6.6.22)$$

易得

$$\check{m}\check{k}(\check{x}, 0) = \check{m}\sqrt{\theta(0)}\check{c}\check{x}\frac{I_1(\sqrt{\check{c}\check{x}})}{\sqrt{\check{c}\check{x}}} - \check{m}\sqrt{\theta(0)} \int_0^{\check{x}} I_0(\sqrt{\check{c}\check{x}(\check{x} - \tau)})\rho(\tau)\mathrm{d}\tau \quad (6.6.23)$$

将式 (6.6.21) 和式 (6.6.22) 的结果代入式 (6.6.14) 得

$$\int_0^{\check{x}} \rho(\tau)\left[\frac{\check{c}\tau I_1 \sqrt{\check{c}\check{x}(\check{x} - \tau)}}{2\sqrt{\check{c}\check{x}(\check{x} - \tau)}} + \check{m}I_0(\sqrt{\check{c}\check{x}(\check{x} - \tau)})\right]\mathrm{d}\tau = -\rho(\check{x}) + \check{m}\sqrt{\check{c}}I_1(\sqrt{\check{c}\check{x}})$$

$$(6.6.24)$$

对式 (6.6.24) 应用拉普拉斯变换可得

$$\int_0^{\infty} \mathrm{e}^{-s\xi} \int_0^{\xi} \rho(\tau)\left[\frac{\check{c}\tau I_1 \sqrt{\check{c}\check{x}(\check{x} - \tau)}}{2\sqrt{\check{c}\check{x}(\check{x} - \tau)}} + \check{m}I_0(\sqrt{\check{c}\check{x}(\check{x} - \tau)})\right]\mathrm{d}\tau\mathrm{d}\xi$$

$$= -\rho(s) + \check{m}\frac{s - \sqrt{s^2 - \check{c}}}{\sqrt{s^2 - \check{c}}} \qquad (6.6.25)$$

交换积分顺序，计算内部的积分，并引入一个新的变换即 $s' = \dfrac{s + \sqrt{s^2 - \check{c}}}{2}$，计算可得

$$\int_0^{\infty} \rho(\tau)\mathrm{e}^{-s'\tau}\mathrm{d}\tau = \check{m}\frac{s - \sqrt{s^2 - \check{c}}}{\check{m} + \sqrt{s^2 - \check{c}}} \qquad (6.6.26)$$

再利用关系式 $s = \dfrac{s' + \check{c}}{4s'}$ 可得

$$\rho(s') = \frac{2\check{m}\check{c}}{(2s' + \check{m})^2 + (\check{c} + \check{m})^2} \qquad (6.6.27)$$

对式 (6.6.27) 取拉普拉斯变换可得

$$\rho(x) = \frac{\check{m}\check{c}}{\sqrt{\check{c} + \check{m}^2}}\mathrm{e}^{-\frac{\check{m}\check{x}}{2}} \sinh\left(\frac{\sqrt{\check{c} + \check{m}^2}}{2}\check{x}\right) \qquad (6.6.28)$$

将式 (6.6.27) 代入式 (6.6.16) 整理可得

$$
\check{k}(\check{x},\check{y}) = \sqrt{\theta(0)}\check{c}\check{x}\frac{I_1(\sqrt{\check{c}(\check{x}^2-\check{y}^2)})}{\sqrt{\check{c}(\check{x}^2-\check{y}^2)}} - \frac{\check{c}\check{m}\sqrt{\theta(0)}}{\sqrt{\check{c}+\check{m}^2}}\int_0^{\check{x}-\check{y}}\mathrm{e}^{-\frac{\check{m}\tau}{2}}\cdot
$$

$$
I_0(\sqrt{\check{c}(\check{x}+\check{y})(\check{x}-\check{y}-\tau)})\sinh\left(\frac{\sqrt{\check{c}+\check{m}^2}}{2}\tau\right)\mathrm{d}\tau \tag{6.6.29}
$$

综合式 (6.4.10) 和式 (6.6.13) 得

$$
k(x,y) = \frac{(1+\rho_0(x-x_0)^2)^{\frac{1}{2}}}{\sqrt{\theta_0}(1+\rho_0(y-x_0)^2)^{\frac{3}{2}}}\left[\sqrt{\theta(0)}\check{c}\check{x}\frac{I_1(\sqrt{\check{c}(\check{x}^2-\check{y}^2)})}{\sqrt{\check{c}(\check{x}^2-\check{y}^2)}} - \right.
$$

$$
\left.\frac{\check{c}\check{m}\sqrt{\theta(0)}}{\sqrt{\check{c}+\check{m}^2}}\int_0^{\check{x}-\check{y}}\mathrm{e}^{-\frac{\check{m}\tau}{2}}I_0(\sqrt{\check{c}(\check{x}+\check{y})(\check{x}-\check{y}-\tau)})\sinh\left(\frac{\sqrt{\check{c}+\check{m}^2}}{2}\tau\right)\mathrm{d}\tau\right] \tag{6.6.30}
$$

由式 (6.4.11) 可确定出 $\check{x}$ 和 $\check{y}$ 即

$$
\begin{aligned}
\check{x} = \phi(x) &= \sqrt{\theta(0)}\int_0^x\frac{1}{\sqrt{\theta(\tau)}}\mathrm{d}\tau \\
&= \sqrt{\theta(0)}\int_0^x\frac{1}{\sqrt{\theta_0(1+\rho_0(\tau-x_0)^2)^2}}\mathrm{d}\tau \\
&= 1+\rho_0 x_0^2\int_0^x\frac{1}{1+\rho_0(\tau-x_0)^2} \\
&= \frac{1+\rho_0 x_0^2}{\sqrt{\rho_0}}(\arctan(\sqrt{\rho_0}(x-x_0)) + \arctan(\sqrt{\rho_0}x_0))
\end{aligned} \tag{6.6.31}
$$

同理可得

$$
\check{y} = \frac{1+\rho_0 x_0^2}{\sqrt{\rho_0}}(\arctan(\sqrt{\rho_0}(y-x_0)) + \arctan(\sqrt{\rho_0}x_0)) \tag{6.6.32}
$$

在式 (6.6.30) 中，令 $x=1$ 得

$$
k(1,y) = \frac{(1+\rho_0(1-x_0)^2)^{\frac{1}{2}}}{\sqrt{\theta_0}(1+\rho_0(y-x_0)^2)^{\frac{3}{2}}}\left[\sqrt{\theta(0)}\check{c}\check{x}\frac{I_1(\sqrt{\check{c}(\check{x}^2-\check{y}^2)})}{\sqrt{\check{c}(\check{x}^2-\check{y}^2)}} - \right.
$$

$$
\left.\frac{\check{c}\check{m}\sqrt{\theta(0)}}{\sqrt{\check{c}+\check{m}^2}}\int_0^{\check{x}-\check{y}}\mathrm{e}^{-\frac{\check{m}\tau}{2}}I_0(\sqrt{\check{c}(\check{x}+\check{y})(\check{x}-\check{y}-\tau)})\sinh\left(\frac{\sqrt{\check{c}+\check{m}^2}}{2}\tau\right)\mathrm{d}\tau\right] \tag{6.6.33}
$$

其中

$$
\begin{cases}
\check{x} = \dfrac{1 + \rho_0 x_0^2}{\sqrt{\rho_0}}(\arctan(\sqrt{\rho_0}(1 - x_0)) + \arctan(\sqrt{\rho_0}x_0)) \\[3mm]
\check{y} = \dfrac{1 + \rho_0 x_0^2}{\sqrt{\rho_0}}(\arctan(\sqrt{\rho_0}(y - x_0)) + \arctan(\sqrt{\rho_0}x_0))
\end{cases}
\tag{6.6.34}
$$

由式 (6.6.30)，令 $x = 1$，$y = 1$ 得

$$
k(1,1) = \frac{(1 + \rho_0(1 - x_0)^2)^{\frac{1}{2}}}{\sqrt{\theta_0}(1 + \rho_0(1 - x_0)^2)^{\frac{3}{2}}} \left[\sqrt{\theta(0)}\check{c}\check{x}\frac{I_1(\sqrt{\check{c}(\check{x}^2 - \check{y}^2)})}{\sqrt{\check{c}(\check{x}^2 - \check{y}^2)}} - \right.
$$

$$
\left. \frac{\check{c}\check{m}\sqrt{\theta(0)}}{\sqrt{\check{c} + \check{m}^2}} \int_0^{\check{x} - \check{y}} \mathrm{e}^{-\frac{\check{m}\tau}{2}} I_0(\sqrt{\check{c}(\check{x} + \check{y})(\check{x} - \check{y} - \tau)}) \sinh\left(\frac{\sqrt{\check{c} + \check{m}^2}}{2}\tau\right) \mathrm{d}\tau \right]
\tag{6.6.35}
$$

其中

$$
\begin{cases}
\check{x} = \dfrac{1 + \rho_0 x_0^2}{\sqrt{\rho_0}}(\arctan(\sqrt{\rho_0}(1 - x_0)) + \arctan(\sqrt{\rho_0}x_0)) \\[3mm]
\check{y} = \dfrac{1 + \rho_0 x_0^2}{\sqrt{\rho_0}}(\arctan(\sqrt{\rho_0}(1 - x_0)) + \arctan(\sqrt{\rho_0}x_0))
\end{cases}
\tag{6.6.36}
$$

对于式 (6.6.33)，首先关于 x 求偏导数，再令 $x = 1$ 可得

$$
k_x(1, y)
$$

$$
= \frac{\rho_0(1 - x_0)(1 + \rho_0(1 - x_0)^2)^{-\frac{1}{2}}}{\sqrt{\theta(0)}(1 + \rho_0(y - x_0)^2)^{\frac{3}{2}}} \left[\sqrt{\theta(0)}\check{c}\check{x}\frac{I_1(\sqrt{\check{c}(\check{x}^2 - \check{y}^2)})}{\sqrt{\check{c}(\check{x}^2 - \check{y}^2)}} - \right.
$$

$$
\left. \frac{\check{c}\check{m}\sqrt{\theta(0)}}{\sqrt{\check{c} + \check{m}^2}} \int_0^{\check{x} - \check{y}} \mathrm{e}^{-\frac{\check{m}\tau}{2}} I_0(\sqrt{\check{c}(\check{x} + \check{y})(\check{x} - \check{y} - \tau)}) \sinh\left(\frac{\sqrt{\check{c} + \check{m}^2}}{2}\tau\right) \mathrm{d}\tau \right] +
$$

$$
\frac{(1 + \rho_0(1 - x_0)^2)^{\frac{1}{2}}}{\sqrt{\theta_0}(1 + \rho_0(y - x_0)^2)^{\frac{3}{2}}} \left[\frac{\sqrt{\theta(0)}\check{c}\check{x}^2}{\check{x}^2 - \check{y}^2} I_2(\sqrt{\check{c}(\check{x}^2 - \check{y}^2)})\frac{1 + \rho_0 x_0^2}{1 + \rho_0(1 - x_0)^2} + \right.
$$

$$
\sqrt{\theta(0)}\check{c}\frac{I_1(\sqrt{\check{c}(\check{x}^2 - \check{y}^2)})}{\sqrt{\check{c}(\check{x}^2 - \check{y}^2)}} - I_0(0)\frac{\check{m}\sqrt{\theta(0)}\check{c}}{\sqrt{\check{c} + \check{m}^2}}\mathrm{e}^{-\frac{\check{m}(\check{x} - \check{y})}{2}} \sinh\left(\frac{\sqrt{\check{c} + \check{m}^2}}{2}(\check{x} - \check{y})\right) \times
$$

$$
\frac{1 + \rho_0 x_0^2}{1 + \rho_0(1 - x_0^2)} - \frac{\check{m}\check{c}\sqrt{\theta(0)}}{\sqrt{\check{c} + \check{m}^2}} \int_0^{\check{x} - \check{y}} \mathrm{e}^{-\frac{\check{m}\tau}{2}} \sinh\left(\frac{\sqrt{\check{c} + \check{m}^2}}{2}\tau\right) \times
$$

$$I_1(\sqrt{\check{c}(\check{x}+\check{y})(\check{x}-\check{y}-\tau)})\frac{\check{c}\check{x}-\frac{1}{2}\check{c}\tau}{\sqrt{\check{c}(\check{x}+\check{y})(\check{x}-\check{y}-\tau)}}\frac{1+\rho_0 x_0^2}{1+\rho_0(1-x_0^2)}\Bigg] \qquad (6.6.37)$$

因此，将式 (6.6.33)、式 (6.6.36) 和式 (6.6.37) 代入式 (6.6.5) 即可得到控制器 $U(t)$ 的表达式，从而找到了一个边界控制器使得系统达到 Mittag-Leffler 稳定。

6.7　本章小结

本章主要讨论了 Robin 边界控制条件下具有空间相关系数的分数阶反应–对流–扩散系统的边界控制问题。首先将反应–对流–扩散方程转化为一个更一般的扩散方程，初始系统被转化为一个基于反步变换的稳定目标系统；其次通过对边界控制器的设计和增益核方程的适定性讨论，并利用分数阶李雅普诺夫方法得到了闭环系统的 Mittag-Leffler 稳定性准则。

第 7 章
具有时变时滞和空间变系数的反应扩散耦合方程
的边界反馈控制

本章研究了一类具有时变时滞和空间变系数的反应扩散耦合方程的边界镇定问题。采用反步法，基于文献 [100] 的工作，建立了一个具有时变时滞的目标系统，并用李雅普诺夫方法和 Halanay 不等式证明了该系统的 H^1-范数指数稳定。由于初始系统和目标系统的等价性，设计了状态反馈控制器来使初始系统稳定。最后通过数值仿真实例验证了该控制器的有效性。

7.1 引言

在本章中，研究了一类具有时变时滞和空间变系数的反应扩散方程的指数稳定问题，研究的目的是实现该系统的边界控制使系统稳定，其中设计的状态反馈律执行器只放置在区域的一端。本章研究的耦合系统引入了反步控制器设计方法，即在原系统和目标系统之间建立了可逆的反步变换。反步控制方法是设计边界控制器的一种有效方法，具体见文献 [2, 11, 113-116]，其核心是证明核函数的存在性和唯一性，在证明的过程中最好给出一个核函数的具体形式，解核函数的过程是一个具有挑战性的过程。在文献 [28] 中提出了许多求解各类核方程的有效方法。

在文献 [49] 中考虑了具有常数参数和相同扩散系数的 n 个耦合反应扩散方程的稳定性，之后在文献 [50] 中将其推广到具有相同扩散系数和不同扩散系数的情况。此外，文献 [54] 把系统推广到了空间变反应系数的情况。为了进一步推广，在文献 [55] 中研究了具有空间变反应和扩散系数的 n 个耦合反应扩散系统的稳定性，并用反步法实现了双边控制。在已有研究成果的基础上，本章考虑加入时变时滞后的系统。许多具有时滞的控制系统更符合实际情况，而具有时滞的偏微分系统的镇定问题是近年来研究的热点。针对时滞偏微分系统的稳定性，人们提出了不同的方法。主要的方法包括结合了 Halanay 不等式（见文献 [45]）的线性矩阵不等式（linear matrix inequality，LMI）理论，Lyapunov-Razumikhin 稳定性理论（见文献 [56]）和 Lyapunov-Krasovskii 稳定性理论（见文献 [117]）。为了得到目标系统指数稳定的条件，文献 [45] 中运用了 Halanay 不等式，得到了线性矩阵不等式形式的不依赖于时滞的条件。在文献 [56] 和文献 [117] 中分别选取不同的李雅普诺夫函数对目标系统的稳定性进行了证明。值得注意的是，不同的李雅普诺夫函数可能导致不同的衰减率。鉴于这些文献的结论，选择一个合适的李雅普诺夫函数是至关重要的。

本章的主要贡献如下：

• 与文献 [54-55, 118] 中研究的模型相比，本章提出的模型更加实用和复杂。据查，对具有空间变系数的耦合时滞反应扩散方程组的边界反馈控制，目前还没有相关研究。

• 与文献 [100] 中研究的系统相比，在本章提出的模型中加入了可能引起不稳定的时变时滞。由于采用了反步法，目标系统的选择就显得尤为重要。受到文献 [100] 的启发，选择了一个具有时变时滞的目标系统，利用李雅普诺夫方法和 Halanay 不等式证明了该系统为 H^1-范数指数稳定。

本章的其余部分安排如下：7.2 节给出了系统描述且通过引入标准的反步变换，选择了合适的目标系统；7.3 节给出了分量形式的核方程，证明了核函数的适定性；7.4 节利用 Halanay 不等式和李雅普诺夫理论证明了目标系统的 H^1-范数指数稳定并设计了一个只有一端驱动的状态反馈律；7.5 节通过一个算例进行了数值模拟，验证了所得结果的有效性；7.6 节给出了一些结论性意见。

7.2 系统描述和反步变换

考虑如下具有变系数和时变时滞的 n 维耦合反应扩散方程系统

$$\begin{cases} \boldsymbol{Q}_t(x,t) = \boldsymbol{\Theta}(x)\boldsymbol{Q}_{xx}(x,t) + \boldsymbol{A}\boldsymbol{Q}(x,t-\tau(t)) + \boldsymbol{B}(x)\boldsymbol{Q}(x,t) \\ \boldsymbol{Q}_x(0,t) = 0 \\ \boldsymbol{Q}(x,t) = \boldsymbol{\Psi}(x,t), \quad -h \leqslant t \leqslant 0 \end{cases} \tag{7.2.1}$$

具有 Dirichlet 边界执行器

$$\boldsymbol{Q}(1,t) = \boldsymbol{U}(t), \ t > 0 \tag{7.2.2}$$

这里 $x \in [0,1]$；$\boldsymbol{Q}(x,t) = [q_1(x,t), q_2(x,t), \cdots, q_n(x,t)]^{\mathrm{T}} \in [\boldsymbol{L}^2(0,1)]^n$ 是一个状态向量；$\boldsymbol{U}(t) = [u_1(t), u_2(t), \cdots, u_n(t)]^{\mathrm{T}} \in \mathbb{R}^n$ 是输入控制；$\boldsymbol{\Theta}(x) = \mathrm{diag}(\theta_1(x),$

$\theta_2(x), \cdots, \theta_n(x))$ 是一个正定对角扩散矩阵，对于 $\forall i = 1, 2, \cdots, n$，$\theta_i(x)$ 二阶连续可导；时滞项定义为 $\boldsymbol{A} = a\boldsymbol{I}_{n \times n} \in \mathbb{R}^{n \times n}$ 是一个常数对角矩阵；反应系数 $\boldsymbol{B}(x)$ 是一个元素为 $b_{ij}(x)$ 的依赖于 x 的 n 维方阵且 $b_{ij}(x) \in C^1[0, 1]$，$i, j = 1, 2, \cdots, n$；$\boldsymbol{\Psi}(x, t)$ 是初始状态。时变时滞 $\tau(t)$ 是有界的且满足

$$0 \leqslant \tau(t) \leqslant h \tag{7.2.3}$$

当矩阵 $\boldsymbol{B}(x)$ 的特征值的实部足够大时，开环系统 (7.2.1) 是不稳定的。因此需要设计一个边界反馈律以消除不稳定项 $\boldsymbol{B}(x)\boldsymbol{Q}(x, t)$ 的影响。利用下述基本的反步变换构造反步控制器

$$\boldsymbol{Z}(x, t) = \boldsymbol{Q}(x, t) - \int_0^x \boldsymbol{K}(x, y)\boldsymbol{Q}(y, t)\mathrm{d}y \tag{7.2.4}$$

其中 $\boldsymbol{K}(x, y)$ 是 $n \times n$ 的核矩阵，其元素为 $k^{ij}(x, y)$，$i, j = 1, 2, \cdots, n$。选取以下系统作为目标系统

$$\begin{cases} \boldsymbol{Z}_t(x, t) = \boldsymbol{\Theta}(x)\boldsymbol{Z}_{xx}(x, t) + \boldsymbol{A}\boldsymbol{Z}(x, t - \tau(t)) - c\boldsymbol{Z}(x, t) - \boldsymbol{\Lambda}(x)\boldsymbol{Z}(0, t) \\ \boldsymbol{Z}_x(0, t) = 0 \\ \boldsymbol{Z}(1, t) = 0 \\ \boldsymbol{Z}(x, t) = \boldsymbol{\Phi}(x, t), \quad -h \leqslant t \leqslant 0 \end{cases} \tag{7.2.5}$$

其中状态向量 $\boldsymbol{Z}(x, t) = [z_1(x, t), z_2(x, t), \cdots, z_n(x, t)]^{\mathrm{T}} \in [\boldsymbol{L}^2(0, 1)]^n$；$c$ 是一个常数且目标系统 (7.2.5) 的指数稳定性可以通过选取一个适当的常数 c 来获得；$\boldsymbol{\Lambda}(x) = [\lambda_{ij}(x)]_{n \times n} \in \mathbb{R}^{n \times n}$ 是一个包含 $\dfrac{n(n-1)}{2}$ 个非零元素的矩阵且具有如下形式

$$\lambda_{ij}(x) = \begin{cases} \lambda_{ij}(x), & \theta_i < \theta_j \\ 0, & \text{其他} \end{cases} \tag{7.2.6}$$

其中 $\lambda_{ij}(x)$ 由 $\boldsymbol{K}(x, y)$ 所确定。这里，$\theta_i(x) < \theta_j(x)$，$x \in [0, 1]$ 缩写为 $\theta_i < \theta_j$。如果反步变换 (7.2.4) 是可逆的，则系统 (7.2.5) 等价为初始系统 (7.2.1)。可以如期望的那样，系统 (7.2.1) 具有指数稳定性且衰减率与系统 (7.2.5) 相同。

通过一般的反步过程，可以导出核矩阵 $\boldsymbol{K}(x, y)$ 满足的核矩阵方程。由于

$Q_x(0,t) = 0$，对 $Z(x,t)$ 关于 t 求偏导数且运用分部积分法，可得

$$
\begin{aligned}
Z_t(x,t) = {} & \Theta(x)Q_{xx}(x,t) + AQ(x,t-\tau(t)) - K(x,x)\Theta(x)Q_x(x,t) + \\
& [K_y(x,x)\Theta(x) + K(x,x)\Theta'(x) + B(x)]Q(x,t) - \\
& [K_y(x,0)\Theta(0) + K(x,0)\Theta'(0)]Q(0,t) - \\
& \int_0^x [(K(x,y)\Theta(y))_{yy} + K(x,y)B(y)]Q(y,t)\mathrm{d}y - \\
& \int_0^x K(x,y)AQ(y,t-\tau(t))\mathrm{d}y
\end{aligned}
\tag{7.2.7}
$$

对 $Z(x,t)$ 关于 x 分别求一阶和二阶偏导数，可得

$$
Z_x(x,t) = Q_x(x,t) - K(x,x)Q(x,t) - \int_0^x K_x(x,y)Q(y,t)\mathrm{d}y \tag{7.2.8}
$$

$$
\begin{aligned}
Z_{xx}(x,t) = {} & Q_{xx}(x,t) - \frac{\mathrm{d}}{\mathrm{d}x}K(x,x)Q(x,t) - K(x,x)Q_x(x,t) - \\
& K_x(x,x)Q(x,t) - \int_0^x K_{xx}(x,y)Q(y,t)\mathrm{d}y
\end{aligned}
\tag{7.2.9}
$$

令式 (7.2.8) 中 $x = 0$，有

$$
Z_x(0,t) = Q_x(0,t) - K(0,0)Q(0,t) \tag{7.2.10}
$$

把边界条件 $Z_x(0,t) = 0$ 和 $Q_x(0,t) = 0$ 代入式 (7.2.10)，可得 $K(0,0) = 0$。结合式 (7.2.8) 和式 (7.2.9)，容易得到以下形式

$$
\begin{aligned}
& Z_t(x,t) - \Theta(x)Z_{xx}(x,t) - AZ(x,t-\tau(t)) + cZ(x,t) + \Lambda(x)Z(0,t) \\
= {} & \Big[\Theta(x)\frac{\mathrm{d}}{\mathrm{d}x}K(x,x) + K_y(x,x)\Theta(x) + \Theta(x)K_x(x,x) + K(x,x)\Theta'(x) + \\
& cI_{n\times n} + B(x)\Big]Q(x,t) + [\Theta(x)K(x,x) - K(x,x)\Theta(x)]Q_x(x,t) - \\
& [K_y(x,0)\Theta(0) + K(x,0)\Theta'(0) - \Lambda(x)]Q(0,t) - \int_0^x \{[K(x,y)\Theta(y)]_{yy} - \\
& \Theta(x)K_{xx}(x,y) + K(x,y)B(y) + c(x)K(x,y)\}Q(y,t)\mathrm{d}y
\end{aligned}
\tag{7.2.11}
$$

式 (7.2.11) 的等号右边必须等于零才能保证转换顺利完成，由此得到以下核函

数方程

$$
\begin{cases}
\boldsymbol{\Theta}(x)\boldsymbol{K}_{xx}(x,y) - [\boldsymbol{K}(x,y)\boldsymbol{\Theta}(y)]_{yy} - \boldsymbol{K}(x,y)(\boldsymbol{B}(y)+c\boldsymbol{I}_{n\times n}) = 0 & (7.2.12a) \\[2mm]
\boldsymbol{\Theta}(x)\dfrac{\mathrm{d}}{\mathrm{d}x}\boldsymbol{K}(x,x) + \boldsymbol{K}_y(x,x)\boldsymbol{\Theta}(x) + \boldsymbol{\Theta}(x)\boldsymbol{K}_x(x,x) + \\[1mm]
\quad \boldsymbol{K}(x,x)\boldsymbol{\Theta}'(x) + c\boldsymbol{I}_{n\times n} + \boldsymbol{B}(x) = 0 & (7.2.12b) \\[2mm]
\boldsymbol{K}_y(x,0)\boldsymbol{\Theta}(0) + \boldsymbol{K}(x,0)\boldsymbol{\Theta}'(0) - \boldsymbol{\Lambda}(x) = 0 & (7.2.12c) \\[2mm]
\boldsymbol{\Theta}(x)\boldsymbol{K}(x,x) - \boldsymbol{K}(x,x)\boldsymbol{\Theta}(x) = 0 & (7.2.12d) \\[2mm]
\boldsymbol{K}(x,x) = 0 & (7.2.12e)
\end{cases}
$$

7.3 核方程的解

根据 7.2 节的推理，为了完成从系统 (7.2.1) 到目标系统 (7.2.5) 的转换，核函数 $\boldsymbol{K}(x,y)$ 必须满足关系式 (7.2.12a)~关系式 (7.2.12d)。

根据矩阵乘法，关系式 (7.2.12a) 可以写为如下分量形式

$$
\theta_i(x)k_{xx}^{ij}(x,y) - [\theta_j(y)k^{ij}(x,y)]_{yy} = \mathcal{B}_{ij}[\boldsymbol{K}](x,y) \tag{7.3.1}
$$

其中 $\mathcal{B}_{ij}[\boldsymbol{K}](x,y)$ 是矩阵 $\mathcal{B}[\boldsymbol{K}](x,y) = \boldsymbol{K}(x,y)(\boldsymbol{B}(y)+c\boldsymbol{I}_{n\times n})$ 的元素。对于 $\theta_i \geqslant \theta_j$，关系式 (7.2.12c) 可写为

$$
[\theta_j(0)k_y^{ij}(x,0) + \theta_j'(0)k^{ij}(x,0) = 0]_{\theta_i \geqslant \theta_j} \tag{7.3.2}
$$

且对于 $\theta_i < \theta_j$，可得

$$
\lambda_{ij}(x) = \theta_j(0)k_y^{ij}(x,0) + \theta_j'(0)k^{ij}(x,0) \tag{7.3.3}
$$

由此确定了在式 (7.2.6) 中矩阵 $\boldsymbol{\Lambda}(x)$ 的元素。考虑关系式 (7.2.12d) $i = j$ 的情况有

$$
(\theta_i(x) - \theta_i(x))k^{ii}(x,x) = 0 \tag{7.3.4}
$$

因此对 $k^{ii}(x,x)$ 的值没有限制。然而，对于 $i \neq j$，得到

$$
(\theta_j(x) - \theta_i(x))k^{ij}(x,x) = 0 \tag{7.3.5}
$$

无论是 $\theta_i(x) \neq \theta_j(x)$ 还是 $\theta_i(x) = \theta_j(x)$，总是令

$$
k^{ij}(x,x) = 0 \tag{7.3.6}
$$

则通过对式 (7.3.6) 求导, 可得

$$k_x^{ij}(x,x) = -k_y^{ij}(x,x) \tag{7.3.7}$$

对于 $i=j$, 关系式 (7.2.12b) 可写为

$$2\frac{\mathrm{d}}{\mathrm{d}x}k^{ii}(x,x)\theta_i(x) + \theta_i'(x)k^{ii}(x,x) = -c - b_{ii}(x) \tag{7.3.8}$$

考虑到由关系式 (7.2.12e) 所得的边界条件 $k^{ii}(0,0) = 0$, 解方程 (7.3.8) 得

$$k^{ii}(x,x) = -\frac{1}{2}\frac{1}{\sqrt{\theta_i(x)}}\int_0^x \frac{b_{ii}(\tau)+c}{\sqrt{\theta_i(\tau)}}\mathrm{d}\tau \tag{7.3.9}$$

对于 $i \neq j$, 根据式 (7.3.7), 关系式 (7.2.12b) 可写为

$$(\theta_i(x) - \theta_j(x))k_x^{ij}(x,x) = -b_{ij}(x) \tag{7.3.10}$$

因此, 得到

$$k_x^{ij}(x,x) = \frac{b_{ij}(x)}{\theta_j(x) - \theta_i(x)} \tag{7.3.11}$$

综上所述, 分别导出 $i=j$ 和 $i \neq j$ 情况下的核函数方程

$i=j$:

$$\begin{cases} \theta_i(x)k_{xx}^{ii}(x,y) - [\theta_i(y)k^{ii}(x,y)]_{yy} = \mathcal{B}_{ii}[\boldsymbol{K}](x,y) \\ \theta_i(0)k_y^{ii}(x,0) + \theta_i'(0)k^{ii}(x,0) = 0 \\ k^{ii}(x,x) = -\frac{1}{2}\frac{1}{\sqrt{\theta_i(x)}}\int_0^x \frac{b_{ii}(\tau)+c}{\sqrt{\theta_i(\tau)}}\mathrm{d}\tau \end{cases} \tag{7.3.12}$$

$i \neq j$:

$$\begin{cases} \theta_i(x)k_{xx}^{ij}(x,y) - [\theta_j(y)k^{ij}(x,y)]_{yy} = \mathcal{B}_{ij}[\boldsymbol{K}](x,y) \\ [\theta_j(0)k_y^{ij}(x,0) + \theta_j'(0)k^{ij}(x,0) = 0]_{\theta_i \geqslant \theta_j} \\ k^{ij}(x,x) = 0 \\ k_x^{ij}(x,x) = \frac{b_{ij}(x)}{\theta_j(x) - \theta_i(x)} \end{cases} \tag{7.3.13}$$

对文献 [100] 中的核函数方程的解的适定性证明稍加修改可证得式 (7.3.12) 和式 (7.3.13) 的解的适定性。因此, 核函数方程在空间域 $0 \leqslant y \leqslant x \leqslant 1$ 中有一个分段二阶连续可导的解。

7.4   初始系统的稳定性和控制器设计

在本节中，目标系统的指数稳定性用 Halanay 不等式和李雅普诺夫理论来证明。值得注意的是，参数的选择是决定系统稳定性的一项重要工作。在 7.3 节结论的基础上，设计了初始系统的边界控制律，实现了受控情况下初始系统的指数稳定性。此处为了表示简便，$|\boldsymbol{Z}(s)|$ 表示 n 维向量 $\boldsymbol{Z}(s)$ 的欧几里得范数，即 $|\boldsymbol{Z}(s)| = \sqrt{\int_0^1 \boldsymbol{Z}^{\mathrm{T}}(s)\boldsymbol{Z}(s)\mathrm{d}s}$。

定理 7.1   考虑目标系统 (7.2.5)。如果初始值 $\boldsymbol{\Phi}(x,\theta) \in [H^1(0,1)]^n$，$\theta \in [-h,0]$，对于足够大的正常数 c，目标系统 (7.2.5) 是 H^1-范数指数稳定的，即系统 (7.2.5) 存在解 $\boldsymbol{Z}(x,t)$ 满足

$$\|\boldsymbol{Z}(x,t)\|_{1,n} \leqslant \mathrm{e}^{-\delta t} \sup_{-h \leqslant \theta \leqslant 0} \|\boldsymbol{\Phi}(x,\theta)\|_{1,n}, \quad t \geqslant 0 \tag{7.4.1}$$

则具有边界控制律

$$\boldsymbol{U}(t) = \int_0^1 \boldsymbol{K}(1,y)\boldsymbol{Q}(y,t)\mathrm{d}y \tag{7.4.2}$$

的初始系统 (7.2.1) 在空间 $[H^1(0,1)]^n$ 中是指数稳定的且衰减率为 δ，即对于任意 $\boldsymbol{\Psi}(x,\theta) \in [H^1(0,1)]^n$，$\theta \in [-h,0]$ 有

$$||\boldsymbol{Q}(x,t)||_{1,n} \leqslant M\mathrm{e}^{-\delta t} \sup_{-h \leqslant \theta \leqslant 0} ||\boldsymbol{\Psi}(x,\theta)||_{1,n}, \quad t \geqslant 0 \tag{7.4.3}$$

其中 M 是一个不依赖于 $\boldsymbol{\Psi}(x,\theta)$ 的正常数，δ 是 $\delta = \delta_0 - \delta_1\mathrm{e}^{2\delta h}$ 的唯一解。这里

$$\delta_1 = \frac{a^2}{2}\left(1 + \frac{1}{\theta_{\min}}\right)$$

$$\theta_{\min} = \min_{x \in [0,1]} \min_{i \in N_n} \theta_i(x), N_n = \{1,2,\cdots,n\}$$

δ_0 是一个满足 $\delta_0 > \delta_1$ 的调节参数。

证明   选择李雅普诺夫函数

$$V(t) = V_1(t) + V_2(t) \tag{7.4.4}$$

其中

$$\begin{cases} V_1(t) = \dfrac{1}{2}\displaystyle\int_0^1 \boldsymbol{Z}^{\mathrm{T}}(x,t)\boldsymbol{Z}(x,t)\mathrm{d}x = \dfrac{1}{2}||\boldsymbol{Z}(\cdot,t)||_{2,n}^2 \\[3mm] V_2(t) = \dfrac{1}{2}\displaystyle\int_0^1 \boldsymbol{Z}_x^{\mathrm{T}}(x,t)\boldsymbol{Z}_x(x,t)\mathrm{d}x = \dfrac{1}{2}||\boldsymbol{Z}_x(\cdot,t)||_{2,n}^2 \end{cases} \tag{7.4.5}$$

函数 $V_1(t)$ 的导数有如下形式

$$\dot{V}_1(t) = \int_0^1 \boldsymbol{Z}^{\mathrm{T}}(x,t)\boldsymbol{Z}_t(x,t)\mathrm{d}x$$

$$= \int_0^1 \boldsymbol{Z}^{\mathrm{T}}(x,t)\boldsymbol{\Theta}(x)\boldsymbol{Z}_{xx}(x,t)\mathrm{d}x + \int_0^1 \boldsymbol{Z}^{\mathrm{T}}(x,t)\boldsymbol{A}\boldsymbol{Z}(x,t-\tau(t))\mathrm{d}x-$$

$$\int_0^1 \boldsymbol{Z}^{\mathrm{T}}(x,t)\left[c\boldsymbol{Z}(x,t) + \boldsymbol{\Lambda}(x)\boldsymbol{Z}(0,t)\right]\mathrm{d}x$$

$$= -\int_0^1 \boldsymbol{Z}_x^{\mathrm{T}}(x,t)\boldsymbol{\Theta}(x)\boldsymbol{Z}_x(x,t)\mathrm{d}x - \frac{1}{2}\boldsymbol{Z}^{\mathrm{T}}(0,t)\boldsymbol{\Theta}'(0)\boldsymbol{Z}(0,t)-$$

$$\frac{1}{2}\int_0^1 \boldsymbol{Z}^{\mathrm{T}}(x,t)\boldsymbol{\Theta}''(x)\boldsymbol{Z}(x,t)\mathrm{d}x + a\int_0^1 \boldsymbol{Z}^{\mathrm{T}}(x,t)\boldsymbol{Z}(x,t-\tau(t))\mathrm{d}x-$$

$$c\int_0^1 \boldsymbol{Z}^{\mathrm{T}}(x,t)\boldsymbol{Z}(x,t)\mathrm{d}x - \int_0^1 \boldsymbol{Z}^{\mathrm{T}}(x,t)\boldsymbol{\Lambda}(x)\mathrm{d}x\boldsymbol{Z}(0,t)$$

$$(7.4.6)$$

由 Young 不等式，式 (7.4.6) 等号右侧第四项估计如下

$$a\int_0^1 \boldsymbol{Z}^{\mathrm{T}}(x,t)\boldsymbol{Z}(x,t-\tau(t))\mathrm{d}x$$

$$\leqslant \frac{1}{2}\int_0^1 \boldsymbol{Z}^{\mathrm{T}}(x,t)\boldsymbol{Z}(x,t)\mathrm{d}x + \frac{a^2}{2}\int_0^1 \boldsymbol{Z}^{\mathrm{T}}(x,t-\tau(t))\boldsymbol{Z}(x,t-\tau(t))\mathrm{d}x$$

$$(7.4.7)$$

在估计式 (7.4.6) 等号右侧的第二项和第四项之前，应该注意到

$$\boldsymbol{Z}(0,t) = \int_0^1 [(x-1)\boldsymbol{Z}(x,t)]_x\mathrm{d}x$$

$$= \int_0^1 [\boldsymbol{Z}(x,t) + (x-1)\boldsymbol{Z}_x(x,t)]\mathrm{d}x$$

$$(7.4.8)$$

则得到如下不等式

$$\boldsymbol{Z}^{\mathrm{T}}(0,t)\boldsymbol{Z}(0,t) = |\boldsymbol{Z}(0,t)|^2 \leqslant 2|\boldsymbol{Z}(x,t)|^2 + 2|\boldsymbol{Z}_x(x,t)|^2 \qquad (7.4.9)$$

和

$$\left|\boldsymbol{\Lambda}(x)\boldsymbol{Z}(0,t)\right|^2 \leqslant 2\left|\boldsymbol{\Lambda}(x)\boldsymbol{Z}(x,t)\right|^2 + 2\left|\boldsymbol{\Lambda}(x)\boldsymbol{Z}_x(x,t)\right|^2 \qquad (7.4.10)$$

因此，借助 Young 不等式和式 (7.4.10)，式 (7.4.6) 等号右侧第六项估计如下

$$
\left| \int_0^1 \boldsymbol{Z}^{\mathrm{T}}(x,t) \boldsymbol{\Lambda}(x) \mathrm{d}x \boldsymbol{Z}(0,t) \right|
$$

$$
\leqslant \frac{1}{2} \int_0^1 \boldsymbol{Z}^{\mathrm{T}}(x,t) \boldsymbol{Z}(x,t) \mathrm{d}x + \frac{1}{2} \left| \boldsymbol{\Lambda}(x) \boldsymbol{Z}(0,t) \right|^2
$$

$$
\leqslant \left(\lambda_{\max} \left(\boldsymbol{\Lambda}^{\mathrm{T}}(x) \boldsymbol{\Lambda}(x) \right) + \frac{1}{2} \right) \int_0^1 \boldsymbol{Z}^{\mathrm{T}}(x,t) \boldsymbol{Z}(x,t) \mathrm{d}x + \tag{7.4.11}
$$

$$
\lambda_{\max} \left(\boldsymbol{\Lambda}^{\mathrm{T}}(x) \boldsymbol{\Lambda}(x) \right) \int_0^1 \boldsymbol{Z}_x^{\mathrm{T}}(x,t) \boldsymbol{Z}_x(x,t) \mathrm{d}x
$$

其中 $\lambda_{\max} \left(\boldsymbol{\Lambda}^{\mathrm{T}}(x) \boldsymbol{\Lambda}(x) \right)$ 表示对于任意 $x \in [0,1]$，$\boldsymbol{\Lambda}^{\mathrm{T}}(x) \boldsymbol{\Lambda}(x)$ 的最大特征值。结合式 (7.4.6)、式 (7.4.7)、式 (7.4.9) 和式 (7.4.11)，可以得到如下估计

$$
\dot{V}_1(t) \leqslant - \Big[-2|\theta'(0)|_{\max} - \theta''_{\min} + 2c - 2 -
$$

$$
2\lambda_{\max} \left(\boldsymbol{\Lambda}^{\mathrm{T}}(x) \boldsymbol{\Lambda}(x) \right) \Big] V_1(t) - \Big[2\theta_{\min} - 2|\theta'(0)|_{\max} - \tag{7.4.12}
$$

$$
2\lambda_{\max} \left(\boldsymbol{\Lambda}^{\mathrm{T}}(x) \boldsymbol{\Lambda}(x) \right) \Big] V_2(t) + a^2 V_1(t - \tau(t))
$$

其中 $|\theta'(0)|_{\max} = \max\limits_{i \in N_n} |\theta'_i(0)|$，$\theta''_{\min} = \min\limits_{x \in [0,1]} \min\limits_{i \in N_n} \theta''_i(x)$。通过应用分部积分法，Young 不等式 $\boldsymbol{X}^{\mathrm{T}} \boldsymbol{Y} \leqslant \dfrac{1}{2r} \boldsymbol{X}^{\mathrm{T}} \boldsymbol{X} + \dfrac{r}{2} \boldsymbol{Y}^{\mathrm{T}} \boldsymbol{Y}$，$r > 0$ 和不等式 (7.4.10)，对 $V_2(t)$ 求导数，结果为

$$
\dot{V}_2(t) = \int_0^1 \boldsymbol{Z}_x^{\mathrm{T}}(x,t) \boldsymbol{Z}_{xt}(x,t) \mathrm{d}x = - \int_0^1 \boldsymbol{Z}_{xx}^{\mathrm{T}}(x,t) \boldsymbol{\Theta}(x) \boldsymbol{Z}_t(x,t) \mathrm{d}x
$$

$$
= - \int_0^1 \boldsymbol{Z}_{xx}^{\mathrm{T}}(x,t) \boldsymbol{\Theta}(x) \boldsymbol{Z}_{xx}(x,t) \mathrm{d}x - \int_0^1 \boldsymbol{Z}_{xx}^{\mathrm{T}}(x,t) \boldsymbol{A} \boldsymbol{Z}(x, t - \tau(t)) \mathrm{d}x +
$$

$$
c \int_0^1 \boldsymbol{Z}_{xx}^{\mathrm{T}}(x,t) \boldsymbol{Z}(x,t) \mathrm{d}x + \int_0^1 \boldsymbol{Z}_{xx}^{\mathrm{T}}(x,t) \boldsymbol{\Lambda}(x) \mathrm{d}x \boldsymbol{Z}(0,t)
$$

$$
\leqslant -\theta_{\min} |\boldsymbol{Z}_{xx}(x,t)|^2 + \frac{\alpha_1}{2} |\boldsymbol{Z}_{xx}(x,t)|^2 +
$$

$$
\frac{a^2}{2\alpha_1} |\boldsymbol{Z}(x, t - \tau(t))|^2 - c|\boldsymbol{Z}_x(x,t)|^2 +
$$

$$
\frac{\alpha_2}{2} |\boldsymbol{Z}_{xx}(x,t)|^2 + \frac{\lambda_{\max}(\boldsymbol{\Lambda}^{\mathrm{T}}(x) \boldsymbol{\Lambda}(x))}{\alpha_2} \left(|\boldsymbol{Z}(x,t)|^2 + |\boldsymbol{Z}_x(x,t)|^2 \right)
$$

$$= -\left(\theta_{\min} - \frac{\alpha_1}{2} - \frac{\alpha_2}{2}\right)|\boldsymbol{Z}_{xx}(x,t)|^2 + \frac{2\lambda_{\max}(\boldsymbol{\Lambda}^{\mathrm{T}}(x)\boldsymbol{\Lambda}(x))}{\alpha_2}V_1(t) -$$

$$\left(2c - \frac{2\lambda_{\max}(\boldsymbol{\Lambda}^{\mathrm{T}}(x)\boldsymbol{\Lambda}(x))}{\alpha_2}\right)V_2(t) + \frac{a^2}{\alpha_1}V_1(t-\tau(t)) \tag{7.4.13}$$

其中 α_1、α_2 是之后要被确定的正常数。根据式 (7.4.4)、式 (7.4.12) 和式 (7.4.13)，可得

$$\dot{V}(t) + 2\delta_0 V(t) - 2\delta_1 \sup_{-h \leqslant \theta \leqslant 0} V(t+\theta)$$

$$\leqslant -\bigg[-2|\theta'(0)|_{\max} - \theta''_{\min} + 2c - 2 -$$

$$2\lambda_{\max}(\boldsymbol{\Lambda}^{\mathrm{T}}(x)\boldsymbol{\Lambda}(x))\left(1 + \frac{1}{\alpha_2}\right) - 2\delta_0\bigg]V_1(t) -$$

$$\bigg[2\theta_{\min} - 2|\theta'(0)|_{\max} + 2c - 2\lambda_{\max}(\boldsymbol{\Lambda}^{\mathrm{T}}(x)\boldsymbol{\Lambda}(x))\left(1 + \frac{1}{\alpha_2}\right) - 2\delta_0\bigg]V_2(t) +$$

$$\left(a^2 + \frac{a^2}{\alpha_1} - 2\delta_1\right)V_1(t-\tau(t)) - \left(\theta_{\min} - \frac{\alpha_1}{2} - \frac{\alpha_2}{2}\right)\Big|\boldsymbol{Z}_{xx}(x,t)\Big|^2 -$$

$$2\delta_1 V_2(t-\tau(t))$$

$$\tag{7.4.14}$$

现在选取 $\alpha_1 = \alpha_2 = \theta_{\min}$，$\delta_1 = \dfrac{a^2}{2}\left(1 + \dfrac{1}{\alpha_1}\right)$。如果 $c \geqslant 1 + |\theta'(0)|_{\max} + \dfrac{1}{2}|\theta''_{\min}| + \lambda_{\max}(\boldsymbol{\Lambda}^{\mathrm{T}}(x)\boldsymbol{\Lambda}(x)) \times \left(1 + \dfrac{1}{\theta_{\min}}\right) + \delta_0$，则可得

$$\dot{V}(t) + 2\delta_0 V(t) - 2\delta_1 \sup_{-h \leqslant \theta \leqslant 0} V(t+\theta) \leqslant 0 \tag{7.4.15}$$

利用 Halanay 不等式，证得式 (7.4.1) 成立。 □

由变换 (7.2.4) 和边界条件 $\boldsymbol{Z}(1,t) = 0$，边界控制设计为式 (7.4.2)。则可证明具有边界控制 (7.4.2) 的初始系统 (7.2.1) 是指数稳定的。为证此，要证明反步变换 (7.2.4) 的有界可逆性，引入如下逆反步变换

$$\boldsymbol{Q}(x,t) = \boldsymbol{Z}(x,t) + \int_0^x \boldsymbol{L}(x,y)\boldsymbol{Z}(y,t)\mathrm{d}y \tag{7.4.16}$$

其中逆核矩阵 $\boldsymbol{L}(x,y) \in \mathbb{R}^{n \times n}$。如果逆核矩阵 $\boldsymbol{L}(x,y)$ 满足如下核方程

$$
\begin{cases}
[\boldsymbol{L}(x,y)\boldsymbol{\Theta}(y)]_{yy} - \boldsymbol{\Theta}(x)\boldsymbol{L}_{xx}(x,y) - (\boldsymbol{B}(x)+c\boldsymbol{I}_{n\times n})\boldsymbol{L}(x,y) = 0 & (7.4.17\text{a}) \\[2mm]
\boldsymbol{\Theta}(x)\dfrac{\mathrm{d}}{\mathrm{d}x}\boldsymbol{L}(x,x) + \boldsymbol{L}_y(x,x)\boldsymbol{\Theta}(x) + \boldsymbol{\Theta}(x)\boldsymbol{L}_x(x,x) + \boldsymbol{L}(x,x)\boldsymbol{\Theta}'(x) + \\
\quad c\boldsymbol{I}_{n\times n} + \boldsymbol{B}(x) = 0 & (7.4.17\text{b}) \\[2mm]
\boldsymbol{L}_y(x,0)\boldsymbol{\Theta}(0) + \boldsymbol{L}(x,0)\boldsymbol{\Theta}'(0) - \boldsymbol{\Lambda}(x) - \displaystyle\int_0^x \boldsymbol{L}(x,y)\boldsymbol{\Lambda}(y)\mathrm{d}y = 0 & (7.4.17\text{c}) \\[2mm]
\boldsymbol{\Theta}(x)\boldsymbol{L}(x,x) - \boldsymbol{L}(x,x)\boldsymbol{\Theta}(x) = 0 & (7.4.17\text{d}) \\[2mm]
\boldsymbol{L}(x,x) = 0 & (7.4.17\text{e})
\end{cases}
$$

则变换 (7.4.16) 把目标系统 (7.2.5) 转化为闭环系统 (7.2.1)。

如文献 [100] 所证，在区域 $0 \leqslant y \leqslant x \leqslant 1$ 中存在一个分段二阶连续可导的解 $\boldsymbol{L}(x,y)$。因此，结合 7.3 节中的结论，变换 (7.2.4) 是有界的且有一个有界逆变换 (7.4.16)。然后通过常规的步骤，可证得式 (7.4.1) 成立。

7.5 数值模拟

本节给出了数值模拟以验证所设计的边界控制器的适用性，以具有空间变系数和时变时滞的二维反应扩散耦合方程模型为例。选取系统的参数如下

$$
\boldsymbol{\Theta}(x) = \begin{pmatrix} \dfrac{1}{60}\left(x^2 + \dfrac{1}{10}\right) & 0 \\[3mm] 0 & \dfrac{1}{50}\left(x^2 + \dfrac{1}{10}\right) \end{pmatrix}, \quad \boldsymbol{A} = \begin{pmatrix} 2 & 0 \\ 0 & 2 \end{pmatrix},
$$

$$
\boldsymbol{B}(x) = \begin{pmatrix} 5 + 4\cos(2\pi x) & 5x + 2 \\[3mm] -2x + 100 & 8\left(x + \dfrac{1}{2}\right)^2 \end{pmatrix} \tag{7.5.1}
$$

此外，选择时滞为 $\tau(t) = \dfrac{1}{1+\mathrm{e}^{-t}}$，则 $0 \leqslant \tau(t) \leqslant 1$，因此即可选取 $h = 1$。

同时，考虑具有边界条件 $q_{1x}(0,t) = 0$，$q_{2x}(0,t) = 0$，初始条件 $q_1(x,t) = 2\cos(\pi x)$，$q_2(x,t) = \cos(2\pi x) + 1$ $(t \in [-1,0])$ 和执行器 $q_1(1,t) = \boldsymbol{U}_1(t)$，$q_2(1,t) = \boldsymbol{U}_2(t)$ 的二维系统。

采用有限差分法对系统进行离散化处理。x 和 t 离散的步长分别表示为 Δx 和 Δt。取 $\Delta x = 0.01$，$\Delta t = 5 \times 10^{-6}$，$t \in [0,1]$；则空间域 x 被分为 100 步，时间域 t 被分为 2×10^5 步。矩阵 $\boldsymbol{B}(x)$ 至少有一个正特征值，因此对没有施加

边界控制，即 $\boldsymbol{U}_1(t) = \boldsymbol{U}_2(t) = 0$ 的二维系统来说，这个系统是不稳定的，结果由 MATLAB 仿真模拟 (见图 7.1)。

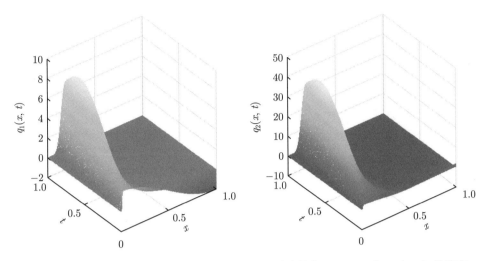

图 7.1 在区域 $x \in [0,1]$、$t \in [0,1]$ 中，开环系统状态 $q_1(x,t)$ 和 $q_2(x,t)$ 的演变

核矩阵分量 $k^{11}(x,y)$、$k^{12}(x,y)$、$k^{21}(x,y)$、$k^{22}(x,y)$ 的函数值图像如图 7.2 所示。具有边界反馈控制 (式 (7.4.2)) 的二维系统是指数稳定的，如图 7.3 所示。也可以由图 7.3 看出闭环系统的解以令我们满意的速率衰减，这说明了本章设计的状态反馈控制器的有效性。

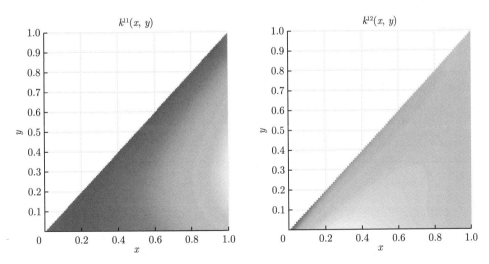

图 7.2 在区域 $x \in [0,1]$、$t \in [0,1]$ 中，对于 $c = 10$ 的核矩阵各分量的图像

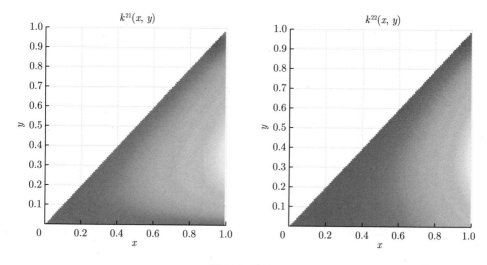

图 7.2（续）

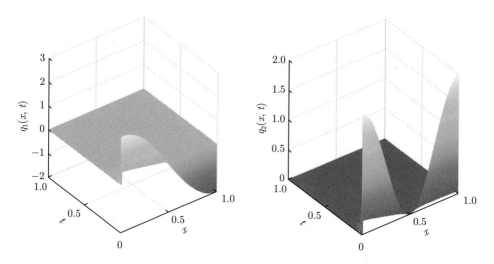

图 7.3   在区域 $x \in [0, 1]$、$t \in [0, 1]$ 中，闭环系统状态 $q_1(x, t)$ 和 $q_2(x, t)$ 的演变

7.6   本章小结

本章研究了一类具有时变时滞和空间变系数的反应扩散耦合方程系统的边界镇定问题。这是对具有常扩散系数或常反应系数的反应扩散耦合方程的一种推广，其比没有考虑时滞的结果更具普遍性。

值得注意的是，本章仅考虑了单边控制的情况。然而在现实生活中，有可能在所考虑区域的所有边界放置执行器，这就是所谓的双边控制。为了实现对所提出的系统完成双边控制，文献 [55] 可能是一个很好的参考。未来的工作可以考虑 Dirichlet 或 Robin 边界条件。此外，该模型的研究还可以推广到分数阶空间。

第 8 章
具有未知输入时滞的反应–对流–扩散方程的
自适应边界控制

基于反步变换，本章研究了一类具有边界控制的反应–对流–扩散方程系统的控制器设计和稳定性分析。通过设计输入延迟传输控制器，从而得到一个包括抛物型和一阶双曲型的级联方程。为了使控制系统更快地达到稳定，本章采用自适应全状态反馈控制器镇定包含传输方程和反应–对流–扩散方程的系统。利用反步法设计系统控制器和合适的参数更新律，并通过李雅普诺夫理论分析系统在 L^2 意义上的局部有界性和渐近收敛稳定性。最后，分别在非自适应控制器和自适应控制器作用下的闭环系统中进行数值模拟，验证自适应控制器的有效性，仿真结果与理论计算结果一致。

8.1 引言

近年来，反应–对流–扩散方程被广泛应用于物理工程、计算机技术、图像处理等各个领域。时滞的考虑使得偏微分方程控制理论更贴合实际，设计的控制器也能更好地应用于实践与误差分析。将输入延迟转化为传输方程，与初始系统组成 PDE-PDE 级联系统的混合系统是一个关键的方法，而关于偏微分方程的自适应边界反馈控制器的参考文献较少，本章在文献 [57] 的方法基础上为混合级联系统设计一个自适应边界反馈控制器来补偿未知时滞所产生的影响，并基于李雅普诺夫理论和反步法建立该控制器的可行性分析，基于预测反馈和反步法来补偿输入延迟的控制器可以参考文献 [21, 46, 57, 75]。本章主要研究一类具有输入时滞的反应–对流–扩散方程，贡献如下：

- 由于反应–对流–扩散方程的自适应边界反馈控制器的参考文献较少，针对文献 [119] 中的反应–对流–扩散方程，考虑了具有边界输入延迟的情况，采用反步法设计非自适应控制器。
- 针对由反应–对流–扩散方程建模的系统，基于确定性等价原理设计自适应控制器，在 8.4 节中提出了一个新的李雅普诺夫函数，由此证明了闭环系统的渐近收敛稳定性。

• 应用文献 [46] 中的引理 D.2，证明了系统轨迹的局部有界性。

本章的内容安排如下：在 8.2 节中，给出了系统 (8.2.1) 的非自适应边界反馈控制器设计；在 8.3 节中，通过反步法建立初始系统与目标系统的等价性，并基于初始系统与目标系统等价性得出核函数方程；在 8.4 节中，基于确定性等价原理设计出自适应边界反馈控制器；在 8.5 节中，使用李雅普诺夫理论证明系统轨迹的渐近收敛稳定性和局部有界性；在 8.6 节中，数值模拟了非自适应边界反馈控制器和自适应边界反馈控制器下受控系统 (8.2.1) 的系统轨迹，以证明控制器的有效性；最后在 8.7 节中给出了一些结论。

8.2 系统描述与控制器设计

在本章中，考虑了具有任意大时滞的反应–对流–扩散方程系统

$$
\begin{cases}
u_t(x,t) = \iota u_{xx}(x,t) + \varrho u_x(x,t) + \lambda_0 u(x,t) \\
u(0,t) = 0 \\
u(1,t) = U(t-\varsigma), \quad t > 0
\end{cases}
\tag{8.2.1}
$$

其中 $u(x,t)((x,t) \in (0,1] \times \mathbb{R}_+)$ 是系统的状态，参数 λ_0、ϱ、$\iota > 0$，$U(\cdot)$ 代表边界控制输入，ς 是输入时滞。对于时滞输入 $U(t-\varsigma)$，将其写为传输方程级联到初始系统，考虑执行器状态 $\mathscr{F}(x,t) = U(t+\varsigma(x-1))$，上述初始系统 (8.2.1) 与级联系统 (8.2.2) 等价

$$
\begin{cases}
u_t(x,t) = \iota u_{xx}(x,t) + \varrho u_x(x,t) + \lambda_0 u(x,t) \\
u(0,t) = 0 \\
u(1,t) = \mathscr{F}(0,t) \\
\varsigma \mathscr{F}_t(x,t) = \mathscr{F}_x(x,t) \\
\mathscr{F}(1,t) = U(t), \quad t > 0
\end{cases}
\tag{8.2.2}
$$

引入变量代换 $\tilde{u}(x) = \mathrm{e}^{\frac{\varrho}{2\iota}x} u(x)$，系统 (8.2.2) 可以表示为

$$\begin{cases} \check{u}_t(x,t) = \iota\check{u}_{xx}(x,t) + \lambda_1\check{u}(x,t) \\ \check{u}(0,t) = 0 \\ \check{u}(1,t) = \mathrm{e}^{\frac{\varrho}{2\iota}}\mathscr{F}(0,t) \\ \varsigma\mathscr{F}_t(x,t) = \mathscr{F}_x(x,t) \\ \mathscr{F}(1,t) = U(t), \quad t > 0 \end{cases} \tag{8.2.3}$$

其中 $\lambda_1 = \lambda_0 - \dfrac{\varrho^2}{4\iota}$，$U(t)$ 为边界控制输入。本节通过使用反步法设计系统 (8.2.3) 的状态反馈控制器，使受控系统稳定，为系统 (8.2.3) 设计的控制器为

$$U(t) = \int_0^1 \tilde{\mathscr{I}}(1,y)\check{u}(y,t)\mathrm{d}y + \varsigma\int_0^1 \tilde{\mathscr{H}}(1,y)\mathscr{F}(y,t)\mathrm{d}y \tag{8.2.4}$$

式 (8.2.4) 中定义的控制律 $U(t)$ 表示一个包含时滞的反馈控制器，其中第二项补偿了执行器动力学带来的不稳定影响。在控制器 (8.2.4) 的作用下，系统 (8.2.3) 通过积分变换的反步变换式 (8.2.5) 实现指数稳定

$$\begin{cases} \varpi(x,t) = \check{u}(x,t) - \displaystyle\int_0^x \mathscr{O}(x,y)\check{u}(y,t)\mathrm{d}y \\ \mathscr{C}(x,t) = \mathscr{F}(x,t) - \displaystyle\int_0^1 \tilde{\mathscr{I}}(x,y)\check{u}(y,t)\mathrm{d}y - \varsigma\displaystyle\int_0^x \tilde{\mathscr{H}}(x,y)\mathscr{F}(y,t)\mathrm{d}y \end{cases} \tag{8.2.5}$$

其中核函数 $\tilde{\mathscr{I}}(x,y)$ 和 $\tilde{\mathscr{H}}(x,y)$ 满足

$$\begin{cases} \tilde{\mathscr{I}}_x(x,y) = \varsigma\iota\tilde{\mathscr{I}}_{yy}(x,y) + \varsigma\lambda_1\tilde{\mathscr{I}}(x,y), \quad (x,y) \in (0,1] \\ \tilde{\mathscr{I}}(x,1) = 0 \\ \tilde{\mathscr{I}}(x,0) = 0 \\ \tilde{\mathscr{I}}(0,y) = \mathrm{e}^{-\frac{\varrho}{2\iota}}\mathscr{O}(1,y) \\ \tilde{\mathscr{H}}_x(x,y) = -\tilde{\mathscr{H}}_y(x,y), \qquad\qquad (x,y) \in (0,1] \\ \tilde{\mathscr{H}}(x,0) = -\iota\mathrm{e}^{\frac{\varrho}{2\iota}}\tilde{\mathscr{I}}_y(x,1) \end{cases} \tag{8.2.6}$$

核函数 $\mathscr{O}(x,y)$ 满足

$$\begin{cases} \mathscr{O}_{xx}(x,y) - \mathscr{O}_{yy}(x,y) = \dfrac{\lambda_1 + c}{\iota}\mathscr{O}(x,y), \quad (x,y) \in (0,1] \\ \mathscr{O}(x,0) = 0 \\ \mathscr{O}(x,x) = -\dfrac{\lambda_1 + c}{2\iota}x \end{cases} \tag{8.2.7}$$

则 $\tilde{\mathscr{I}}(x,y)$、$\mathscr{O}(x,y)$ 和 $\tilde{\mathscr{H}}(x,y)$ 的显式表达式为

$$\begin{cases} \mathscr{O}(x,y) = -\dfrac{\lambda_1 + c}{\iota}y\dfrac{I_1\left(\sqrt{\dfrac{\lambda_1 + c}{\iota}(x^2 - y^2)}\right)}{\sqrt{\dfrac{\lambda_1 + c}{\iota}(x^2 - y^2)}} \\ \tilde{\mathscr{H}}(x,y) = -\iota \mathrm{e}^{\frac{\varrho}{2\iota}}\tilde{\mathscr{I}}_y(x - y, 1) \\ \tilde{\mathscr{I}}(x,y) = 2\mathrm{e}^{-\frac{\varrho}{2\iota}}\displaystyle\sum_{n=1}^{\infty}\mathrm{e}^{\varsigma(\lambda_1 - n^2\pi^2\iota)x}\sin(n\pi y)\int_0^1 \sin(n\pi\xi)\mathscr{O}(1,\xi)\mathrm{d}\xi \end{cases} \tag{8.2.8}$$

其中 I_1 为修正贝塞尔函数，$x \in [0,1]$。

8.3 目标系统

引入如下形式的目标系统

$$\begin{cases} \varpi_t(x,t) = \iota\varpi_{xx}(x,t) - c\varpi(x,t) \\ \varpi(0,t) = 0 \\ \varpi(1,t) = \mathrm{e}^{\frac{\varrho}{2\iota}}\mathscr{C}(0,t) \\ \varsigma\mathscr{C}_t(x,t) = \mathscr{C}_x(x,t) \\ \mathscr{C}(1,t) = 0, \quad t > 0 \end{cases} \tag{8.3.1}$$

同时式 (8.2.5) 有如下形式的逆变换

$$\begin{cases} \check{u}(x,t) = \varpi(x,t) + \displaystyle\int_0^x l(x,y)\varpi(y,t)\mathrm{d}y \\ \mathscr{F}(x,t) = \mathscr{C}(x,t) + \displaystyle\int_0^1 \mathscr{T}(x,y)\varpi(y,t)\mathrm{d}y + \varsigma\int_0^x \mathscr{P}(x,y)\mathscr{C}(y,t)\mathrm{d}y \end{cases} \tag{8.3.2}$$

核函数 $l(x,y)$、$\mathscr{T}(x,y)$ 和 $\mathscr{P}(x,y)$ 满足

$$\begin{cases} l_{xx}(x,y) - l_{yy}(x,y) = -\dfrac{\lambda_1 + c}{\iota} l(x,y) \\[2mm] l(x,0) = 0 \\[2mm] l(x,x) = -\dfrac{\lambda_1 + c}{2\iota} x \\[2mm] \mathscr{T}_x(x,y) = \varsigma \iota \mathscr{T}_{yy}(x,y) - \varsigma c \mathscr{T}(x,y) \\[2mm] \mathscr{T}(x,1) = 0 \\[2mm] \mathscr{T}(x,0) = 0 \\[2mm] \mathscr{T}(0,y) = \mathrm{e}^{-\frac{\varrho}{2\iota}} l(1,y) \\[2mm] \mathscr{P}_x(x,y) = -\mathscr{P}_y(x,y) \\[2mm] \mathscr{P}(x,0) = -\iota \mathrm{e}^{\frac{\varrho}{2\iota}} \mathscr{T}(x,1) \end{cases} \tag{8.3.3}$$

于是式 (8.3.3) 的显式表达为

$$\begin{cases} l(x,y) = -\dfrac{\lambda_1 + c}{\iota} y \dfrac{J_1\left(\sqrt{\dfrac{\lambda_1 + c}{\iota}(x^2 - y^2)}\right)}{\sqrt{\dfrac{\lambda_1 + c}{\iota}(x^2 - y^2)}} \\[6mm] \mathscr{P}(x,y) = -\iota \mathrm{e}^{\frac{\varrho}{2\iota}} \mathscr{T}_y(x - y, 1) \\[4mm] \mathscr{T}(x,y) = 2\mathrm{e}^{-\frac{\varrho}{2\iota}} \displaystyle\sum_{n=1}^{\infty} \mathrm{e}^{-\varsigma(c + n^2 \pi^2 \iota)x} \sin(n\pi y) \int_0^1 \sin(n\pi \xi) l(1,\xi) \mathrm{d}\xi \end{cases} \tag{8.3.4}$$

8.4　自适应控制器设计

考虑具有未知输入时滞 ς 的系统 (8.2.1) 或者具有未知空间域的级联系统 (8.2.3)，本节的目标是设计一个自适应边界控制器在下述条件下达到稳定。

假设 8.1　已知 $\varsigma > 0$ 的上界和下界，分别记为 $\bar{\varsigma}$ 和 $\underline{\varsigma}$。

基于确定性等价原理，定义了以下自适应控制器

$$U(t) = \int_0^1 \tilde{\mathscr{I}}(1,y,\hat{\varsigma}(t)) \check{u}(y,t) \mathrm{d}y + \hat{\varsigma}(t) \int_0^1 \tilde{\mathscr{H}}(1,y,\hat{\varsigma}(t)) \mathscr{F}(y,t) \mathrm{d}y \tag{8.4.1}$$

它与式 (8.2.4) 相似，但考虑了 ς 的估计 $\hat{\varsigma}(t)$。估计 $\hat{\varsigma}(t)$ 受更新律 $\dot{\hat{\varsigma}}(t)$ 约束。为

了证明系统 (8.2.1) 的稳定性，给出 $(\breve{u}, v) \to (\varpi, \mathscr{C})$ 的反步变换

$$
\begin{cases}
\mathscr{C}(x,t) = \mathscr{F}(x,t) - \int_0^1 \tilde{\mathscr{I}}(x,y,\hat{\varsigma}(t))\breve{u}(y,t)\mathrm{d}y - \\
\qquad\qquad \hat{\varsigma}(t)\int_0^x \tilde{\mathscr{H}}(x,y,\hat{\varsigma}(t))\mathscr{F}(y,t)\mathrm{d}y \\
\mathscr{F}(x,t) = \mathscr{C}(x,t) + \int_0^1 \tilde{\mathscr{H}}(x,y,\hat{\varsigma}(t))\varpi(y,t)\mathrm{d}y + \\
\qquad\qquad \hat{\varsigma}(t)\int_0^x \mathscr{P}(x,y,\hat{\varsigma}(t))\mathscr{C}(y,t)\mathrm{d}y
\end{cases} \tag{8.4.2}
$$

定义 $\mathscr{F}(x,t)$ 为 $\mathscr{C}(x,t)$ 的逆变换，系统 (8.2.3) 在控制律 (8.4.1) 的影响下，系统映射为

$$
\begin{cases}
\varpi_t(x,t) = \iota\varpi_{xx}(x,t) - c\varpi(x,t) \\
\varpi(0,t) = 0 \\
\varpi(1,t) = \mathrm{e}^{\frac{\varrho}{2\iota}}\mathscr{C}(0,t) \\
\varsigma\mathscr{C}_t(x,t) = \mathscr{C}_x(x,t) - \tilde{\varsigma}(t)\mathscr{J}_1(x,t) - \varsigma\dot{\hat{\varsigma}}(t)\mathscr{J}_2(x,t) \\
\mathscr{C}(1,t) = 0, \quad t > 0
\end{cases} \tag{8.4.3}
$$

其中估计误差用 $\tilde{\varsigma}(t) = \varsigma - \hat{\varsigma}(t)$ 表示，则有

$$
\begin{cases}
\mathscr{J}_1(x,t) = M_1(x,\hat{\varsigma}(t))\mathscr{C}(0,t) + \int_0^1 \varpi(y,t)M_2(x,y,\hat{\varsigma}(t))\mathrm{d}y \\
\mathscr{J}_2(x,t) = \int_0^x \mathscr{C}(y,t)M_3(x,y,\hat{\varsigma}(t))\mathrm{d}y + \int_0^1 \varpi(y,t)M_4(x,y,\hat{\varsigma}(t))\mathrm{d}y
\end{cases} \tag{8.4.4}
$$

定义函数 M_i，$i \in \{1,2,3,4\}$ 为

$$
M_1(x,\hat{\varsigma}(t)) = -\iota\mathrm{e}^{\frac{\varrho}{2\iota}}\tilde{\mathscr{I}}_y(x,1,\hat{\varsigma}(t)) \tag{8.4.5}
$$

$$
\begin{aligned}
M_2(x,y,\hat{\varsigma}(t)) = &-\tilde{\mathscr{I}}_y(x,1,\hat{\varsigma}(t))l(1,y) + \frac{1}{\hat{\varsigma}(t)}\tilde{\mathscr{I}}_y(x,y,\hat{\varsigma}(t)) + \\
&\frac{1}{\hat{\varsigma}(t)}\int_y^1 \tilde{\mathscr{I}}_x(x,\xi,\hat{\varsigma}(t))l(\xi,y)\mathrm{d}\xi
\end{aligned} \tag{8.4.6}
$$

$$
M_3(x,y,\hat{\varsigma}(t)) = \hat{\varsigma}^2(t)\int_y^x \tilde{\mathscr{H}}_{\hat{\varsigma}(t)}(x,\xi,\hat{\varsigma}(t))\mathscr{P}(\xi,y,\hat{\varsigma}(t))\mathrm{d}\xi +
$$

$$\hat{\varsigma}(t)\int_y^x \tilde{\mathscr{H}}(x,\xi,\hat{\varsigma}(t))\mathscr{P}(\xi,y,\hat{\varsigma}(t))\mathrm{d}\xi + \tilde{\mathscr{H}}(x,y,\hat{\varsigma}(t))+$$

$$\hat{\varsigma}(t)\tilde{\mathscr{H}}_{\hat{\varsigma}(t)}(x,y,\hat{\varsigma}(t)) \tag{8.4.7}$$

$$M_4(x,y,\hat{\varsigma}(t)) = \hat{\varsigma}(t)\int_0^x \tilde{\mathscr{H}}_{\hat{\varsigma}(t)}(x,\xi,\hat{\varsigma}(x))\mathscr{T}(\xi,y,\hat{\varsigma}(t))\mathrm{d}\xi+$$

$$\int_0^x \tilde{\mathscr{H}}(x,\xi,\hat{\varsigma}(t))\mathscr{T}(\xi,y,\hat{\varsigma}(t))\mathrm{d}\xi+ \tag{8.4.8}$$

$$\int_y^1 \tilde{\mathscr{I}}_{\hat{\varsigma}(t)}(x,\xi,\hat{\varsigma}(t))l(\xi,y)\mathrm{d}\xi + \tilde{\mathscr{I}}_{\hat{\varsigma}(t)}(x,y,\hat{\varsigma}(t))$$

而 M_i 的有界性证明已在文献 [49] 中给出。

将目标系统 (8.2.3) 进行零边值处理，进行下述变换

$$\tilde{\varpi} = \varpi(x,t) - \mathrm{e}^{\frac{\varrho}{2\iota}x}\mathscr{C}(0,t) \tag{8.4.9}$$

此时，由变换 (8.4.9) 可以得到

$$\begin{cases} \check{\varpi}_t(x,t) = \iota\check{\varpi}_{xx}(x,t) - c\check{\varpi}(x,t) - c\mathrm{e}^{\frac{\varrho}{2\iota}}x\mathscr{C}(0,t) - \mathrm{e}^{\frac{\varrho}{2\iota}}\mathscr{C}_t(0,t) \\ \check{\varpi}(0,t) = 0 \\ \check{\varpi}(1,t) = 0 \\ \varsigma\mathscr{C}_t(x,t) = \mathscr{C}_x(x,t) - \tilde{\varsigma}(t)\check{\mathscr{J}}_1(x,t) - \varsigma\dot{\hat{\varsigma}}(t)\check{\mathscr{J}}_2(x,t) \\ \mathscr{C}(1,t) = 0 \end{cases} \tag{8.4.10}$$

其中

$$\begin{cases} \check{\mathscr{J}}_1(x,t) = M_1(x,\hat{\varsigma}(t))\mathscr{C}(0,t) + \int_0^1 \check{\varpi}(y,t)M_2(x,y,\hat{\varsigma}(t))\mathrm{d}y+ \\ \qquad\qquad \int_0^1 \mathrm{e}^{\frac{\varrho}{2\iota}}y\mathscr{C}(0,t)M_2(x,y,\hat{\varsigma}(t))\mathrm{d}y \\ \check{\mathscr{J}}_2(x,t) = \int_0^x \mathscr{C}(y,t)M_3(x,y,\hat{\varsigma}(t))\mathrm{d}y + \int_0^1 \check{\varpi}(y,t)M_4(x,y,\hat{\varsigma}(t))\mathrm{d}y+ \\ \qquad\qquad \int_0^1 \mathrm{e}^{\frac{\varrho}{2\iota}}y\mathscr{C}(0,t)M_4(x,y,\hat{\varsigma}(t))\mathrm{d}y \end{cases}$$

$$\tag{8.4.11}$$

为了估计未知时滞 ς，选择如下更新律

$$\dot{\hat{\varsigma}}(t) = b_1 \theta \mathrm{Proj}_{[\underline{\varsigma},\overline{\varsigma}]}\{\tau(t)\}, \theta \in (0,1) \tag{8.4.12}$$

其中 $\tau(t)$ 为

$$\tau(t) = -2\int_0^1 (1+x)\mathscr{C}(x,t)\check{\mathscr{J}}_1(x,t)\mathrm{d}x \tag{8.4.13}$$

此外，投影算子定义为

$$\mathrm{Proj}_{[\underline{\varsigma},\overline{\varsigma}]}\{\tau(t)\} = \begin{cases} 0, & \hat{\varsigma}(t) = \underline{\varsigma}, \tau(t) < 0 \\ 0, & \hat{\varsigma}(t) = \overline{\varsigma}, \tau(t) > 0 \\ \tau(t), & \text{其他} \end{cases} \tag{8.4.14}$$

注记 8.1 算子的设计保证了自适应参数保持在预定的范围内，不会超过其已知的最大值和最小值，从而限制了自适应增益的大小。

8.5 闭环系统的稳定性分析

本节的目的是分析系统 (8.2.3) 在自适应控制器 (8.4.1) 作用下形成的闭环系统的局部稳定性，其中 $\dot{\hat{\varsigma}}(t)$ 满足式 (8.4.12)。

定理 8.1 考虑自适应控制器 (8.4.1) 作用下的系统 (8.2.3)，其中 $\dot{\hat{\varsigma}}(t)$ 满足式 (8.4.12)。系统 (8.2.3) 在自适应控制器 (8.4.1) 的作用下具有局部稳定性，其中

$$\lim_{t\to\infty} \max_{x\in[0,1]} |\check{u}(x,t)| = 0 \tag{8.5.1}$$

$$\lim_{t\to\infty} \max_{x\in[0,1]} |\mathscr{F}(x,t)| = 0 \tag{8.5.2}$$

$$\check{u}(x,t) = \mathrm{e}^{\frac{\varrho}{2\iota}}u(x,t) \tag{8.5.3}$$

并且

$$\lim_{t\to\infty} \max_{x\in[0,1]} |u(x,t)| = 0 \tag{8.5.4}$$

若存在常数 $k > 0$，$R > 0$，$\rho > 0$，且初始条件 $(u_0, \mathscr{F}_0, \hat{\varsigma}_0)$ 满足 $\xi(0) < R$，其中

$$\xi(t) = \int_0^1 \check{u}(x,t)^2\mathrm{d}x + \int_0^1 \mathscr{F}(x,t)^2\mathrm{d}x + \int_0^1 \mathscr{F}_x(x,t)^2\mathrm{d}x + \mathscr{F}(0,t)^2 + \tilde{\varsigma}(t)^2$$

$$\tag{8.5.5}$$

并且存在下列公式成立

$$\xi(t) \leqslant \rho\xi(0) \tag{8.5.6}$$

$$\rho = \max\{r_1, r_2, r_3, r_4, 1\} \cdot \max\left\{\frac{2}{\underline{\varsigma}}, \frac{1}{b_1\underline{\varsigma}}, \frac{1}{b_2\underline{\varsigma}}, 2\theta\right\} \cdot$$
$$\max\left\{\max\left\{2\bar{\varsigma}b_1, 2\bar{\varsigma}b_2, \frac{\bar{\varsigma}}{2}\right\} \cdot \max\{s_1, s_2, s_3, s_4\}, \frac{1}{2\theta}\right\} \tag{8.5.7}$$

其中 b_1, b_2 为正常数。

$$R = \max\{r_1, r_2, r_3, r_4, 1\} \cdot \max\left\{\frac{2}{\underline{\varsigma}}, \frac{1}{b_1\underline{\varsigma}}, \frac{1}{b_2\underline{\varsigma}}, 2\theta\right\} \cdot$$
$$\min\left\{\frac{\underline{\varsigma}\min\{b_1, b_2, 1\}}{8b_1\bar{\varsigma}L^2\theta}\left(\frac{\underline{\varsigma}\min\{b_1, b_2, 1\}}{\epsilon} - 3\bar{\varsigma}L\right), \frac{\epsilon(\mathscr{T} - L\epsilon)}{2L\theta(4b_1\epsilon + 1)}\right\} \tag{8.5.8}$$

在证明定理 8.1 之前，先提出了命题 8.1 和引理 8.1~引理 8.4，其中引理 8.1~引理 8.4 被用来证明核函数是有界的。

命题 8.1 系统 (8.2.3) 及其目标系统 (8.4.3) 的解满足以下不等式

$$\|\check{u}\|^2 + \|\mathscr{F}\|^2 + \|\mathscr{F}_x\| + \mathscr{F}(0,t)^2 \leqslant r_1\|\check{\varpi}\|^2 + r_2\|\mathscr{C}\|^2 + r_3\|\mathscr{C}_x\|^2 + r_4\mathscr{C}(0,t)^2 \tag{8.5.9}$$

$$\|\check{\varpi}\|^2 + \|\mathscr{C}\|^2 + \|\mathscr{C}_x\|^2 + \mathscr{C}(0,t)^2 \leqslant s_1\|\check{u}\|^2 + s_2\|\mathscr{F}\|^2 + s_3\|\mathscr{F}_x\| + s_4\mathscr{F}(0,t)^2 \tag{8.5.10}$$

其中 $r_i > 0$ 和 $s_i > 0$, $i \in \{1, 2, 3, 4\}$ 是根据给定条件确定的足够大的常数。

$$r_1 \geqslant 4\left(1 + \int_0^1\int_0^x l(x,y)^2 \mathrm{d}y\mathrm{d}x + \int_0^1\int_0^1 \mathscr{T}(x,y,\hat{\varsigma}(t))^2\mathrm{d}y\mathrm{d}x\right) +$$
$$5\int_0^1\int_0^1 \mathscr{T}_x(x,y,\hat{\varsigma}(t))^2\mathrm{d}y\mathrm{d}x + 3\mathrm{e}^{-\frac{\ell}{\iota}}\int_0^1 l(1,y)^2\mathrm{d}y \tag{8.5.11}$$

$$r_2 \geqslant 4\left(1 + \iota^2\mathrm{e}^{\frac{\ell}{\iota}}\bar{\varsigma}^2\int_0^1 \mathscr{T}_y(x,1,\hat{\varsigma}(t))^2\mathrm{d}x\right) + 5\iota^2\bar{\varsigma}^2 l_y(1,1)^2 + \int_0^1 \mathscr{T}_{xy}(x,1,\hat{\varsigma}(t))^2\mathrm{d}x \tag{8.5.12}$$

$$r_3 \geqslant 5 \tag{8.5.13}$$

$$r_4 \geqslant \frac{1}{3}\mathrm{e}^{\frac{\ell}{\iota}}\left(4 + \int_0^1\int_0^x l(x,y)^2\mathrm{d}y\mathrm{d}x\right) + \frac{4}{3}\mathrm{e}^{\frac{\ell}{\iota}}\int_0^1\int_0^1 \mathscr{T}(x,y,\hat{\varsigma}(t))^2\mathrm{d}y\mathrm{d}x +$$
$$\frac{5}{3}\mathrm{e}^{\frac{\ell}{\iota}}\int_0^1\int_0^1 \mathscr{T}_x(x,y,\hat{\varsigma}(t))^2\mathrm{d}y\mathrm{d}x + 3\int_0^1 l(1,y)^2\mathrm{d}y \tag{8.5.14}$$

$$s_1 \geqslant 4\left(1 + \int_0^1\int_0^1 \mathscr{O}(x,y)^2 \mathrm{d}y\mathrm{d}x + \int_0^1\int_0^1 \mathscr{O}(1,y)^2 \mathrm{d}y\mathrm{d}x\right) +$$

$$3\int_0^1\int_0^1 \tilde{\mathscr{I}}\big(x,y,\hat{\varsigma}(t)\big)^2 \mathrm{d}y\mathrm{d}x + 4\int_0^1\int_0^1 \tilde{\mathscr{I}}_x\big(x,y,\hat{\varsigma}(t)\big)^2 \mathrm{d}y\mathrm{d}x + \tag{8.5.15}$$

$$2\mathrm{e}^{-\frac{\varrho}{\iota}}\int_0^1 \mathscr{O}(1,y)^2 \mathrm{d}x$$

$$s_2 \geqslant 3\left(1 + \iota^2 \mathrm{e}^{\frac{\varrho}{\iota}}\bar{\varsigma}^2 \int_0^1 \tilde{\mathscr{I}}_y\big(x,1,\hat{\varsigma}(t)\big)^2 \mathrm{d}x\right) + 4\iota^2\bar{\varsigma}^2\left(\int_0^1 \mathscr{O}_y(1,1)^2 \mathrm{d}x +\right.$$

$$\left.\mathrm{e}^{\frac{\varrho}{\iota}}\int_0^1 \tilde{\mathscr{I}}_{xy}\big(x,1,\hat{\varsigma}(t)\big)^2 \mathrm{d}x\right) \tag{8.5.16}$$

$$s_3 \geqslant 4 \tag{8.5.17}$$

$$s_4 \geqslant \frac{4}{3}\mathrm{e}^{\frac{\varrho}{\iota}} + 2 \tag{8.5.18}$$

证明　首先，推导出以下估计 $\check{\varpi}$ 的 L^2 范数

$$\int_0^1 \check{\varpi}(x,t)^2 \mathrm{d}x = \int_0^1 \Big(\check{u}(x,t) - \int_0^1 \mathscr{O}(x,y)\check{u}(x,t)\mathrm{d}y + \mathrm{e}^{\frac{\varrho}{2\iota}}x\mathscr{F}(0,t) -$$

$$\mathrm{e}^{\frac{\varrho}{2\iota}}x\int_0^1 \tilde{\mathscr{I}}(0,y,\hat{\varsigma}(t))\check{u}(y,t)\mathrm{d}y\Big)^2 \mathrm{d}x$$

$$\leqslant 4\int_0^1 \check{u}(x,t)^2 \mathrm{d}x + 4\int_0^1 \left(\int_0^1 \mathscr{O}(x,y)\check{u}(y,t)\mathrm{d}y\right)^2 \mathrm{d}x +$$

$$\frac{4}{3}\mathrm{e}^{\frac{\varrho}{\iota}}\mathscr{F}(0,t)^2 + 4\mathrm{e}^{\frac{\varrho}{\iota}}\left(\int_0^1 \tilde{\mathscr{I}}(0,y,\hat{\varsigma}(t))\check{u}(y,t)\mathrm{d}y\right)^2$$

$$\leqslant 4\left(1 + G + \int_0^1\int_0^1 \mathscr{O}(1,y)^2 \mathrm{d}y\mathrm{d}x\right)\|\check{u}\|^2 + \frac{4}{3}\mathrm{e}^{\frac{\varrho}{\iota}}\mathscr{F}(0,t)^2 \tag{8.5.19}$$

其中 $G = \int_0^1\int_0^1 \mathscr{O}(x,y)^2 \mathrm{d}y\mathrm{d}x$。使用 Cauchy-Schwarz 和 Young 不等式，那么 $\mathscr{C}$ 的 L^2 范数满足

$$\int_0^1 \mathscr{C}(x,t)^2 \mathrm{d}x \leqslant 3\int_0^1 \mathscr{F}(x,t)^2 \mathrm{d}x + 3\int_0^1\left(\int_0^1 \tilde{\mathscr{I}}(x,y,\hat{\varsigma}(t))\check{u}(y,t)\mathrm{d}y\right)^2 \mathrm{d}x +$$

$$3\bar{\varsigma}^2\int_0^1\left(\int_0^x \tilde{\mathscr{H}}(x,y,\hat{\varsigma}(t))\mathscr{F}(y,t)\mathrm{d}y\right)^2 \mathrm{d}x$$

$$\leqslant 3\left(1+\bar{\varsigma}^2\int_0^1\int_0^1\tilde{\mathscr{H}}(x,y,\hat{\varsigma}(t))^2\mathrm{d}y\mathrm{d}x\right)\|v\|^2+$$

$$3\int_0^1\int_0^1\tilde{\mathscr{I}}(x,y,\hat{\varsigma}(t))^2\mathrm{d}y\mathrm{d}x\|\breve{u}\|^2 \tag{8.5.20}$$

同样地, 在 $\mathscr{C}$ 的计算过程中也使用 Cauchy-Schwarz 和 Young 不等式, 因为

$$\int_0^1\int_0^x\tilde{\mathscr{I}}_y(x-y,1,\hat{\varsigma}(t))^2\mathrm{d}y\mathrm{d}x=\int_0^1\int_0^x\tilde{\mathscr{I}}_y(\xi,1,\hat{\varsigma}(t))^2\mathrm{d}\xi\mathrm{d}x$$

$$\leqslant\int_0^1\int_0^1\tilde{\mathscr{I}}_y(\xi,1,\hat{\varsigma}(t))^2\mathrm{d}\xi\mathrm{d}x \tag{8.5.21}$$

$$\leqslant\int_0^1\tilde{\mathscr{I}}_y(x,1,\hat{\varsigma})^2\mathrm{d}x$$

所以存在 $\tilde{\mathscr{H}}(x,y,\hat{\varsigma}(t))=-\iota\mathrm{e}^{\frac{\varrho}{2\iota}}\tilde{\mathscr{I}}_y(x-y,1,\hat{\varsigma}(t))$。从而可以得到

$$\int_0^1\mathscr{C}(x,t)^2\mathrm{d}x\leqslant 3\left(1+\iota^2\mathrm{e}^{\frac{\varrho}{\iota}}\bar{\varsigma}^2\int_0^1\tilde{\mathscr{I}}_y(x,1,\hat{\varsigma}(t))^2\mathrm{d}x\right)\|v\|^2+$$

$$3\int_0^1\int_0^1\tilde{\mathscr{I}}(x,y,\hat{\varsigma}(t))^2\mathrm{d}y\mathrm{d}x\|\breve{u}\|^2 \tag{8.5.22}$$

接下来考虑 $\mathscr{F}(x,t)$ 关于 x 的一阶导数, 可以得出

$$\int_0^1\mathscr{C}_x(x,t)^2\mathrm{d}x=\int_0^1\left(\mathscr{F}_x(x,t)-\int_0^1\tilde{\mathscr{I}}_x(x,y,\hat{\varsigma}(t))\breve{u}(y,t)\mathrm{d}y-\right.$$

$$\hat{\varsigma}(t)\tilde{\mathscr{H}}(x,x,\hat{\varsigma}(t))\mathscr{F}(x,t)-$$

$$\left.\hat{\varsigma}(t)\int_0^x\tilde{\mathscr{H}}_x(x,y,\hat{\varsigma}(t))\mathscr{F}(y,t)\mathrm{d}y\right)^2\mathrm{d}x$$

$$\leqslant 4\int_0^1\mathscr{F}_x(x,t)^2\mathrm{d}x+$$

$$4\int_0^1\left(\int_0^1\tilde{\mathscr{I}}_x(x,y,\hat{\varsigma}(t))\breve{u}(y,t)\mathrm{d}y\right)^2\mathrm{d}x+ \tag{8.5.23}$$

$$4\bar{\varsigma}(t)^2\int_0^1\left(\tilde{\mathscr{H}}(x,x,\hat{\varsigma}(t))\mathscr{F}(x,t)\right)^2\mathrm{d}x+$$

$$4\bar{\varsigma}(t)^2\int_0^1\left(\int_0^x\tilde{\mathscr{H}}_x(x,y,\hat{\varsigma}(t))\mathscr{F}(y,t)\mathrm{d}y\right)^2\mathrm{d}x$$

再次结合 Cauchy-Schwarz 和 Young 不等式与 $\tilde{\mathscr{H}}(x, x, \hat{\varsigma}(t)) = -\iota e^{\frac{\varrho}{2\iota}}\tilde{\mathscr{I}}_y(0, 1, \hat{\varsigma}(t))$ 和 $\tilde{\mathscr{H}}_x(x, y, \hat{\varsigma}(t)) = -\iota e^{\frac{\varrho}{2\iota}}\tilde{\mathscr{I}}_{xy}(x - y, 1, \hat{\varsigma}(t))$, 又因为

$$
\begin{aligned}
\int_0^1 \int_0^x \tilde{\mathscr{I}}_{xy}(x - y, 1, \hat{\varsigma}(t))^2 \mathrm{d}y\mathrm{d}x &= \int_0^1 \int_0^x \tilde{\mathscr{I}}_{xy}(\xi, 1, \hat{\varsigma}(t))^2 \mathrm{d}\xi\mathrm{d}x \\
&\leqslant \int_0^1 \int_0^1 \tilde{\mathscr{I}}_{xy}(x, 1, \hat{\varsigma}(t))^2 \mathrm{d}\xi\mathrm{d}x \qquad (8.5.24) \\
&\leqslant \int_0^1 \tilde{\mathscr{I}}_{xy}(x, 1, \hat{\varsigma}(t))^2 \mathrm{d}x
\end{aligned}
$$

可以得到

$$
\begin{aligned}
\int_0^1 \mathscr{C}_x(x, t)^2 \mathrm{d}x \leqslant &4\|\mathscr{F}_x\|^2 + 4\int_0^1 \tilde{\mathscr{I}}_x(x, y, \hat{\varsigma}(t))^2 \mathrm{d}y\mathrm{d}x\|\check{u}\|^2 + \\
&4\iota^2\bar{\varsigma}^2\left(\mathscr{O}_y(1, 1)^2 + e^{\frac{\varrho}{\iota}}\int_0^1 \tilde{\mathscr{I}}_{xy}(x, y, \hat{\varsigma}(t))^2 \mathrm{d}x\right)\|\mathscr{F}\|^2
\end{aligned} \qquad (8.5.25)
$$

根据式 (8.4.2) 和式 (8.4.9), 可以得到

$$
\begin{aligned}
\mathscr{C}(0, t)^2 &= \left(\mathscr{F}(0, t) - \int_0^1 \tilde{\mathscr{I}}(0, y, \hat{\varsigma}(t))\check{u}(y, t)\mathrm{d}y\right)^2 \\
&\leqslant 2\mathscr{F}(0, t)^2 + 2\left(\int_0^1 \tilde{\mathscr{I}}(0, y, \hat{\varsigma}(t))\check{u}(y, t)\mathrm{d}y\right)^2 \qquad (8.5.26) \\
&\leqslant 2\mathscr{F}(0, t)^2 + 2e^{-\frac{\varrho}{\iota}}\int_0^1 \mathscr{O}(1, y)^2 \mathrm{d}y\|\check{u}\|^2
\end{aligned}
$$

其中 $\tilde{\mathscr{I}}(0, y, \hat{\varsigma}(t)) = e^{\frac{\varrho}{2\iota}}\mathscr{O}(1, y)$。联立式 (8.5.19)、式 (8.5.20)、式 (8.5.25) 和式 (8.5.26), 可以得到式 (8.5.9)。同理, 也可以得到式 (8.5.10), 这样就完成了命题 8.1 的证明。函数 $\tilde{\mathscr{I}}(x, y, \hat{\varsigma}(t))$ 和 $\mathscr{T}(x, y, \hat{\varsigma}(t))$ 满足

$$
\begin{cases}
\tilde{\mathscr{I}}_x(x, y, \hat{\varsigma}(t)) = \hat{\varsigma}(t)\iota\tilde{\mathscr{I}}_{yy}(x, y, \hat{\varsigma}(t)) + \hat{\varsigma}(t)\lambda_1\tilde{\mathscr{I}}(x, y, \hat{\varsigma}(t)) \\
\tilde{\mathscr{I}}(x, 1, \hat{\varsigma}(t)) = 0 \\
\tilde{\mathscr{I}}(x, 0, \hat{\varsigma}(t)) = 0
\end{cases} \qquad (8.5.27)
$$

$$
\begin{cases}
\mathscr{T}_x(x, y, \hat{\varsigma}(t)) = \hat{\varsigma}(t)\iota\mathscr{T}_{yy}(x, y, \hat{\varsigma}(t)) - \hat{\varsigma}(t)c\mathscr{T}(x, y, \hat{\varsigma}(t)) \\
\mathscr{T}(x, 1, \hat{\varsigma}(t)) = 0 \\
\mathscr{T}(x, 0, \hat{\varsigma}(t)) = 0
\end{cases} \qquad (8.5.28)
$$

引理 8.1   下述不等式成立

$$\int_0^1 \int_0^1 \mathscr{T}(x,y,\hat{\varsigma}(t))^2 \mathrm{d}y\mathrm{d}x \leqslant \frac{2\mathrm{e}^{-\frac{\varrho}{\iota}}\big(1-\mathrm{e}^{-(\frac{\iota\pi^2}{2}+2c)\overline{\varsigma}}\big)}{\varsigma(\iota\pi^2+4c)}\int_0^1 l(1,y)^2\mathrm{d}y \tag{8.5.29}$$

$$\int_0^1 \int_0^1 \mathscr{T}_x(x,y,\hat{\varsigma}(t))^2 \mathrm{d}y\mathrm{d}x \leqslant G_1\left(\iota^2 \int_0^1 l_{yy}(1,y)^2\mathrm{d}y + c^2 \int_0^1 l(1,y)^2\mathrm{d}y\right) \tag{8.5.30}$$

其中

$$G_1 = \frac{4\overline{\varsigma}\mathrm{e}^{-\frac{\varrho}{\iota}}\big(1-\mathrm{e}^{-(\frac{\iota\pi^2}{2}+2c)\overline{\varsigma}}\big)}{\iota\pi^2+4c}, \ l(1,y) = -\frac{\lambda_1+c}{\iota}y\frac{J_1\left(\sqrt{\frac{\lambda_1+c}{\iota}(1-y^2)}\right)}{\sqrt{\frac{\lambda_1+c}{\iota}(1-y^2)}}$$

$$\tag{8.5.31}$$

$$l_{yy}(1,y) = -3\left(\frac{\lambda_1+c}{\iota}\right)^2 y\frac{J_2\left(\sqrt{\frac{\lambda_1+c}{\iota}(1-y^2)}\right)}{\frac{\lambda_1+c}{\iota}(1-y^2)} -$$

$$\tag{8.5.32}$$

$$\left(\frac{\lambda_1+c}{\iota}\right)^3 y^3 \frac{J_3\left(\sqrt{\frac{\lambda_1+c}{\iota}(1-y^2)}\right)}{\left(\sqrt{\frac{\lambda_1+c}{\iota}(1-y^2)}\right)^3}$$

是连续函数并且

$$l(1,1) = -\frac{\lambda_1+c}{2\iota}, \ l_{yy}(1,1) = -\frac{(\lambda_1+c)^3}{48\iota^3} - \frac{3(\lambda_1+c)^2}{8\iota^2} \tag{8.5.33}$$

证明

$$\frac{\mathrm{d}}{\mathrm{d}x}\left(\frac{1}{2}\int_0^1 \mathscr{T}(x,y,\hat{\varsigma}(t))^2\mathrm{d}y\right)$$

$$= \int_0^1 \mathscr{T}(x,y,\hat{\varsigma}(t))\mathscr{T}_x(x,y,\hat{\varsigma}(t))\mathrm{d}y$$

$$= \hat{\varsigma}(t)\left(\iota\int_0^1 \mathscr{T}(x,y,\hat{\varsigma}(t))\mathscr{T}_{yy}(x,y,\hat{\varsigma}(t))\mathrm{d}y - c\int_0^1 \mathscr{T}(x,y,\hat{\varsigma}(t))^2\mathrm{d}y\right) \tag{8.5.34}$$

$$= -\iota\hat{\varsigma}(t)\int_0^1 \mathscr{T}_y(x,y,\hat{\varsigma}(t))^2\mathrm{d}y - c\hat{\varsigma}(t)\int_0^1 \mathscr{T}(x,y,\hat{\varsigma}(t))^2\mathrm{d}y$$

$$\leqslant -\hat{\varsigma}(t)\left(\frac{\iota\pi^2}{4}+c\right)\int_0^1 \mathscr{T}(x,y,\hat{\varsigma}(t))^2\mathrm{d}y$$

在式 (8.5.34) 中采用了分部积分法和 Wirtinger 不等式。利用 $\mathscr{T}(0, y, \hat{\varsigma}(t)) = \mathrm{e}^{-\frac{\varrho}{2\iota}} l(1, y)$，得到

$$\int_0^1 \mathscr{T}(x, y, \hat{\varsigma}(t))^2 \mathrm{d}y \leqslant \mathrm{e}^{-(\frac{\iota\pi^2}{2} + 2c)\hat{\varsigma}(t)x} \int_0^1 \mathscr{T}(0, y, \hat{\varsigma}(t))^2 \mathrm{d}y \tag{8.5.35}$$

那么

$$\int_0^1 \mathscr{T}(x, y, \hat{\varsigma}(t))^2 \mathrm{d}y \leqslant \mathrm{e}^{-(\frac{\iota\pi^2}{2} + 2c)\hat{\varsigma}(t)x - \frac{\varrho}{\iota}} \int_0^1 l(1, y)^2 \mathrm{d}y \tag{8.5.36}$$

对 x 积分，可得

$$\begin{aligned}
\int_0^1 \int_0^1 \mathscr{T}(x, y, \hat{\varsigma}(t)^2 \mathrm{d}y \mathrm{d}x &\leqslant \int_0^1 \mathrm{e}^{-(\frac{\iota\pi^2}{2} + 2c)\hat{\varsigma}(t)x - \frac{\varrho}{\iota}} \mathrm{d}x \int_0^1 l(1, y)^2 \mathrm{d}y \\
&\leqslant \frac{2\mathrm{e}^{-\frac{\varrho}{\iota}}(1 - \mathrm{e}^{-(\frac{\iota\pi^2}{2} + 2c)\bar{\varsigma}})}{\hat{\varsigma}(t)(\iota\pi^2 + 4c)} \int_0^1 l(1, y)^2 \mathrm{d}y
\end{aligned} \tag{8.5.37}$$

因为 $\hat{\varsigma}(t)$ 是有界的，所以得到了式 (8.5.29)。同理，使用相同的方法推导式 (8.5.30)，可以得到

$$\begin{aligned}
&\frac{\mathrm{d}}{\mathrm{d}x}\left(\frac{1}{2}\int_0^1 \mathscr{T}_x(x, y, \hat{\varsigma}(t))^2 \mathrm{d}y\right) \\
&= \int_0^1 \mathscr{T}(x, y, \hat{\varsigma}(t)) \mathscr{T}_{xx}(x, y, \hat{\varsigma}(t)) \mathrm{d}y \\
&= \hat{\varsigma}(t)\left(\iota \int_0^1 \mathscr{T}_x(x, y, \hat{\varsigma}(t)) \mathscr{T}_{yyx}(x, y, \hat{\varsigma}(t)) \mathrm{d}y - c\int_0^1 \mathscr{T}_x(x, y, \hat{\varsigma}(t))^2 \mathrm{d}y\right) \\
&= -\iota\hat{\varsigma}(t)\int_0^1 \mathscr{T}_{yx}(x, y, \hat{\varsigma}(t))^2 \mathrm{d}y - c\hat{\varsigma}(t)\int_0^1 \mathscr{T}_x(x, y, \hat{\varsigma}(t))^2 \mathrm{d}y \\
&\leqslant -\hat{\varsigma}(t)\left(\frac{\iota\pi^2}{4} + c\right)\int_0^1 \mathscr{T}_x(x, y, \hat{\varsigma}(t))^2 \mathrm{d}y
\end{aligned} \tag{8.5.38}$$

那么有

$$\int_0^1 \mathscr{T}_x(x, y, \hat{\varsigma}(t))^2 \mathrm{d}y \leqslant \mathrm{e}^{-(\frac{\iota\pi^2}{2} + 2c)\hat{\varsigma}(t)x} \int_0^1 \mathscr{T}_x(0, y, \hat{\varsigma}(t))^2 \mathrm{d}y \tag{8.5.39}$$

根据式 (8.3.3)，可得

$$\mathscr{T}_x(0, y, \hat{\varsigma}(t)) = \hat{\varsigma}(t)\iota\mathscr{T}_{yy}(0, y, \hat{\varsigma}(t)) - \hat{\varsigma}(t)c\mathscr{T}(0, y, \hat{\varsigma}(t)) \tag{8.5.40}$$

$$\mathscr{T}_x(0,y,\hat{\varsigma}(t))^2 \leqslant 2\hat{\varsigma}(t)^2 \left(\iota^2 \mathscr{T}_{yy}(0,y,\hat{\varsigma}(t))^2 + c^2 \mathscr{T}(0,y,\hat{\varsigma}(t))^2\right) \tag{8.5.41}$$

$$\int_0^1 \int_0^1 \mathscr{T}_x(x,y,\hat{\varsigma}(t))^2 \mathrm{d}y\mathrm{d}x$$
$$\leqslant \frac{4\hat{\varsigma}(t)\mathrm{e}^{-\frac{\varrho}{\iota}}(1-\mathrm{e}^{-(\frac{\iota\pi^2}{2}+2c)\hat{\varsigma}(t)})}{\iota\pi^2+4c}\left(\iota^2\int_0^1 l_{yy}(1,y)^2\mathrm{d}y + c^2 G_2\right) \tag{8.5.42}$$

这里以及在引理 8.2 中，$G_2 = \int_0^1 l(1,y)^2\mathrm{d}y$，故式 (8.5.29) 和式 (8.5.30) 成立。

引理 8.2　核函数 $\mathscr{T}(x,y,\hat{\varsigma}(t))$ 满足下列不等式

$$\int_0^1 \mathscr{T}_y(x,1,\hat{\varsigma}(t))^2\mathrm{d}x$$
$$\leqslant \mathrm{e}^{-\frac{\varrho}{\iota}}\int_0^1 l_y(1,y)^2\mathrm{d}y\left[\left(\frac{2c\mathrm{e}^{-\frac{\varrho}{\iota}}(2c\underline{\varsigma}-1)(1-\mathrm{e}^{-(\frac{\iota\pi^2}{2}+2c)\overline{\varsigma}})}{\iota\underline{\varsigma}(\iota\pi^2+4c)}\right)+\right. \tag{8.5.43}$$
$$\left.\left(\frac{\mathrm{e}^{-\frac{\varrho}{\iota}}(\iota\overline{\varsigma}+1)}{2\iota^2\underline{\varsigma}^2}\right)\right]G_2$$

$$\int_0^1 \mathscr{T}_{xy}(x,1,\hat{\varsigma}(t))^2\mathrm{d}x$$
$$\leqslant 2\iota^2\mathrm{e}^{-\frac{\varrho}{\iota}}\overline{\varsigma}^2\int_0^1 l_{yyy}(1,y)^2\mathrm{d}y+$$
$$\mathrm{e}^{-\frac{\varrho}{\iota}}(\iota\overline{\varsigma}+1)\int_0^1 l_{yy}(1,y)^2\mathrm{d}y + c\mathrm{e}^{-\frac{\varrho}{\iota}}\overline{\varsigma}(4c\overline{\varsigma}-1)\int_0^1 l_y(1,y)^2\mathrm{d}y+$$
$$\left(\frac{4c^3\mathrm{e}^{-\frac{\varrho}{\iota}}\overline{\varsigma}(2c\overline{\varsigma}-1)(1-\mathrm{e}^{-(\frac{\iota\pi^2}{2}+2c)\overline{\varsigma}})}{\iota(\iota\pi^2+4c)} + \frac{c^2\mathrm{e}^{-\frac{\varrho}{\iota}}(\iota\overline{\varsigma}+1)}{\iota^2}\right)\int_0^1 l(1,y)^2\mathrm{d}y \tag{8.5.44}$$

证明　在偏微分方程 $\mathscr{T}_x(x,y,\hat{\varsigma}(t)) = \hat{\varsigma}(t)\iota\mathscr{T}_{yy}(x,y,\hat{\varsigma}(t)) - \hat{\varsigma}(t)c\mathscr{T}(x,y,\hat{\varsigma}(t))$ 的等号两边同时乘 $2y\mathscr{T}_y(x,y,\hat{\varsigma}(t))$，可以得到

$$2y\mathscr{T}_x(x,y,\hat{\varsigma}(t))\mathscr{T}_y(x,y,\hat{\varsigma}(t)) = 2\iota\hat{\varsigma}(t)y\mathscr{T}_y(x,y,\hat{\varsigma}(t))\mathscr{T}_{yy}(x,y,\hat{\varsigma}(t))-$$
$$2c\hat{\varsigma}(t)y\mathscr{T}(x,y,\hat{\varsigma}(t))\mathscr{T}_y(x,y,\hat{\varsigma}(t)) \tag{8.5.45}$$

通过对 y 进行分部积分，可以得到

$$2\int_0^1 y\mathscr{T}_x(x,y,\hat{\varsigma}(t))\mathscr{T}_y(x,y,\hat{\varsigma}(t))\mathrm{d}y$$

$$= \iota\hat{\varsigma}(t)\mathscr{T}_y(x,1,\hat{\varsigma}(t))^2 - \iota\hat{\varsigma}(t)\int_0^1 \mathscr{T}_y(x,y,\hat{\varsigma}(t))^2 \mathrm{d}y +$$

$$c\hat{\varsigma}(t)\int_0^1 \mathscr{T}(x,y,\hat{\varsigma}(t))^2 \mathrm{d}y \tag{8.5.46}$$

利用 Cauchy-Schwartz 和 Young 不等式，可以得到

$$\mathscr{T}_y(x,1,\hat{\varsigma}(t))^2 \leqslant \frac{1}{\iota\hat{\varsigma}(t)}\int_0^1 \mathscr{T}_x(x,y,\hat{\varsigma}(t))^2 \mathrm{d}y +$$

$$\frac{\iota\hat{\varsigma}(t)+1}{\iota\hat{\varsigma}(t)}\int_0^1 \mathscr{T}_y(x,y,\hat{\varsigma}(t))^2 \mathrm{d}y + \tag{8.5.47}$$

$$\frac{c}{\iota}\int_0^1 \mathscr{T}(x,y,\hat{\varsigma}(t))^2 \mathrm{d}y$$

然后，对式 (8.5.47) 的 x 积分，可以得到

$$\int_0^1 \mathscr{T}_y(x,1,\hat{\varsigma}(t))^2 \mathrm{d}x \leqslant \frac{1}{\iota\hat{\varsigma}(t)}\int_0^1\int_0^1 \mathscr{T}_x(x,y,\hat{\varsigma}(t))^2 \mathrm{d}y\mathrm{d}x +$$

$$\frac{\iota\hat{\varsigma}(t)+1}{\iota\hat{\varsigma}(t)}\int_0^1\int_0^1 \mathscr{T}_y(x,y,\hat{\varsigma}(t))^2 \mathrm{d}y\mathrm{d}x + \tag{8.5.48}$$

$$\frac{c}{\iota}\int_0^1\int_0^1 \mathscr{T}(x,y,\hat{\varsigma}(t))^2 \mathrm{d}y\mathrm{d}x$$

使用引理 8.1 得

$$\frac{1}{2}\frac{\mathrm{d}}{\mathrm{d}x}\int_0^1 \mathscr{T}_y(x,y,\hat{\varsigma}(t))^2 \mathrm{d}y$$

$$= -\iota\hat{\varsigma}(t)\int_0^1 \mathscr{T}_{yy}(x,y,\hat{\varsigma}(t))^2 \mathrm{d}y - c\hat{\varsigma}(t)\int_0^1 \mathscr{T}_y(x,y,\hat{\varsigma}(t))^2 \mathrm{d}y \tag{8.5.49}$$

那么

$$\frac{1}{2}\frac{\mathrm{d}}{\mathrm{d}x}\int_0^1 \mathscr{T}_y(x,y,\hat{\varsigma}(t))^2 \mathrm{d}y \leqslant -\iota\hat{\varsigma}(t)\int_0^1 \mathscr{T}_{yy}(x,y,\hat{\varsigma}(t))^2 \mathrm{d}y \tag{8.5.50}$$

现在对式 (8.5.50) 的 x 进行积分得到

$$\int_0^1\int_0^1 \mathscr{T}_{yy}(x,y,\hat{\varsigma}(t))^2 \mathrm{d}y\mathrm{d}x \leqslant \frac{1}{2\iota\hat{\varsigma}(t)}\int_0^1 \mathscr{T}_y(0,y,\hat{\varsigma}(t))^2 \mathrm{d}y \tag{8.5.51}$$

根据式 (8.5.28)，可以得出

$$
\int_0^1 \int_0^1 \mathscr{T}_x(x,y,\hat{\varsigma}(t))^2 \mathrm{d}y\mathrm{d}x \leqslant 2\hat{\varsigma}(t)^2 \iota^2 \int_0^1 \int_0^1 \mathscr{T}_{yy}(x,y,\hat{\varsigma}(t))^2 \mathrm{d}y\mathrm{d}x+
$$

$$
2\hat{\varsigma}(t)^2 c^2 \int_0^1 \int_0^1 \mathscr{T}(x,y,\hat{\varsigma}(t))^2 \mathrm{d}y\mathrm{d}x \tag{8.5.52}
$$

同理，可以得到

$$
\frac{1}{2}\frac{\mathrm{d}}{\mathrm{d}x}\int_0^1 \mathscr{T}(x,y,\hat{\varsigma}(t))^2 \mathrm{d}y \leqslant -\iota\hat{\varsigma}(t)\int_0^1 \mathscr{T}_y(x,y,\hat{\varsigma}(t))^2 \mathrm{d}y \tag{8.5.53}
$$

$$
\int_0^1 \int_0^1 \mathscr{T}_y(x,y,\hat{\varsigma}(t))^2 \mathrm{d}y\mathrm{d}x \leqslant \frac{1}{2\iota\hat{\varsigma}(t)}\int_0^1 \mathscr{T}(0,y,\hat{\varsigma}(t))^2 \mathrm{d}y \tag{8.5.54}
$$

由上述推导出的结果，可以得到

$$
\int_0^1 \mathscr{T}_y(x,1,\hat{\varsigma}(t))^2 \mathrm{d}x \leqslant \mathrm{e}^{-\frac{\varrho}{\iota}}\int_0^1 l_y(1,y)^2 \mathrm{d}y+
$$

$$
\left(\frac{2c\mathrm{e}^{-\frac{\varrho}{\iota}}(2c\underline{\varsigma}+1)(1-\mathrm{e}^{-(\frac{\iota\pi^2}{2}+2c)\overline{\varsigma}})}{\iota\underline{\varsigma}(\iota\pi^2+4c)}+\frac{\mathrm{e}^{-\frac{\varrho}{\iota}}(\iota\overline{\varsigma}+1)}{2\iota^2\underline{\varsigma}^2}\right)G_2 \tag{8.5.55}
$$

然后使用相同的方法来证明

$$
2y\mathscr{T}_{xx}(x,y,\hat{\varsigma}(t))\mathscr{T}_{xy}(x,y,\hat{\varsigma}(t)) = 2\iota\hat{\varsigma}(t)y\mathscr{T}_{xy}(x,y,\hat{\varsigma}(t))\mathscr{T}_{xyy}(x,y,\hat{\varsigma}(t))-
$$

$$
2c\hat{\varsigma}(t)y\mathscr{T}_x(x,y,\hat{\varsigma}(t))\mathscr{T}_{xy}(x,y,\hat{\varsigma}(t)) \tag{8.5.56}
$$

通过使用 Cauchy-Schwartz 和 Young 不等式，得

$$
\mathscr{T}_{xy}(x,1,\hat{\varsigma}(t))^2 \leqslant \frac{1}{\iota\hat{\varsigma}(t)}\int_0^1 \mathscr{T}_{xx}(x,y,\hat{\varsigma}(t))^2 \mathrm{d}y+
$$

$$
\frac{\iota\hat{\varsigma}(t)+1}{\iota\hat{\varsigma}(t)}\int_0^1 \mathscr{T}_{xy}(x,y,\hat{\varsigma}(t))^2 \mathrm{d}y+
$$

$$
\frac{c}{\iota}\int_0^1 \mathscr{T}_x(x,y,\hat{\varsigma}(t))^2 \mathrm{d}y \tag{8.5.57}
$$

对 x 进行分部积分

$$
\begin{aligned}
\int_0^1 \mathscr{T}_{xy}(x,1,\hat{\varsigma}(t))^2 \mathrm{d}x \leqslant & \frac{1}{\iota\hat{\varsigma}(t)} \int_0^1 \int_0^1 \mathscr{T}_{xx}(x,y,\hat{\varsigma}(t))^2 \mathrm{d}y\mathrm{d}x + \\
& \frac{\iota\hat{\varsigma}(t)+1}{\iota\hat{\varsigma}(t)} \int_0^1 \int_0^1 \mathscr{T}_{xy}(x,y,\hat{\varsigma}(t))^2 \mathrm{d}y\mathrm{d}x + \\
& \frac{c}{\iota} \int_0^1 \int_0^1 \mathscr{T}_x(x,y,\hat{\varsigma}(t))^2 \mathrm{d}y\mathrm{d}x
\end{aligned}
\tag{8.5.58}
$$

$$
\frac{1}{2}\frac{\mathrm{d}}{\mathrm{d}x} \int_0^1 \mathscr{T}_x(x,y,\hat{\varsigma}(t))^2 \mathrm{d}y \leqslant -\iota\hat{\varsigma}(t) \int_0^1 \mathscr{T}_{xy}(x,y,\hat{\varsigma}(t))^2 \mathrm{d}y
\tag{8.5.59}
$$

可以得到

$$
\int_0^1 \mathscr{T}_{xy}(x,y,\hat{\varsigma}(t))^2 \mathrm{d}y \leqslant -\frac{1}{2\iota\hat{\varsigma}(t)}\frac{\mathrm{d}}{\mathrm{d}x} \int_0^1 \mathscr{T}_x(x,y,\hat{\varsigma}(t))^2 \mathrm{d}y
\tag{8.5.60}
$$

对 x 积分

$$
\int_0^1 \int_0^1 \mathscr{T}_{xy}(x,y,\hat{\varsigma}(t))^2 \mathrm{d}y\mathrm{d}x \leqslant \frac{1}{2\iota\hat{\varsigma}(t)} \int_0^1 \int_0^1 \mathscr{T}_x(0,y,\hat{\varsigma}(t))^2 \mathrm{d}y\mathrm{d}x
\tag{8.5.61}
$$

根据

$$
\begin{cases}
\mathscr{T}_{xx}(x,y,\hat{\varsigma}(t)) = \hat{\varsigma}(t)\iota\mathscr{T}_{yyx}(x,y,\hat{\varsigma}(t)) - \hat{\varsigma}(t)c\mathscr{T}_x(x,y,\hat{\varsigma}(t)) \\
\mathscr{T}_{yyx}(x,0,\hat{\varsigma}(t)) = \mathscr{T}_{yyx}(x,1,\hat{\varsigma}(t)) = 0
\end{cases}
$$

$$
\frac{1}{2}\frac{\mathrm{d}}{\mathrm{d}x} \int_0^1 \mathscr{T}_{xy}(x,y,\hat{\varsigma}(t))^2 \mathrm{d}y \leqslant -\iota\hat{\varsigma}(t) \int_0^1 \mathscr{T}_{xyy}(x,y,\hat{\varsigma}(t))^2 \mathrm{d}y
\tag{8.5.62}
$$

因此

$$
\int_0^1 \int_0^1 \mathscr{T}_{xyy}(x,y,\hat{\varsigma}(t))^2 \mathrm{d}y\mathrm{d}x \leqslant \frac{1}{2\iota\hat{\varsigma}(t)} \int_0^1 \mathscr{T}_{xy}(0,y,\hat{\varsigma}(t))^2 \mathrm{d}y
\tag{8.5.63}
$$

利用 Cauchy-Schwartz 不等式，可以得到

$$
\begin{aligned}
\int_0^1 \mathscr{T}_{xy}(0,y,\hat{\varsigma}(t))^2 \mathrm{d}y \leqslant & 2\mathrm{e}^{-\frac{\varrho}{\iota}}\iota^2\hat{\varsigma}(t)^2 l_{yyy}(1,y)^2 + \\
& 2\mathrm{e}^{-\frac{\varrho}{\iota}}c^2\hat{\varsigma}(t)^2 l_y(1,y)^2 \mathrm{d}y
\end{aligned}
\tag{8.5.64}
$$

$$
\mathscr{T}_{xx}(x,y,\hat{\varsigma}(t))^2 \leqslant 2\iota^2\hat{\varsigma}(t)^2\mathscr{T}_{xyy}(x,y,\hat{\varsigma}(t))^2 + 2c^2\hat{\varsigma}(t)^2\mathscr{T}_x(x,y,\hat{\varsigma}(t))^2
\tag{8.5.65}
$$

将式 (8.5.39)、式 (8.5.60)、式 (8.5.62)~式 (8.5.64) 代入式 (8.5.57)，可以直接推出式 (8.5.44)。

引理 8.3   核函数 $\tilde{\mathscr{I}}_x(x,y,\hat{\varsigma}(t))$ 满足下述不等式

$$\int_0^1\int_0^1\tilde{\mathscr{I}}(x,y,\hat{\varsigma}(t))^2\mathrm{d}y\mathrm{d}x\leqslant\frac{2\mathrm{e}^{-\frac{\varrho}{\iota}}(\mathrm{e}^{(2\lambda_1-\frac{\iota\pi^2}{2})\bar{\varsigma}}-1)}{\underline{\varsigma}(4\lambda_1-\iota\pi^2)}\int_0^1\mathscr{O}(1,y)^2\mathrm{d}y \qquad (8.5.66)$$

$$\int_0^1\int_0^1\tilde{\mathscr{I}}_x(x,y,\hat{\varsigma}(t))^2\mathrm{d}y\mathrm{d}x$$

$$\leqslant\frac{4\bar{\varsigma}\mathrm{e}^{-\frac{\varrho}{\iota}}(\mathrm{e}^{(2\lambda_1-\frac{\iota\pi^2}{2})\bar{\varsigma}}-1)}{(4\lambda_1-\iota\pi^2)}\int_0^1[\iota^2\mathscr{O}_{yy}(1,y)^2+\lambda_1{}^2\mathscr{O}(1,y)^2]\mathrm{d}y \qquad (8.5.67)$$

$$\int_0^1\int_0^1\tilde{\mathscr{I}}_{xx}(x,y,\hat{\varsigma}(t))^2\mathrm{d}y\mathrm{d}x$$

$$\leqslant\frac{6\bar{\varsigma}^3\mathrm{e}^{-\frac{\varrho}{\iota}}(\mathrm{e}^{(2\lambda_1-\frac{\iota\pi^2}{2})\bar{\varsigma}}-1)}{(4\lambda_1-\iota\pi^2)}\left[\int_0^1\iota^4\mathscr{O}_{yyyy}(1,y)^2\mathrm{d}y+\right. \qquad (8.5.68)$$

$$\left.\int_0^1(4\iota^2\lambda_1{}^2\mathscr{O}_{yy}(1,y)^2+\lambda_1{}^4\mathscr{O}(1,y)^2)\mathrm{d}y\right]$$

引理 8.4   如果核函数 $\tilde{\mathscr{I}}_x(x,y,\hat{\varsigma}(t))$ 满足式 (8.5.67) 和式 (8.5.68)，那么它还满足下述不等式

$$\int_0^1\tilde{\mathscr{I}}_y(x,1,\hat{\varsigma}(t))^2\mathrm{d}x$$

$$\leqslant\mathrm{e}^{-\frac{\varrho}{\iota}}\int_0^1\mathscr{O}_y(1,t)^2\mathrm{d}y+\left(\frac{\mathrm{e}^{-\frac{\varrho}{\iota}}(\iota\bar{\varsigma}+1)}{2\iota^2\underline{\varsigma}^2}\right)\int_0^1\mathscr{O}(1,y)^2\mathrm{d}y+$$

$$\left(\frac{2\lambda_1\mathrm{e}^{-\frac{\varrho}{\iota}}(2\lambda_1\underline{\varsigma}+1)(\mathrm{e}^{(2\lambda_1-\frac{\iota\pi^2}{2})\bar{\varsigma}}-1)}{\iota\underline{\varsigma}(4\lambda_1-\iota\pi^2)}\right)\int_0^1\mathscr{O}(1,y)^2\mathrm{d}y+ \qquad (8.5.69)$$

$$\left(\frac{\mathrm{e}^{-\frac{\varrho}{\iota}}(\iota\bar{\varsigma}+1)}{2\iota^2\underline{\varsigma}^2}\right)\int_0^1\mathscr{O}(1,y)^2\mathrm{d}y$$

$$\int_0^1\tilde{\mathscr{I}}_{xy}(x,1,\hat{\varsigma}(t))^2\mathrm{d}x$$

$$\leqslant2\iota^2\mathrm{e}^{-\frac{\varrho}{\iota}}\bar{\varsigma}^2\int_0^1\mathscr{O}_{yyy}(1,y)^2\mathrm{d}y+\left(\frac{\lambda_1{}^2\mathrm{e}^{-\frac{\varrho}{\iota}}(\iota\bar{\varsigma}+1)}{\iota^2}\right)\int_0^1\mathscr{O}(1,y)^2\mathrm{d}y+$$

$$\mathrm{e}^{-\frac{\varrho}{\iota}}(\iota\bar{\varsigma}+1)\int_0^1\mathscr{O}_{yy}(1,y)^2\mathrm{d}y+\lambda_1\mathrm{e}^{-\frac{\varrho}{\iota}}\bar{\varsigma}(4\lambda_1\bar{\varsigma}+1)\int_0^1\mathscr{O}_y(1,y)^2\mathrm{d}y+$$

$$\left(\frac{4\lambda_1{}^3 \mathrm{e}^{-\frac{\varrho}{\iota}\varsigma}(2\lambda_1\varsigma+1)(\mathrm{e}^{(2\lambda_1-\frac{\iota\pi^2}{2})\varsigma}-1)}{\iota(4\lambda_1-\iota\pi^2)}\right)\int_0^1 \mathscr{O}(1,y)^2 \mathrm{d}y \tag{8.5.70}$$

接下来完成定理 8.1 的证明。

证明 首先，为了证明系统代入式 (8.4.10) 的局部稳定性，引入一个 Lyapunov-Krasovskii 函数

$$V_1(t) = \frac{1}{2}\varsigma \int_0^1 \breve{\varpi}(x,t)^2 \mathrm{d}x + \frac{1}{2}\varsigma b_1 \int_0^1 (1+x)\mathscr{C}(x,t)^2 \mathrm{d}x +$$
$$\frac{1}{2}\varsigma b_2 \int_0^1 (1+x)\mathscr{C}_x(x,t)^2 \mathrm{d}x + \frac{1}{2}\varsigma\mathscr{C}(0,t)^2 + \frac{\tilde{\varsigma}(t)^2}{2\theta} \tag{8.5.71}$$

其中 b_1，b_2 是正常数。因为这里的李雅普诺夫函数包含 $\mathscr{C}(x,t)$ 的 H^1 范数，定义了 $\mathscr{C}_x(x,t)$-系统，通过求式 (8.4.10) 对 x 的偏导数与对 t 的偏导数结合，得到下列偏微分方程

$$\begin{cases} \varsigma\mathscr{C}_{xt}(x,t) = \mathscr{C}_{xx}(x,t) - \tilde{\varsigma}(t)\breve{\mathscr{J}}_{1x}(x,t) - \varsigma\dot{\tilde{\varsigma}}(x,t)\breve{\mathscr{J}}_{2x}(x,t) \\ \mathscr{C}_x(x,t) = \tilde{\varsigma}(t)\breve{\mathscr{J}}_1(1,t) + \breve{\mathscr{J}}_2(x,t) \end{cases} \tag{8.5.72}$$

其中 $\dfrac{\partial \breve{\mathscr{J}}_1(x,t)}{\partial x} = \breve{\mathscr{J}}_{1x}(x,t)$，$\dfrac{\partial \breve{\mathscr{J}}_2(x,t)}{\partial x} = \breve{\mathscr{J}}_{2x}(x,t)$。

通过对 t 求导，可以得到

$$\dot{V}_1(t) = \varsigma \int_0^1 \breve{\varpi}(x,t)\breve{\varpi}_t(x,t)\mathrm{d}x + b_1\varsigma \int_0^1 (1+x)\mathscr{C}(x,t)\mathscr{C}_t(x,t)\mathrm{d}x +$$
$$b_2\varsigma \int_0^1 \mathscr{C}_x(x,t)\mathscr{C}_{xt}(x,t)\mathrm{d}x + \varsigma\mathscr{C}(0,t)\mathscr{C}_t(0,t) - \tilde{\varsigma}(t)\frac{\dot{\tilde{\varsigma}}(t)}{\theta} \tag{8.5.73}$$

通过化简整理可得

$$\dot{V}_1(t) = -\left(\iota\varsigma - \frac{\mathrm{e}^{\frac{\varrho}{\iota}}}{4l_2}\right)\|\breve{\varpi}_x\|^2 - c\varsigma\left(1 - \frac{\mathrm{e}^{\frac{\varrho}{\iota}}}{2l_1}\right)\|\breve{\varpi}\|^2 - \left(b_1 - \frac{l_1 c\varsigma \mathrm{e}^{\frac{\varrho}{2\iota}}}{6} - \frac{1}{2}\right)\mathscr{C}(0,t)^2 -$$
$$\left(b_2 - \frac{l_2 \mathrm{e}^{\frac{\varrho}{2\iota}}}{20} - \frac{1}{2}\right)\mathscr{C}_x(0,t)^2 - b_1\|\mathscr{C}\|^2 - b_2\|\mathscr{C}_x\|^2 +$$
$$2b_1\mathscr{C}_x(1,t)^2 + \tilde{\varsigma}(t)\left(\mathrm{e}^{\frac{\varrho}{2\iota}}\int_0^1 \breve{\varpi}(x,t)x\breve{\mathscr{J}}_1(0,t)\mathrm{d}x - \mathscr{C}(0,t)\breve{\mathscr{J}}_1(0,t) -\right.$$
$$\left. 2b_1\int_0^1 (1+x)\mathscr{C}(x,t)\breve{\mathscr{J}}_1(x,t)\mathrm{d}x - 2b_2\int_0^1 (1+x)\mathscr{C}_x(x,t)\breve{\mathscr{J}}_{1x}(x,t)\mathrm{d}x\right) -$$

$$\varsigma\dot{\hat{\varsigma}}(t)\left(\mathrm{e}^{\frac{\varrho}{2\iota}}\int_0^1\breve{\varpi}(x,t)x\,\check{\mathscr{J}}_2(x,t)\mathrm{d}x - \mathscr{C}(0,t)\check{\mathscr{J}}_2(0,t)-\right.$$

$$\left.2b_1\int_0^1(1+x)\mathscr{C}(x,t)\check{\mathscr{J}}_2(x,t)\mathrm{d}x - 2b_2\int_0^1(1+x)\mathscr{C}_x(x,t)\check{\mathscr{J}}_{2x}(x,t)\mathrm{d}x\right)-$$

$$\tilde{\varsigma}(t)\frac{\dot{\hat{\varsigma}}(t)}{\theta} \tag{8.5.74}$$

通过方程 (8.5.72)，可以得出下列偏微分方程

$$2b_1\mathscr{C}_x(1,t)^2 = 2b_1\left(\tilde{\varsigma}(t)\check{\mathscr{J}}_1(1,t) + \varsigma\dot{\hat{\varsigma}}(t)\,\check{\mathscr{J}}_2(1,t)\right)^2$$
$$\leqslant 4b_1\tilde{\varsigma}(t)^2\,\check{\mathscr{J}}_1(1,t)^2 + 4b_1\varsigma^2\dot{\hat{\varsigma}}(t)^2\,\check{\mathscr{J}}_1(1,t)^2 \tag{8.5.75}$$

其中 $\iota - \dfrac{\mathrm{e}^{\frac{\varrho}{2\iota}}}{4l_2} > 0$，$c\varsigma\left(1 - \dfrac{\mathrm{e}^{\frac{\varrho}{2\iota}}}{2l_1}\right) > 0$，$b_1 - \dfrac{l_1c\varsigma\mathrm{e}^{\frac{\varrho}{2\iota}}}{6} - \dfrac{1}{2} > 0$，$b_2 - \dfrac{l_2\mathrm{e}^{\frac{\varrho}{2\iota}}}{20} - \dfrac{1}{2} > 0$。那么整理可得，$l_1 > \dfrac{\mathrm{e}^{\frac{\varrho}{2\iota}}}{2}$，$l_2 > \dfrac{\mathrm{e}^{\frac{\varrho}{2\iota}}}{4\iota\varsigma}$，$b_1 > \dfrac{1}{2} + \dfrac{l_1c\varsigma\mathrm{e}^{\frac{\varrho}{2\iota}}}{6}$ 且 $b_2 > \dfrac{1}{2} + \dfrac{l_2\mathrm{e}^{\frac{\varrho}{2\iota}}}{20}$。将式 (8.5.75) 代入式 (8.5.74) 可得

$$\dot{V}_1(t) = -c\varsigma\left(1 - \frac{\mathrm{e}^{\frac{\varrho}{2\iota}}}{2l_1}\right)\|\breve{\varpi}\|^2 - \left(b_1 - \frac{l_1c\varsigma\mathrm{e}^{\frac{\varrho}{2\iota}}}{6} - \frac{1}{2}\right)\mathscr{C}(0,t)^2+$$

$$\tilde{\varsigma}(t)\left(\mathrm{e}^{\frac{\varrho}{2\iota}}\int_0^1\breve{\varpi}(x,t)x\,\check{\mathscr{J}}_1(0,t)\mathrm{d}x-\right.$$

$$\left.\mathscr{C}(0,t)\check{\mathscr{J}}_1(0,t) - 2b_1\int_0^1(1+x)\mathscr{C}(x,t)\,\check{\mathscr{J}}_1(x,t)\mathrm{d}x\right)-$$

$$2b_2\tilde{\varsigma}(t)\int_0^1(1+x)\mathscr{C}_x(x,t)\,\check{\mathscr{J}}_{1x}(x,t)\mathrm{d}x-$$

$$\varsigma\dot{\hat{\varsigma}}(t)\left(\mathrm{e}^{\frac{\varrho}{2\iota}}\int_0^1\breve{\varpi}(x,t)x\,\check{\mathscr{J}}_2(x,t)\mathrm{d}x - \mathscr{C}(0,t)\check{\mathscr{J}}_2(0,t)-\right. \tag{8.5.76}$$

$$2b_1\int_0^1(1+x)\mathscr{C}(x,t)\,\check{\mathscr{J}}_2(x,t)\mathrm{d}x-$$

$$\left.2b_2\int_0^1(1+x)\mathscr{C}_x(x,t)\,\check{\mathscr{J}}_{2x}(x,t)\mathrm{d}x\right)-$$

$$\tilde{\varsigma}(t)\frac{\dot{\hat{\varsigma}}(t)}{\theta} - b_1\|\mathscr{C}\|^2 - b_2\|\mathscr{C}_x\|^2 + 2b_1\mathscr{C}_x(1,t)^2$$

整理可得

$$\dot{V}_1(t) = -\varphi V_0(t) + 4b_1 \tilde{\varsigma}(t)^2 \check{\mathscr{J}}_1(1,t)^2 + 4b_1 \varsigma^2 \dot{\tilde{\varsigma}}(t)^2 \check{\mathscr{J}}_1(1,t)^2 +$$

$$\tilde{\varsigma}(t) \left(e^{\frac{\varrho}{2\iota}} \int_0^1 \check{\varpi}(x,t) x \check{\mathscr{J}}_1(0,t) dx - \right.$$

$$\mathscr{C}(0,t) \check{\mathscr{J}}_1(0,t) - 2b_1 \int_0^1 (1+x) \mathscr{C}(x,t) \check{\mathscr{J}}_1(x,t) dx -$$

$$2b_2 \int_0^1 (1+x) \mathscr{C}_x(x,t) \check{\mathscr{J}}_{1x}(x,t) dx \right) - \tag{8.5.77}$$

$$\varsigma \dot{\tilde{\varsigma}}(t) \left(e^{\frac{\varrho}{2\iota}} \int_0^1 \check{\varpi}(x,t) x \check{\mathscr{J}}_2(x,t) dx - \right.$$

$$\mathscr{C}(0,t) \check{\mathscr{J}}_2(0,t) - 2b_1 \int_0^1 (1+x) \mathscr{C}(x,t) \check{\mathscr{J}}_2(x,t) dx -$$

$$2b_2 \int_0^1 (1+x) \mathscr{C}_x(x,t) \check{\mathscr{J}}_{2x}(x,t) dx \right) - \tilde{\varsigma}(t) \frac{\dot{\tilde{\varsigma}}(t)}{\theta}$$

其中 $\varphi = \min \left\{ c_{\underline{\varsigma}} \left(1 - \frac{e^{\frac{\varrho}{2\iota}}}{2l_1} \right), b_1 - \frac{l_1 c \bar{\varsigma} e^{\frac{\varrho}{2\iota}}}{6} - \frac{1}{2}, b_2 \right\}$，且 $V_0(t) = \|\check{\varpi}\|^2 + \|\mathscr{C}\|^2 + \|\mathscr{C}_x\|^2 + \mathscr{C}(0,t)^2$。通过使用 Agmon 不等式、Cauchy-Schwarz 不等式和 Young 不等式，结合式 (8.4.11)，可以得出以下估计

$$\begin{cases} \check{\mathscr{J}}_1(1,t)^2 \leqslant L V_0(t) \\[2mm] \check{\mathscr{J}}_2(1,t)^2 \leqslant L V_0(t) \\[2mm] \int_0^1 e^{\frac{\varrho}{2\iota}} \check{\varpi}(x,t) x \check{\mathscr{J}}_1(0,t) dx + \mathscr{C}(0,t) \check{\mathscr{J}}_1(0,t) \leqslant L V_0(t) \\[2mm] \int_0^1 e^{\frac{\varrho}{2\iota}} \check{\varpi}(x,t) x \check{\mathscr{J}}_2(0,t) dx + \mathscr{C}(0,t) \check{\mathscr{J}}_2(0,t) \leqslant L V_0(t) \\[2mm] 2b_1 \int_0^1 (1+x) \mathscr{C}(x,t) \check{\mathscr{J}}_1(x,t) dx \leqslant L V_0(t) \\[2mm] 2b_2 \int_0^1 (1+x) \mathscr{C}(x,t) \check{\mathscr{J}}_2(x,t) dx \leqslant L V_0(t) \\[2mm] 2b_1 \int_0^1 (1+x) \mathscr{C}_x(x,t) \check{\mathscr{J}}_{1x}(x,t) dx \leqslant L V_0(t) \\[2mm] 2b_2 \int_0^1 (1+x) \mathscr{C}_x(x,t) \check{\mathscr{J}}_{2x}(x,t) dx \leqslant L V_0(t) \end{cases} \tag{8.5.78}$$

其中参数 L 的描述为

$$\begin{cases}
L = \max_{\underline{\varsigma} \leqslant \hat{\varsigma}(t) \leqslant \bar{\varsigma}} \{L_j\}, \; j \in \{1, 2, \cdots, 8\} \\[2mm]
L_1 = 3M_1(1, \hat{\varsigma}(t))^2 + (\mathrm{e}^{\frac{\ell}{\iota}} + 3) \int_0^1 M_2(1, y, \hat{\varsigma}(t))^2 \mathrm{d}y \\[2mm]
L_2 = 3 \int_0^1 M_3(1, y, \hat{\varsigma}(t))^2 \mathrm{d}y + (\mathrm{e}^{\frac{\ell}{\iota}} + 3) \int_0^1 M_4(1, y, \hat{\varsigma}(t))^2 \mathrm{d}y \\[2mm]
L_3 = (\mathrm{e}^{\frac{\ell}{2\iota}+1}) |M_1(0, \hat{\varsigma}(t))| + (\mathrm{e}^{\frac{\ell}{\iota}} + 2) \left(\int_0^1 M_2(0, y, \hat{\varsigma}(t))^2 \mathrm{d}y \right)^{\frac{1}{2}} \\[2mm]
L_4 = (\mathrm{e}^{\frac{\ell}{\iota}} + 1) \left(\int_0^1 M_4(0, y, \hat{\varsigma}(t))^2 \mathrm{d}y \right)^{\frac{1}{2}} \\[2mm]
L_5 = 2b_1 \left[2 \left(\int_0^1 M_1(x, \hat{\varsigma}(t))^2 \mathrm{d}x \right)^{\frac{1}{2}} + (\mathrm{e}^{\frac{\ell}{2\iota}}+1) \left(\int_0^1 \int_0^1 M_2(x, y, \hat{\varsigma}(t))^2 \mathrm{d}y\mathrm{d}x \right)^{\frac{1}{2}} \right] \\[2mm]
L_6 = b_2 \left[2 \left(\int_0^1 \int_0^1 M_3(x, y, \hat{\varsigma}(t))^2 \mathrm{d}y\mathrm{d}x \right)^{\frac{1}{2}} + \right. \\[2mm]
\qquad \left. (\mathrm{e}^{\frac{\ell}{2\iota}} + 1) \left(\int_0^1 \int_0^1 M_4(x, y, \hat{\varsigma}(t))^2 \mathrm{d}y\mathrm{d}x \right)^{\frac{1}{2}} \right] \\[2mm]
L_7 = b_1 \left[\left(\int_0^1 M_{1x}(x, \hat{\varsigma}(t))^2 \mathrm{d}x \right)^{\frac{1}{2}} + (\mathrm{e}^{\frac{\ell}{2\iota}}+1) \left(\int_0^1 \int_0^1 M_{2x}(x, y, \hat{\varsigma}(t))^2 \mathrm{d}y\mathrm{d}x \right)^{\frac{1}{2}} \right] \\[2mm]
L_8 = 2b_2 \left[\left(\int_0^1 M_3(x, x, \hat{\varsigma}(t))^2 \mathrm{d}x \right)^{\frac{1}{2}} + \left(\int_0^1 \int_0^1 M_{3x}(x, y, \hat{\varsigma}(t))^2 \mathrm{d}y\mathrm{d}x \right)^{\frac{1}{2}} + \right. \\[2mm]
\qquad \left. (\mathrm{e}^{\frac{\ell}{2\iota}} + 1) \left(\int_0^1 \int_0^1 M_{4x}(x, y, \hat{\varsigma}(t))^2 \mathrm{d}y\mathrm{d}x \right)^{\frac{1}{2}} \right]
\end{cases} \tag{8.5.79}$$

通过 $\mathscr{O}(x, y)$ 和 $l(x, y)$ 的特性以及引理 8.1～引理 8.4，可以得出上述各项的有界性。结合式 (8.4.12) 和式 (8.5.77) 与投影算子的常规特征，可以得到

$$\begin{aligned}
\dot{V}_1(t) \leqslant & -\varphi V_0(t) + 4b_1 L \tilde{\varsigma}(t)^2 V_0(t) + 4b_1 \bar{\varsigma}^2 L^3 \theta^2 V_0(t)^3 + \\
& 3\bar{\varsigma} L^2 \theta V_0(t)^2 + 2L |\tilde{\varsigma}(t)| V_0(t)
\end{aligned} \tag{8.5.80}$$

由式 (8.5.71) 可以得到

$$\tilde{\varsigma}(t)^2 \leqslant 2\theta V_1(t) - \underline{\varsigma} \theta \min\{b_1, b_2, 1\} V_0(t) \tag{8.5.81}$$

利用 Cauchy-Schwarz 和 Young 不等式，有

$$
\begin{aligned}
|\tilde{\varsigma}(t)| &\leqslant \frac{\epsilon}{2} + \frac{\tilde{\varsigma}(t)^2}{2\epsilon} \\
&\leqslant \frac{\epsilon}{2} + \frac{\theta}{\epsilon} V_1(t) - \frac{\underline{\varsigma}\theta}{2\epsilon} \min\{b_1, b_2, 1\} V_0(t)
\end{aligned}
\tag{8.5.82}
$$

整理可得

$$
\begin{aligned}
\dot{V}_1(t) \leqslant &- \psi V_0(t) + 4 b_1 \bar{\varsigma}^2 L^3 \theta^2 V_0(t)^3 + 8 b_1 L \theta V_1(t) V_0(t) - \\
&4 b_1 L \theta \underline{\varsigma} \min\{b_1, b_2, 1\} V_0(t)^2 + 3\bar{\varsigma} L^2 \theta V_0(t)^2 + \\
&\left(L\epsilon + \frac{2L\theta}{\epsilon} V_1(t) \right) V_0(t) - \frac{\underline{\varsigma} L\theta \min\{b_1, b_2, 1\}}{\epsilon} V_0(t)^2 \\
\leqslant &- \left(\psi - 8 b_1 L \theta V_1(t) - L\epsilon - \frac{2L\theta}{\epsilon} V_1(t) \right) V_0(t) - \\
&\left(\frac{\underline{\varsigma} L\theta \min\{b_1, b_2, 1\}}{\epsilon} - 4 b_1 \bar{\varsigma}^2 L^3 \theta^2 V_0(t) - 3\bar{\varsigma} L^2 \theta \right) V_0(t)^2
\end{aligned}
\tag{8.5.83}
$$

由式 (8.5.71) 可得

$$
\dot{V}_1(t) \geqslant \frac{\underline{\varsigma}}{2} \min\{b_1, b_2, 1\} V_0(t)
\tag{8.5.84}
$$

将式 (8.5.84) 代入式 (8.5.83)，得到

$$
\begin{aligned}
\dot{V}_1(t) \leqslant &- \left(\psi - 8 b_1 L \theta V_1(t) - L\epsilon - \frac{2L\theta}{\epsilon} V_1(t) \right) V_0(t) - \\
&\left(\frac{\underline{\varsigma} L\theta \min\{b_1, b_2, 1\}}{\epsilon} - \frac{8 b_1 \bar{\varsigma}^2 L^3 \theta^2}{\underline{\varsigma} \min\{b_1, b_2, 1\}} V_0(t) - 3\bar{\varsigma} L^2 \theta \right) V_0(t)^2
\end{aligned}
\tag{8.5.85}
$$

设

$$
\epsilon \leqslant \min \left\{ \frac{\mathscr{T}}{L}, \frac{\underline{\varsigma} \min\{b_1, b_2, 1\}}{3\bar{\varsigma} L} \right\}
\tag{8.5.86}
$$

来确保 $R_1 > 0$，并限制初始条件使 $V_1(0) \leqslant R_1$，其中

$$
R_1 = \min \left\{ \frac{\underline{\varsigma} \min\{b_1, b_2, 1\}}{8 b_1 \bar{\varsigma} L^2 \theta} \left(\frac{\underline{\varsigma} \min\{b_1, b_2, 1\}}{\epsilon} - 3\bar{\varsigma} L \right), \frac{\epsilon(\mathscr{T} - L\epsilon)}{2L\theta(4 b_1 \epsilon + 1)} \right\}
\tag{8.5.87}
$$

从而可以得到

$$
\dot{V}_1(t) \leqslant -\sigma_1(t) V_0(t) - \sigma_2(t) V_0(t)^2
\tag{8.5.88}
$$

其中

$$
\begin{cases}
\sigma_1(t) = \psi - 8b_1 L\theta V_1(t) - L\epsilon - \dfrac{2L\theta}{\epsilon}V_1(t) \\[3mm]
\sigma_2(t) = \dfrac{\underline{\varsigma} L\theta \min\{b_1, b_2, 1\}}{\epsilon} - \dfrac{8b_1\bar{\varsigma}^2 L^3\theta^2}{\underline{\varsigma}\min\{b_1, b_2, 1\}}V_0(t) - 3\bar{\varsigma}L^2\theta
\end{cases}
\tag{8.5.89}
$$

如果初始条件满足 $V_1(0) \leqslant R_1$，则 $\sigma_1(t)$ 和 $\sigma_2(t)$ 为非负函数。因此 $V_1(t)$ 单调递减，$V_1(t) \leqslant V_1(0), \forall t \geqslant 0$。通过式 (8.5.71) 可以得到

$$
\begin{cases}
\|\breve{\varpi}\|^2 \leqslant \dfrac{2}{\varsigma}V_1(t) \\[3mm]
\|\mathscr{C}\|^2 \leqslant \dfrac{1}{b_1\varsigma}V_1(t) \\[3mm]
\|\mathscr{C}_x\|^2 \leqslant \dfrac{1}{b_2\varsigma}V_1(t) \\[3mm]
\mathscr{C}(0,t)^2 \leqslant \dfrac{2}{\varsigma}V_1(t) \\[3mm]
\tilde{\varsigma}(t)^2 \leqslant 2\theta V_1(t)
\end{cases}
\tag{8.5.90}
$$

因此，通过整理可得

$$
\begin{aligned}
\xi(t) &\leqslant \max\{r_1, r_2, r_3, r_4, 1\}\left(\|\breve{\varpi}\|^2 + \|\mathscr{C}\|^2 + \|\mathscr{C}_x\|^2 + \mathscr{C}(0,t)^2 + \tilde{\varsigma}(t)^2\right) \\
&\leqslant \max\{r_1, r_2, r_3, r_4, 1\}\max\left\{\frac{2}{\varsigma}, \frac{1}{b_1\varsigma}, \frac{1}{b_2\varsigma}, 2\theta\right\}V_1(t)
\end{aligned}
\tag{8.5.91}
$$

其中 $\xi(t)$ 定义于式 (8.5.5)，并且通过 $V_1(0) \leqslant R_1$ 和式 (8.5.91) 可以得到

$$
\xi(0) \leqslant \max\{r_1, r_2, r_3, r_4, 1\}\max\left\{\frac{2}{\varsigma}, \frac{1}{b_1\varsigma}, \frac{1}{b_2\varsigma}, 2\theta\right\}R_1
$$

设 $R = \max\{r_1, r_2, r_3, r_4, 1\}\max\left\{\dfrac{2}{\varsigma}, \dfrac{1}{b_1\varsigma}, \dfrac{1}{b_2\varsigma}, 2\theta\right\}R_1$ 使得 $\xi(0) \leqslant R$。将式 (8.5.9)、式 (8.5.10) 和式 (8.5.71) 联立可得

$$
\begin{aligned}
V_1(t) &\leqslant \max\left\{2\bar{\varsigma}b_1, 2\bar{\varsigma}b_2, \frac{\bar{\varsigma}}{2}\right\}\left(\|\breve{\varpi}\|^2 + \|\mathscr{C}\|^2 + \|\mathscr{C}_x\|^2 + \mathscr{C}(0,t)^2 + \tilde{\varsigma}(t)^2\right) + \frac{\tilde{\varsigma}(t)}{2\theta} \\
&\leqslant \max\left\{2\bar{\varsigma}b_1, 2\bar{\varsigma}b_2, \frac{\bar{\varsigma}}{2}\right\}\max_{1\leqslant i\leqslant 4}\{s_i\}\left(\|\breve{u}\|^2 + \|v\|^2 + \|\mathscr{F}_x\|^2 + \mathscr{F}(0,t)^2\right) + \frac{\tilde{\varsigma}(t)}{2\theta}
\end{aligned}
$$

$$\leqslant \max\left\{\max\left\{2\overline{\varsigma}b_1, 2\overline{\varsigma}b_2, \frac{\overline{\varsigma}}{2}\right\} \max\{s_1, s_2, s_3, s_4\}, \frac{1}{2\theta}\right\}\xi(t) \qquad (8.5.92)$$

因此将 $t = 0$ 代入式 (8.5.92)，可得

$$V_1(0) \leqslant \max\left\{\max\left\{2\overline{\varsigma}b_1, 2\overline{\varsigma}b_2, \frac{\overline{\varsigma}}{2}\right\} \max\{s_1, s_2, s_3, s_4\}, \frac{1}{2\theta}\right\}\xi(0) \qquad (8.5.93)$$

从而可以得到

$$\xi(t) \leqslant \tilde{M}_1\tilde{M}_2\tilde{M}_3\xi(0) \qquad (8.5.94)$$

其中

$$\tilde{M}_1 = \max\{r_1, r_2, r_3, r_4, 1\}, \quad \tilde{M}_2 = \max\left\{\frac{2}{\underline{\varsigma}}, \frac{1}{b_1\underline{\varsigma}}, \frac{1}{b_2\underline{\varsigma}}, 2\theta\right\}$$

以及

$$\tilde{M}_3 = \max\left\{\max\left\{2\overline{\varsigma}b_1, 2\overline{\varsigma}b_2, \frac{\overline{\varsigma}}{2}\right\} \max\{s_1, s_2, s_3, s_4\}, \frac{1}{2\theta}\right\}$$

这就完成了局部稳定性的证明。

接下来证明 $\tilde{u}(x,t)$、$\mathscr{F}(x,t)$ 和 $u(x,t)$ 满足定理 8.1 中的式 (8.5.1)、式 (8.5.2) 和式 (8.5.4)。从上面的证明，可以得到 $\|\tilde{\varpi}\|$、$\|\mathscr{C}\|$、$\|\mathscr{C}_x\|$、$\mathscr{C}(0,t)$ 和 $\tilde{\varsigma}(t)$ 是有界的。除此之外，通过命题 8.1，还得出 $\|\tilde{u}\|$、$\|\mathscr{F}\|$、$\|\mathscr{F}_x\|$ 和 $\mathscr{F}(0,t)$ 是有界的。将在随后的表述中利用文献 [46] 中的引理 D.2 证明定理 8.1 中式 (8.5.1) 和式 (8.5.2)。

（1）$\|\tilde{\varpi}\|$、$\|\mathscr{C}\|$、$\|\mathscr{C}_x\|$、$\mathscr{C}(0,t)$ 和 $\tilde{\varsigma}(t)$ 对 t 可积；

（2）$\dfrac{\mathrm{d}}{\mathrm{d}t}(\|\tilde{\varpi}\|^2)$、$\dfrac{\mathrm{d}}{\mathrm{d}t}(\|\mathscr{C}\|^2)$ 和 $\dfrac{\mathrm{d}}{\mathrm{d}t}(\|\mathscr{C}_x\|^2)$ 是有界的；

（3）$\|\tilde{\varpi}_x\|^2$ 是有界的。

首先证明结论（1）：

考虑下列不等式

$$\int_0^1 \|\tilde{\varpi}(\varsigma)\|^2\mathrm{d}\varsigma \leqslant \frac{1}{\inf\limits_{0\leqslant\varsigma\leqslant t}\sigma_1(\varsigma)} \int_0^t \sigma_1(\varsigma)V_0(\varsigma)\mathrm{d}\varsigma \qquad (8.5.95)$$

因为 $\dot{V}_1(t) \leqslant -\sigma_1(t)V_0(t) - \sigma_2(t)V_0(t)^2$，$\sigma_1(t) \geqslant 0$，$\sigma_2(t) \geqslant 0$，从而可以得到

$$\dot{V}_1(t) \leqslant -\sigma_1(t)V_0(t) \qquad (8.5.96)$$

通过运用式 (8.5.87)、式 (8.5.88) 和式 (8.5.89)，可以得到

$$\inf_{0\leqslant\zeta\leqslant t}\sigma_1(\zeta) = \psi - 8b_1L\theta V_1(0) - L\epsilon - \frac{2L\theta}{\epsilon}V_1(0) \tag{8.5.97}$$

对式 (8.5.95) 进行关于 [0, t] 的积分可得

$$\int_0^1 \|\tilde{\varpi}(\zeta)\|^2 d\zeta \leqslant \frac{1}{\displaystyle\inf_{0\leqslant\zeta\leqslant t}\sigma_1(\zeta)} \int_0^t \sigma_1(\zeta)V_0(\zeta)d\zeta$$
$$\leqslant \frac{V_1(0)}{\psi - 8b_1L\theta V_1(0) - L\epsilon - \dfrac{2L\theta}{\epsilon}V_1(0)} \tag{8.5.98}$$

故得到 $\|\tilde{\varpi}\|$ 是在时间上平方可积的。同样，可以得到 $\|\mathscr{C}\|$、$\|\mathscr{C}_x\|$、$\mathscr{C}(0,t)$ 和 $\tilde{\varsigma}(t)$ 在时间上也是平方可积的。

现在证明结论（2）：

定义李雅普诺夫函数 $V_2(t)$

$$V_2(t) = \frac{1}{2}\|\tilde{\varpi}\|^2 + a_1\frac{\varsigma}{2}\int_0^1 (1+x)\mathscr{C}(x,t)^2 dx + a_2\frac{\varsigma}{2}\int_0^1 (1+x)\mathscr{C}_x(x,t)^2 dx \tag{8.5.99}$$

其中 a_1 和 a_2 是正常数。对 $V_2(t)$ 求关于 t 的导数，可得

$$\begin{aligned}
&\dot{V}_2(t) \\
&= \iota\int_0^1 \tilde{\varpi}(x,t)\tilde{\varpi}_{xx}(x,t)dx - c\int_0^1 \tilde{\varpi}_x(x,t)^2 - ce^{\frac{\varrho}{2\iota}}\int_0^1 \tilde{\varpi}(x,t)x\mathscr{C}(0,t)dx - \\
&\quad e^{\frac{\varrho}{2\iota}}\int_0^1 \tilde{\varpi}(x,t)x\mathscr{C}_t(0,t)dx + a_1\int_0^1 (1+x)\mathscr{C}(x,t)d\mathscr{C}(x,t) - \\
&\quad a_1\tilde{\varsigma}(t)\int_0^1 (1+x)\mathscr{C}(x,t)\check{\mathscr{J}}_1(x,t)dx - \\
&\quad a_1\varsigma\dot{\hat{\varsigma}}(t)\int_0^1 \mathscr{C}(x,t)\check{\mathscr{J}}_2(x,t)dx + a_2\int_0^1 (1+x)\mathscr{C}_x(x,t)d\mathscr{C}_x(x,t) - \\
&\quad a_2\tilde{\varsigma}(t)\int_0^1 (1+x)\mathscr{C}_x(x,t)\check{\mathscr{J}}_{1x}(x,t)dx - a_2\varsigma\dot{\hat{\varsigma}}(t)\int_0^1 (1+x)\mathscr{C}_x(x,t)\check{\mathscr{J}}_{2x}(x,t)dx - \\
&\quad \frac{a_2}{2}\mathscr{C}_x(0,t)^2 - \frac{a_2}{2}\|\mathscr{C}_x\|^2 + 2a_2\tilde{\varsigma}(t)^2\check{\mathscr{J}}_1(1,t)^2 + 2a_2\varsigma^2\dot{\hat{\varsigma}}(t)^2\check{\mathscr{J}}_2(1,t)^2 - \\
&\quad a_2\tilde{\varsigma}(t)\int_0^1 (1+x)\mathscr{C}_x(x,t)\check{\mathscr{J}}_{1x}(x,t)dx - a_2\varsigma\dot{\hat{\varsigma}}(t)\int_0^1 (1+x)\mathscr{C}_x(x,t)\check{\mathscr{J}}_{2x}(x,t)dx
\end{aligned} \tag{8.5.100}$$

通过使用 Cauchy-Schwarz 和 Young 不等式，有

$$-\mathrm{e}^{\frac{\varrho}{2\iota}}\int_0^1 \breve{\varpi}(x,t)x\mathscr{C}_t(0,t)\mathrm{d}x \leqslant \frac{\mathrm{e}^{\frac{\varrho}{2\iota}}}{4l_5}\|\breve{\varpi}_x\|^2 + \frac{\mathrm{e}^{\frac{\varrho}{2\iota}}l_5}{10}\mathscr{C}_t(0,t)^2$$

$$\leqslant \frac{\mathrm{e}^{\frac{\varrho}{2\iota}}}{4l_5}\|\breve{\varpi}_x\|^2 + \frac{3\mathrm{e}^{\frac{\varrho}{2\iota}}l_5}{10\underline{\varsigma}^2}\mathscr{C}_t(0,t)^2 +$$

$$\frac{3\mathrm{e}^{\frac{\varrho}{2\iota}}l_5}{10\underline{\varsigma}^2}|\tilde{\varsigma}(t)|^2\breve{\mathscr{J}}_1(0,t)^2 + \frac{3\mathrm{e}^{\frac{\varrho}{2\iota}}l_5}{10\underline{\varsigma}^2}|\dot{\tilde{\varsigma}}(t)|^2\breve{\mathscr{J}}_2(0,t)^2$$

$$(8.5.101)$$

因此，可以得到

$$\dot{V}_2(t) \leqslant -\left(\iota - \frac{\mathrm{e}^{\frac{\varrho}{2\iota}}}{4l_5}\right)\|\breve{\varpi}_x\|^2 - c\left(1 - \frac{\mathrm{e}^{\frac{\varrho}{2\iota}}}{2l_4}\right)\|\breve{\varpi}\|^2 - \frac{a_1}{2}\|\mathscr{C}\|^2 -$$

$$\frac{a_2}{2}\|\mathscr{C}_x\|^2 - \left(\frac{a_1}{2} - \frac{cl_4\mathrm{e}^{\frac{\varrho}{2\iota}}}{6}\right)\mathscr{C}(0,t)^2 - \left(\frac{a_2}{2} - \frac{3\mathrm{e}^{\frac{\varrho}{2\iota}}l_5}{10\underline{\varsigma}^2}\right)\mathscr{C}_x(0,t)^2 +$$

$$\frac{3\mathrm{e}^{\frac{\varrho}{2\iota}}l_5}{10\underline{\varsigma}^2}|\tilde{\varsigma}(t)|^2\breve{\mathscr{J}}_1(0,t)^2 + \frac{3\mathrm{e}^{\frac{\varrho}{2\iota}}l_5}{10}|\dot{\tilde{\varsigma}}(t)|^2\breve{\mathscr{J}}_2(0,t)^2 + 2a_2|\tilde{\varsigma}(t)|^2\breve{\mathscr{J}}_1(1,t)^2 +$$

$$2a_2\bar{\varsigma}^2|\dot{\tilde{\varsigma}}(t)|^2\breve{\mathscr{J}}_2(1,t)^2 + 2a_1|\tilde{\varsigma}(t)|\|\mathscr{C}\|\|\breve{\mathscr{J}}_1\| + 2a_2\bar{\varsigma}|\dot{\tilde{\varsigma}}(t)|\|\mathscr{C}\|\|\breve{\mathscr{J}}_2\| +$$

$$2a_2|\tilde{\varsigma}(t)|\|\mathscr{C}_x\|\|\breve{\mathscr{J}}_{1x}\| + 2a_2\bar{\varsigma}|\dot{\tilde{\varsigma}}(t)|\|\mathscr{C}_x\|\|\breve{\mathscr{J}}_{2x}\|$$

$$(8.5.102)$$

选择 $l_4 = \mathrm{e}^{\frac{\varrho}{2\iota}}$、$l_5 = \dfrac{\mathrm{e}^{\frac{\varrho}{2\iota}}}{3\iota}$；其中 $a_1 > \dfrac{c\mathrm{e}^{\frac{\varrho}{2\iota}}}{3}$、$a_2 > \dfrac{\mathrm{e}^{\frac{\varrho}{2\iota}}}{5\underline{\varsigma}^2\iota}$，则

$$\dot{V}_2(t) \leqslant -\frac{1}{2}\|\breve{\varpi}\|^2 - \frac{a_1}{2}\|\mathscr{C}\|^2 - \frac{a_2}{2}\|\mathscr{C}_x\|^2 + a_1|\tilde{\varsigma}(t)|^2\|\mathscr{C}\|^2 +$$

$$a_1\|\breve{\mathscr{J}}_1\|^2 + a_1\bar{\varsigma}^2|\dot{\tilde{\varsigma}}(t)|^2\|\mathscr{C}\|^2 + a_1\|\breve{\mathscr{J}}_2\|^2 + a_2|\tilde{\varsigma}(t)|^2\|\mathscr{C}_x\|^2 +$$

$$a_2\|\breve{\mathscr{J}}_{1x}\|^2 + a_2\bar{\varsigma}^2|\dot{\tilde{\varsigma}}(t)|^2\|\mathscr{C}_x\|^2 + a_2\|\breve{\mathscr{J}}_{2x}\|^2 + \frac{\mathrm{e}^{\frac{\varrho}{2\iota}}}{10\underline{\varsigma}^2\iota}|\tilde{\varsigma}(t)|^2\breve{\mathscr{J}}_1(0,t)^2 +$$

$$\frac{\mathrm{e}^{\frac{\varrho}{2\iota}}}{10\iota}|\dot{\tilde{\varsigma}}(t)|^2\breve{\mathscr{J}}_2(0,t)^2 + 2a_2|\tilde{\varsigma}(t)|^2\breve{\mathscr{J}}_1(1,t)^2 + 2a_2\bar{\varsigma}^2|\dot{\tilde{\varsigma}}(t)|^2\breve{\mathscr{J}}_2(1,t)^2$$

$$(8.5.103)$$

利用 Young 不等式可得

$$\dot{V}_2(t) \leqslant -\lambda_1 V_2(t) + \lambda_2 f_2(t)V_2(t) + f_1(t) \qquad (8.5.104)$$

其中 $\lambda_1 = \min\left\{1, \dfrac{ce^{\frac{\varrho}{2\iota}}\varsigma}{6}, \dfrac{e^{\frac{\varrho}{2\iota}}}{10\bar{\varsigma}\iota}\right\}$，$\lambda_2 = \max\left\{\dfrac{ce^{\frac{\varrho}{2\iota}}\bar{\varsigma}}{6}, \dfrac{e^{\frac{\varrho}{2\iota}}}{10\underline{\varsigma}\iota}\right\}$，$f_1(t)$ 和 $f_2(t)$ 如下定义

$$f_1(t) = a_1\|\check{\mathscr{J}}_1\|^2 + a_1\|\check{\mathscr{J}}_2\|^2 + a_2\|\check{\mathscr{J}}_{1x}\|^2 + a_2\|\check{\mathscr{J}}_{2x}\|^2 + \frac{e^{\frac{\varrho}{2\iota}}}{10\underline{\varsigma}^2\iota}|\tilde{\varsigma}(t)|^2\check{\mathscr{J}}_1(0,t)^2 +$$

$$\frac{e^{\frac{\varrho}{2\iota}}}{10\iota}|\dot{\varsigma}(t)|^2\check{\mathscr{J}}_2(0,t)^2 + 2a_2|\tilde{\varsigma}(t)|^2\check{\mathscr{J}}_1(1,t)^2 + 2a_2\bar{\varsigma}^2|\dot{\varsigma}(t)|^2\check{\mathscr{J}}_2(1,t)^2$$

$$(8.5.105)$$

$$f_2(t) = \bar{\varsigma}^2|\dot{\varsigma}(t)|^2 + |\tilde{\varsigma}(t)|^2 \tag{8.5.106}$$

结合式 (8.4.11)、式 (8.5.78) 和式 (8.5.79)，可以得到 $|\dot{\varsigma}(t)|^2$、$\check{\mathscr{J}}_1(0,t)^2$、$\check{\mathscr{J}}_2(0,t)^2$、$\|\check{\mathscr{J}}_1\|^2$、$\|\check{\mathscr{J}}_2\|^2$、$\check{\mathscr{J}}_1(1,t)^2$、$\check{\mathscr{J}}_2(1,t)^2$、$\|\check{\mathscr{J}}_{1x}\|^2$、$\|\check{\mathscr{J}}_{2x}\|^2$ 是有界和可积的。那么，$f_1(t)$ 和 $f_2(t)$ 是时间上的有界可积函数。因此由式 (8.5.104) 可得 $\dot{V}_2(t) < \infty$，所以 $\dfrac{\mathrm{d}}{\mathrm{d}t}(\|\tilde{\varpi}\|^2)$、$\dfrac{\mathrm{d}}{\mathrm{d}t}(\|\mathscr{C}\|^2)$、$\dfrac{\mathrm{d}}{\mathrm{d}t}(\|\mathscr{C}_x\|^2)$ 是有界的。此外通过利用文献 [46] 引理 D.2，可以得到当 $t \to \infty$ 时，$\|\tilde{\varpi}\|$、$\|\mathscr{C}\|$、$\|\mathscr{C}_x\| \to 0$。因为 $\mathscr{C}(0,t) \leqslant 2\|\mathscr{C}\|\|\mathscr{C}_x\|$，故当 $t \to \infty$ 时，$\mathscr{C}(0,t) \to 0$。

最后证明结论（3）：

为了证明 $\|\tilde{\varpi}_x\|^2$ 的有界性，提出一个李雅普诺夫函数 $V_3(t)$

$$V_3(t) = \frac{1}{2}\int_0^1 \tilde{\varpi}_x(x,t)^2\mathrm{d}x + d_1\frac{\varsigma}{2}\int_0^1 (1+x)\mathscr{C}(x,t)^2\mathrm{d}x +$$

$$d_2\frac{\varsigma}{2}\int_0^1 (1+x)\mathscr{C}_x(x,t)^2\mathrm{d}x$$

$$(8.5.107)$$

其中 d_1 和 d_2 是正常数，通过使用分部积分法，式 (8.5.107) 对 t 的导数为

$$\dot{V}_3(t) = -\int_0^1 \tilde{\varpi}_{xx}(x,t)\tilde{\varpi}_t(x,t)\mathrm{d}x + d_1\varsigma\int_0^1 (1+x)\mathscr{C}(x,t)\mathscr{C}_t(x,t)\mathrm{d}x +$$

$$d_2\varsigma\int_0^1 (1+x)\mathscr{C}_x(x,t)\mathscr{C}_{xt}(x,t)\mathrm{d}x$$

$$(8.5.108)$$

利用 Cauchy-Schwarz 和 Young 不等式，可以得出

$$\dot{V}_3(t) \leqslant -\left(\iota - \frac{ce^{\frac{\varrho}{2\iota}}}{2l_6} - \frac{e^{\frac{\varrho}{2\iota}}}{2l_7}\right)\|\tilde{\varpi}_{xx}\|^2 - c\|\tilde{\varpi}_x\|^2 - \frac{d_1}{2}\|\mathscr{C}\|^2 -$$

$$\frac{d_2}{2}\|\mathscr{C}_x\|^2 - \left(\frac{d_1}{2} - \frac{ce^{\frac{\varrho}{2\iota}}l_6}{6}\right)\mathscr{C}(0,t)^2 - \left(\frac{d_2}{2} - \frac{ce^{\frac{\varrho}{2\iota}}l_7}{2\varsigma^2}\right)\mathscr{C}_x(0,t)^2 +$$

$$2d_1|\tilde{\varsigma}(t)|\|\mathscr{C}\|\|\check{\mathscr{J}}_1\| + 2d_1\bar{\varsigma}|\dot{\tilde{\varsigma}}(t)|\|\mathscr{C}\|\|\check{\mathscr{J}}_2\| + 2d_2|\tilde{\varsigma}(t)|\|\mathscr{C}_x\|\|\check{\mathscr{J}}_{1x}\| +$$

$$2d_2\bar{\varsigma}|\dot{\tilde{\varsigma}}(t)|\|\mathscr{C}_x\|\|\check{\mathscr{J}}_{2x}\| + \frac{ce^{\frac{\varrho}{2\iota}}l_7}{2\underline{\varsigma}}|\tilde{\varsigma}(t)|^2\check{\mathscr{J}}_1(0,t)^2 +$$

$$\frac{ce^{\frac{\varrho}{2\iota}}l_7}{2}|\dot{\tilde{\varsigma}}(t)|^2\check{\mathscr{J}}_2(0,t)^2 + 2d_2|\tilde{\varsigma}(t)|^2\check{\mathscr{J}}_1(1,t)^2 + 2d_2\bar{\varsigma}^2|\dot{\tilde{\varsigma}}(t)|^2\check{\mathscr{J}}_2(1,t)^2$$

$$\tag{8.5.109}$$

接下来，选择 $l_6 = \dfrac{ce^{\frac{\varrho}{2\iota}}}{\iota}$，$\dfrac{d_1}{2} - \dfrac{c^2e^{\frac{\varrho}{\iota}}}{6\iota} > 0$，$d_1 > \dfrac{c^2e^{\frac{\varrho}{\iota}}}{3\iota}$ 且 $\dfrac{\iota}{2} - \dfrac{e^{\frac{\varrho}{2\iota}}}{2l_7} > 0$，$l_7 > \dfrac{e^{\frac{\varrho}{2\iota}}}{\iota}$。
选择 $l_7 = \dfrac{2e^{\frac{\varrho}{2\iota}}}{\iota}$，$\dfrac{d_2}{2} - \dfrac{2ce^{\frac{\varrho}{\iota}}}{2\underline{\varsigma}^2\iota} > 0$，$d_2 > \dfrac{2ce^{\frac{\varrho}{\iota}}}{\underline{\varsigma}^2\iota}$。通过计算整理可得

$$\dot{V}_3(t) \leqslant - c\|\tilde{\varpi}_x\|^2 - \frac{d_1}{2}\|\mathscr{C}\|^2 - \frac{d_2}{2}\|\mathscr{C}_x\|^2 + d_1|\tilde{\varsigma}(t)|^2\|\mathscr{C}\| +$$

$$d_1\|\check{\mathscr{J}}_1\|^2 + d_1\bar{\varsigma}^2|\dot{\tilde{\varsigma}}(t)|^2\|\mathscr{C}\|^2 + d_1\|\check{\mathscr{J}}_2\|^2 + d_2|\tilde{\varsigma}(t)|^2\|\mathscr{C}_x\|^2 +$$

$$d_2\|\check{\mathscr{J}}_{1x}\|^2 + d_2\bar{\varsigma}^2|\dot{\tilde{\varsigma}}(t)|^2\|\mathscr{C}_x\|^2 + d_2\|\check{\mathscr{J}}_{2x}\|^2 + \frac{ce^{\frac{\varrho}{2\iota}}l_7}{2\underline{\varsigma}^2}|\tilde{\varsigma}(t)|^2\check{\mathscr{J}}_1(0,t)^2 +$$

$$\frac{ce^{\frac{\varrho}{2\iota}}l_7}{2}|\dot{\tilde{\varsigma}}(t)|^2\check{\mathscr{J}}_2(0,t)^2 + 2d_2|\tilde{\varsigma}(t)|^2\check{\mathscr{J}}_1(1,t)^2 + 2d_2\bar{\varsigma}^2|\dot{\tilde{\varsigma}}(t)|^2\check{\mathscr{J}}_2(1,t)^2$$

$$\leqslant - \alpha_1 V_3(t) + f_3(t) + \alpha_2 f_2(t)V_3(t)$$

$$\tag{8.5.110}$$

定义 $f_3(t)$ 为

$$f_3(t) = \frac{ce^{\frac{\varrho}{2\iota}}l_7}{2\underline{\varsigma}^2}|\tilde{\varsigma}(t)|^2\check{\mathscr{J}}_1(0,t)^2 + \frac{ce^{\frac{\varrho}{2\iota}}l_7}{2}|\dot{\tilde{\varsigma}}(t)|^2\check{\mathscr{J}}_2(0,t)^2 + 2d_2|\tilde{\varsigma}(t)|^2\check{\mathscr{J}}_1(1,t)^2 +$$

$$2d_2\bar{\varsigma}^2|\dot{\tilde{\varsigma}}(t)|^2\check{\mathscr{J}}_2(1,t)^2 + d_1\|\check{\mathscr{J}}_1\|^2 + d_1\|\check{\mathscr{J}}_2\|^2 + d_2\|\check{\mathscr{J}}_{1x}\|^2 + d_2\|\check{\mathscr{J}}_{2x}\|^2$$

$$\tag{8.5.111}$$

由于函数 $f_3(t)$ 在时间上是有界可积的，用文献 [46] 引理 D.3 可以推断 $\tilde{\varpi}_x$ 是有界的，因此根据以下不等式可知 $\|\varpi_x\|$ 有界

$$\|\varpi_x\|^2 \leqslant 2\|\tilde{\varpi}_x\|^2 + 2e^{\frac{\varrho}{\iota}}\mathscr{C}(0,t)^2 \tag{8.5.112}$$

式 (8.5.112) 可由式 (8.4.9) 得出。最后，由于当 $t \to \infty$ 时，$\|\tilde{\varpi}\|$、$\|\mathscr{C}\|$、$\|\mathscr{C}_x\|$、$\mathscr{C}(0,t) \to 0$，可以得到当 $t \to \infty$ 时，$\|\check{u}\|$、$\|\mathscr{F}\|$、$\|\mathscr{F}_x\|$、$\|\mathscr{F}(0,t)\| \to 0$，所以

$\|\tilde{\omega}_x\|$ 是有界的。根据式 (8.3.2) 和式 (8.3.4) 可得 $\|\tilde{u}_x\|$ 是有界的。同时，通过使用 Agmons 不等式，可得

$$\max_{x\in[0,1]} |\tilde{u}(x,t)|^2 \leqslant 2\|\tilde{u}\|\|\tilde{u}_x\| \tag{8.5.113}$$

从而由式 (8.5.3) 可得

$$\lim_{t\to\infty} \max_{x\in[0,1]} |\tilde{u}(x,t)| = 0$$

同理可证明式 (8.5.2)，这样就完成了定理 8.1 的证明。　　　　　　□

8.6　数值模拟

为了证明 8.4 节中设计的自适应边界控制器的有效性，对由式 (8.4.3)、控制策略 (8.4.1) 以及更新律 (8.4.12)~式 (8.4.14) 组成的闭环系统进行了仿真。设 $\overline{\varsigma} = 3$，$\underline{\varsigma} = 0.1$，且 $\varsigma \in [0.1,3]$ 满足更新律 (8.4.12)~式 (8.4.14)。设置参数 $b_1 = 21$，$b_2 = 1$，自适应增益 $\theta = 0.07$。通过变量代换，$\iota = 1$，$\varrho = 2$，$\lambda_0 = 11$；设置时滞为 $\varsigma = 2$，设置两个不同的初始延迟值 $\hat{\varsigma}(0) = 0.1$ 以及 $\hat{\varsigma}(0) = 3$。当 $t = 0$ 时，设置初始状态为 $u_0(x) = 2\cos(2\pi x)$ 以及 $\mathscr{F}_0(x) = 2\cos(2\pi x)$，使用有限差分法对初始系统进行离散化，并在 MATLAB 中进行了数值模拟。

图 8.1 显示了在非自适应控制器的情况下，解 $u(x,t)$ 趋于零的时间较长，一旦如预期的那样在边界上加入自适应控制器，此时新的解就会较为快速地衰减到零，如图 8.2 和图 8.3 所示。通过对三个仿真结果以及图 8.4 L^2-范数图的比较，无论初始条件如何，自适应控制器的收敛速度都优于非自适应控制器。

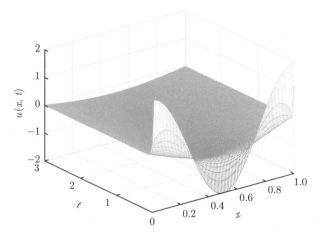

图 8.1　当 $\varsigma = 2$ 时无自适应控制下的 $u(x,t)$ 图像

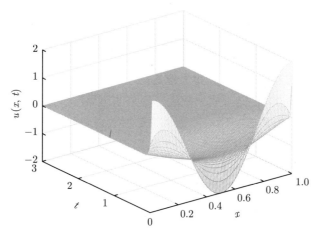

图 8.2　当 $\hat{\varsigma}(0) = 0.1$ 时自适应控制下的 $u(x,t)$ 图像

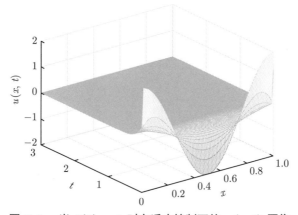

图 8.3　当 $\hat{\varsigma}(0) = 3$ 时自适应控制下的 $u(x,t)$ 图像

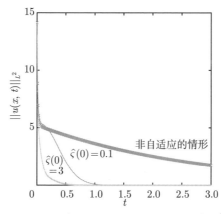

图 8.4　$u(x,t)$ 在 $x \in [0,1]$, $t \in [0,3]$ 的 L^2-范数

8.7   本章小结

本章致力于反应–对流–扩散方程的自适应边界控制器的设计，应用反步法对具有未知且任意大时滞的不稳定系统进行了稳定化处理。通过反步变换，得到了相应的核函数模型，定义了使系统趋于稳定的边界反馈控制器。通过确定性等价原理定义自适应边界控制器，并定义时滞参数更新律；基于李雅普诺夫理论，证明了系统在自适应边界控制器作用下的局部稳定性；并通过数值模拟验证了自适应边界控制器作用下的系统轨迹收敛速度优于非自适应边界控制的系统轨迹收敛速度，使系统更快趋于稳定。

第 9 章
具有分布式输入时滞的波动方程的自适应控制

本章研究了一类具有分布式输入时滞的波动方程的自适应控制问题。将输入时滞表示为带有空间参数的一维传输偏微分方程，使时间延迟转换为空间分布的偏移。采用了反步法，通过可逆的反步变换与目标系统构建范数等价，并用李雅普诺夫方法证明了该系统的指数稳定性。根据确定性等价原理设计自适应反馈控制器，并使用李雅普诺夫函数理论方法证明自适应控制器下受控系统的全局稳定性。

9.1 引言

本章为具有任意大的未知延迟分布式输入的一维波动方程设计了延迟自适应控制器，关键点在于将输入延迟转换为包含空间参数的传输偏微分方程。空间参数将时间延迟转换为域内空间分布偏移[57,74]，从而产生与文献 [120] 中引入的 PDE-PDE 级联系统不同的混合系统。采用偏微分方程反步法，选择未知延迟参数的更新律，得到一个域内级联系统结构的目标系统，其 L^2 全局稳定性是使用合适的李雅普诺夫泛函建立的。可逆反步变换能够在目标系统和对象之间建立范数等价性，从而使受控系统的 L^2 全局稳定性受设计的延迟自适应控制器的影响。对于分布式延迟系统，基于预测反馈方法和反步方法来补偿输入延迟的控制器可以在文献 [46] 和文献 [121] 中找到将延迟自适应控制方法应用于具有分布式输入延迟的波动方程。由于有关波动方程自适应反馈控制器的参考文献较少，本章在文献 [105] 和文献 [120] 的基础上，使用了反步法设计了系统的控制器，并为其设计了收敛速度更快的自适应控制器。

本章的主要贡献如下：

● 与文献 [105] 和文献 [120] 中研究的模型相比，本章考虑了波动级联系统，应用反步法设计了反馈控制器，同时考虑了方程具有分布式输入延迟的情况。

● 在基于反步法设计出的控制器基础上设计了自适应反馈控制器与参数更新律来估计未知输入延迟，并建立 Lyapunov-Krasovskii 函数证明了在自适应反馈控制器下初始系统的全局稳定性。

本章的其余部分安排如下：9.2 节给出了系统描述且通过引入标准的反步变换，选择了合适的目标系统；9.3 节给出了核函数方程的表达式，并证明了目标系统的指数稳定性；9.4 节设计了自适应控制器，并在其作用下形成了新的目标系统；9.5 节通过建立李雅普诺夫函数，验证了自适应控制作用下受控系统的全局稳定性；9.6 节中数值模拟了初始系统、非自适应控制器和自适应控制器下受控系统的系统轨迹，以证明控制器的有效性；最后在 9.7 节中给出了总结。

9.2   系统描述和反步变换

考虑以下具有分布式执行器时滞 D 的一维波动方程系统

$$\begin{cases} u_{tt}(x,t) = u_{xx}(x,t) + 2\lambda u_t(x,t) - \lambda^2 u(x,t) + g(x)U(x,t-D) \\ u(0,t) = 0 \\ u(1,t) = 0 \\ u(x,0) = u_0(x) \\ u_t(x,0) = u_1(x) \end{cases} \tag{9.2.1}$$

其中 $(x,t) \in (0,1) \times \mathbb{R}_+$，$\lambda$ 为已知常数，这里在文献 [105] 中方程的基础上考虑了分布式输入延迟的情况。假设 $g(x)$ 是一个已知的可微函数，$(u(x,t), u_t(x,t))$ 为波动方程的状态，对于给定的时间 $t > 0$，考虑无限维执行器状态，延迟输入 $U(x, t-D)$ 可以转换为传输方程与系统 (9.2.1) 组成级联系统。记

$$v(x,s,t) = U(x, t + D(s-1)) \tag{9.2.2}$$

因此系统 (9.2.1) 与下述系统等价

$$\begin{cases} u_{tt}(x,t) = u_{xx}(x,t) + 2\lambda u_t(x,t) - \lambda^2 u(x,t) + g(x)v(x,0,t) \\ u(0,t) = 0 \\ u(1,t) = 0 \\ u(x,0) = u_0(x) \\ u_t(x,0) = u_1(x) \\ Dv_t(x,s,t) = v_s(x,s,t), s \in [0,1] \\ v(x,1,t) = U(x,t) \\ v(x,s,0) = v_0(x,s) \end{cases} \tag{9.2.3}$$

其中 $v(x,s,t)$ 是执行器的状态，为了设计延迟补偿控制器 $U(x,t)$，使用反步法引入以下积分变换

$$z(x,s,t) = v(x,s,t) - \int_0^1 \gamma(x,s,y)u(y,t)\mathrm{d}y-$$

$$\int_0^1 \eta(x,s,y)u_t(y,t)\mathrm{d}y- \tag{9.2.4}$$

$$D\int_0^1 \int_0^s p(x,s,y,r)v(y,r,t)\mathrm{d}r\mathrm{d}y$$

其中 $\gamma(x,s,y)$ 是定义在 $[0,1] \times [0,1] \times [0,1]$ 的核函数，$p(x,s,y,r)$ 是定义在 $[0,1] \times [0,1] \times [0,1] \times [0,1]$ 的核函数。通过反步变换 (9.2.4)，系统 (9.2.3) 变换为下述目标系统

$$
\begin{cases}
u_{tt}(x,t) = u_{xx}(x,t) - 2du_t(x,t) - cu(x,t) + g(x)z(x,0,t) \\[2mm]
u(0,t) = 0 \\[2mm]
u(1,t) = 0 \\[2mm]
u(x,0) = u_0(x) \\[2mm]
u_t(x,0) = u_1(x) \\[2mm]
Dz_t(x,s,t) = z_s(x,s,t) \\[2mm]
z(x,1,t) = 0 \\[2mm]
z(x,s,0) = z_0(x,s)
\end{cases}
\tag{9.2.5}
$$

其中 d、c 为正实数。

9.3 核函数方程与目标系统的稳定性

根据 9.2 节的推理，为了完成从系统 (9.2.3) 到目标系统 (9.2.5) 的转换，核函数 $\gamma(x,s,y)$ 与 $p(x,s,y,r)$ 满足

$$\begin{cases} \gamma_s(x,s,y) = D\eta_{yy}(x,s,y) - D\lambda^2\eta(x,s,y) \\[2mm] \eta_s(x,s,y) = D\gamma(x,s,y) + 2D\lambda\eta(x,s,y) \\[2mm] \eta(x,s,0) = \eta(x,s,1) = 0 \\[2mm] \gamma(x,0,y) = \dfrac{\lambda^2 - c}{g(y)}\delta(x-y) \\[2mm] \eta(x,0,y) = -\dfrac{2(\lambda+d)}{g(y)}\delta(x-y) \\[2mm] p_s(x,s,y,r) + p_r(x,s,y,r) = 0 \\[2mm] p(x,s,y,0) = g(y)\eta(x,s,y) \end{cases} \tag{9.3.1}$$

其中 $\delta(\cdot)$ 是狄拉克函数。根据参考文献 [119] 和文献 [120], 式 (9.3.1) 是适定且有界的, 其中 $p(x,s,y,r) = g(y)\eta(x,s-r,y)$。根据边界条件, 可以得出相应的控制器为

$$U(x,t) = \int_0^1 \gamma(x,1,y)u(y,t)\mathrm{d}y + \int_0^1 \eta(x,1,y)u_t(y,t)\mathrm{d}y +$$
$$D\int_0^1 \int_{t-D}^t p\left(x,1,y,\frac{k-t}{D}+1\right)U(y,k)\mathrm{d}k\mathrm{d}y \tag{9.3.2}$$

由反步变换 (9.2.4) 可逆可知, 目标系统 (9.2.5) 的稳定意味着在该控制器下的初始系统 (9.2.3) 的稳定, 其逆变换定义为

$$v(x,s,y) = z(x,s,y) + \int_0^1 \tilde{\gamma}(x,s,y)u(y,t)\mathrm{d}y + \int_0^1 \tilde{\eta}(x,s,y)u_t(y,t)\mathrm{d}y +$$
$$D\int_0^1 \int_0^s q(x,s,y,r)z(y,r,t)\mathrm{d}r\mathrm{d}y \tag{9.3.3}$$

核函数 $\tilde{\gamma}(x,s,y)$ 与 $\tilde{\eta}(x,s,y)$ 满足

$$\begin{cases} \tilde{\gamma}_s(x,s,y) = D\tilde{\eta}_{yy}(x,s,y) - Dc\tilde{\eta}(x,s,y) \\[2mm] \tilde{\eta}_s(x,s,y) = D\tilde{\gamma}(x,s,y) - 2Dd\tilde{\eta}(x,s,y) \\[2mm] \tilde{\eta}(x,s,0) = \tilde{\eta}(x,s,1) = 0 \\[2mm] \tilde{\gamma}(x,0,y) = \dfrac{\lambda^2 - c}{g(y)}\delta(x-y) \\[2mm] \tilde{\eta}(x,0,y) = -\dfrac{2(\lambda+d)}{g(y)}\delta(x-y) \\[2mm] q_s(x,s,y,r) + q_r(x,s,y,r) = 0 \\[2mm] q(x,s,y,0) = g(y)\tilde{\eta}(x,s,y) \end{cases} \tag{9.3.4}$$

同样地 $q(x,s,y,r) = g(y)\tilde{\eta}(x,s-r,y)$。

定理 9.1 存在两个正常数 C、ϵ,使得对于 $(u_0,u_1,z_0) \in L^2(0,1) \times L^2(0,1) \times L^2(0,1)$,那么系统 (9.2.5) 的解满足

$$\begin{aligned} &\|(u(\cdot,t),u_t(\cdot,t),z(\cdot,\cdot,t))\|_{L^2(0,1)\times L^2(0,1)\times L^2(0,1)} \\ &\leqslant Ce^{-\epsilon t}\|u_0,u_1,z_0\|_{L^2(0,1)\times L^2(0,1)\times L^2(0,1)} \end{aligned} \tag{9.3.5}$$

为了证明目标系统 (9.2.5) 的稳定性,引入 Lyapunov-Krasovskii 函数

$$\begin{aligned} V_1(t) = &\frac{1}{2}\int_0^1 cu(x,t)^2\mathrm{d}x + \frac{1}{2}\int_0^1 (u_x(x,t)^2 + u_t(x,t)^2)\mathrm{d}x + \\ &\delta D\int_0^1 u(x,t)u_t(x,t)\mathrm{d}x + a_1 D\int_0^1\int_0^1 (1+s)z(x,s,t)^2\mathrm{d}s\mathrm{d}x \end{aligned} \tag{9.3.6}$$

参数 δ 满足

$$0 < \delta < 1, k+\delta < c, k+2\delta < 2d \tag{9.3.7}$$

其中 k 是正实数。

引理 9.1 函数 V_1 是正定的,利用 Cauchy-Schwartz 不等式和 Young 不等式,可以得到存在 m_1, $m_2 > 0$ 使得

$$m_1\phi(t) \leqslant V_1(t) \leqslant m_2\phi(t) \tag{9.3.8}$$

其中

$$\phi(t) = \|u\|^2 + \|u_x\|^2 + \|u_t\|^2 + \|z\|^2 \tag{9.3.9}$$

$$m_1 = \min\left\{\frac{1-\delta}{2}, \frac{k}{2}, a_1 D\right\} \tag{9.3.10}$$

$$m_2 = \max\left\{\frac{1+\delta}{2}, \frac{c+\delta}{2}, 2a_1 D\right\} \tag{9.3.11}$$

因此对 $V_1(t)$ 关于 t 求导数，可得

$$
\begin{aligned}
\dot{V}_1(t) = {}& c\int_0^1 u(x,t)u_t(x,t)\mathrm{d}x + \int_0^1 u_x(x,t)u_{xt}(x,t)\mathrm{d}x + \\
& \int_0^1 u_t(x,t)\left(u_{xx}(x,t) - 2du_t(x,t) - cu(x,t) + g(x)z(x,0,t)\right)\mathrm{d}x + \\
& \delta\int_0^1 u(x,t)\left(u_{xx}(x,t) - 2du_t(x,t) - cu(x,t) + g(x)z(x,0,t)\right)\mathrm{d}x + \\
& \delta\int_0^1 u_t(x,t)^2\mathrm{d}x + 2a_1\int_0^1\int_0^1 (1+s)z(x,s,t)z_s(x,s,t)\mathrm{d}s\mathrm{d}x
\end{aligned}
\tag{9.3.12}
$$

通过分部积分法、Young 不等式、Poincare 不等式，可得

$$
\begin{aligned}
\dot{V}_1(t) \leqslant {}& -\left(\delta c - \frac{2\delta}{l_2}\right)\|u\|^2 - (2d - \frac{2}{l_1})\|u_t\|^2 - \delta\|u_x\|^2 - a_1\|z\|^2 - \\
& 2d\delta\int_0^1 u(x,t)u_t(x,t)\mathrm{d}x - \left(a_1 - \frac{l_1\overline{g}}{2} - \frac{l_2\delta\overline{g}}{2}\right)\|z(x,0,t)\|^2
\end{aligned}
\tag{9.3.13}
$$

令 $l_1 = \dfrac{2}{d}$，$l_2 = \dfrac{4}{c}$ 且 $a_1 \geqslant \dfrac{l_1\overline{g}}{2} + \dfrac{l_2\delta\overline{g}}{2}$，有

$$
\dot{V}_1(t) \leqslant -\frac{\delta c}{2}\|u\|^2 - \delta\|u_t\|^2 - \delta\|u_x\|^2 - a_1\|z\|^2 - 2\delta^2\int_0^1 u(x,t)u_t(x,t)\mathrm{d}x
\tag{9.3.14}
$$

引理 9.2 函数 V_1 是非递增的，此外

$$
\dot{V}_1(t) \leqslant -\min\left\{\frac{\delta}{2}, \frac{1}{2D}\right\}V_1(t) \quad \text{且} \quad \mu = \min\left\{\frac{\delta}{2}, \frac{1}{2D}\right\}
\tag{9.3.15}
$$

根据引理 9.2 可以得到 $V_1(t) \leqslant V(0)\mathrm{e}^{-\mu t}$，再由引理 9.1 得到定理 9.1 中的李雅普诺夫函数指数递减，其中 $\epsilon = \mu$ 且 $C = \dfrac{m_2}{m_1}$。通过上述证明过程，可以得出系统 (9.2.3) 在控制律 (9.2.4) 下指数稳定。接下来将设计一个自适应控制器使系统稳定。

9.4 自适应控制器设计

本节考虑到被控对象 (9.2.1) 具有未知的任意大延迟 D 或等效的级联系统 (9.2.3) 具有未知的传播速度 $\dfrac{1}{D}$，目标是设计一个自适应控制器，以确保全局稳定的结果。

假设 9.1 已知 $D > 0$ 存在上界和下界，分别记为 $\overline{D}$ 和 $\underline{D}$。

基于确定性等价原理，定义了以下延迟自适应分布式反馈控制器

$$
\begin{aligned}
U(x,t) = &\int_0^1 \gamma(x,1,y,\hat{D}(t))u(y,t)\mathrm{d}y + \int_0^1 \eta(x,1,y,\hat{D}(t))u_t(y,t)\mathrm{d}y + \\
&\int_0^1 \int_{t-\hat{D}(t)}^t p(x,1,y,\frac{k-t}{\hat{D}(t)}+1,\hat{D}(t))U(y,k)\mathrm{d}k\mathrm{d}y
\end{aligned}
\tag{9.4.1}
$$

该自适应控制器与式 (9.3.2) 相似，但考虑的是 D 的估计，记为 $\hat{D}(t)$。估计 $\hat{D}(t)$ 受自适应控制器设计产生的更新律控制，即 $\dot{\hat{D}}(t)$。为了证明被控对象 (9.2.1) 的稳定性，也就是证明被控对象 (9.2.3) 的稳定性，根据式 (9.4.1) 引入反步变换如下

$$
\begin{aligned}
z(x,s,t) = &v(x,s,t) - \int_0^1 \gamma(x,s,y,\hat{D}(t))u(y,t)\mathrm{d}y - \\
&\int_0^1 \eta(x,s,y,\hat{D}(t))u_t(y,t)\mathrm{d}y - \\
&\hat{D}(t)\int_0^1 \int_0^s p(x,s,y,r,\hat{D}(t))v(y,r,t)\mathrm{d}r\mathrm{d}y
\end{aligned}
\tag{9.4.2}
$$

它的逆变换为

$$
\begin{aligned}
v(x,s,t) = &z(x,s,t) + \int_0^1 \tilde{\gamma}(x,s,y,\hat{D}(t))u(y,t)\mathrm{d}y + \\
&\int_0^1 \tilde{\eta}(x,s,y,\hat{D}(t))u_t(y,t)\mathrm{d}y + \\
&\hat{D}(t)\int_0^1 \int_0^1 q(x,s,y,r,\hat{D}(t))z(y,r,t)\mathrm{d}r\mathrm{d}y
\end{aligned}
\tag{9.4.3}
$$

此时 $\gamma(x,s,y,\hat{D}(t))$、$\tilde{\gamma}(x,s,y,\hat{D}(t))$、$\eta(x,s,y,\hat{D}(t))$、$\tilde{\eta}(x,s,y,\hat{D}(t))$、$p(x,s,y,r,\hat{D}(t))$ 和 $q(x,s,y,r,\hat{D}(t))$ 替换了式 (9.3.2) 和式 (9.3.3) 中的 $\gamma(x,s,y)$、$\tilde{\gamma}(x,s,y)$、

$\eta(x,s,y)$、$\tilde{\eta}(x,s,y)$、$p(x,s,y,r)$ 和 $q(x,s,y,r)$。同时 D 替换为 $\hat{D}(t)$，通过反步变换 (9.4.2)，系统 (9.2.3) 被映射为下述目标系统

$$
\begin{cases}
u_{tt}(x,t) = u_{xx}(x,t) - 2du_t(x,t) - cu(x,t) + g(x)z(x,0,t) \\
u(0,t) = 0 \\
u(1,t) = 0 \\
Dz_t(x,s,t) = z_s(x,s,t) - \tilde{D}(t)P_1(x,s,t) - D\dot{\hat{D}}(t)P_2(x,s,t) \\
z(x,1,t) = 0
\end{cases}
\tag{9.4.4}
$$

其中 $\tilde{D}(t) = D - \hat{D}(t)$ 为估计误差，$P_i(x,s,t)$，$i = 1,2$ 为

$$
\begin{aligned}
P_1(x,s,t) = \int_0^1 z(y,0,t)M_1(x,s,y,t)\mathrm{d}y + \int_0^1 u(y,t)M_2(x,s,y,t)\mathrm{d}y + \\
\int_0^1 u_t(y,t)M_3(x,s,y,t)\mathrm{d}y
\end{aligned}
\tag{9.4.5}
$$

$$
\begin{aligned}
P_2(x,s,t) = \int_0^1 u(y,t)M_4(x,s,y,t)\mathrm{d}y + \int_0^1 u_t(y,t)M_5(x,s,y,t)\mathrm{d}y + \\
\int_0^1 \int_0^s z(y,r,t)M_6(x,s,y,t)\mathrm{d}r\mathrm{d}y
\end{aligned}
\tag{9.4.6}
$$

其中 M_i，$i = 1,2,3,4,5,6$ 定义为

$$
M_1(x,s,y,t) = g(y)\eta(x,s,y,\hat{D}(t))
\tag{9.4.7}
$$

$$
M_2(x,s,y,t) = \eta_{yy}(x,s,y,\hat{D}(t)) - c\eta(x,s,y,\hat{D}(t))
\tag{9.4.8}
$$

$$
M_3(x,s,y,t) = \gamma(x,s,y,\hat{D}(t)) - 2d\eta(x,s,y,\hat{D}(t))
\tag{9.4.9}
$$

$$
\begin{aligned}
M_4(x,s,y,t) = \gamma_{\hat{D}(t)}(x,s,y,\hat{D}(t)) + \\
\int_0^1 \int_0^s p(x,s,\xi,r,\hat{D}(t))\tilde{\gamma}(\xi,r,y,\hat{D}(t))\mathrm{d}r\mathrm{d}\xi + \\
\int_0^1 \int_0^s p_{\hat{D}(t)}(x,s,\xi,r,\hat{D}(t))\tilde{\gamma}(\xi,r,y,\hat{D}(t))\mathrm{d}r\mathrm{d}\xi
\end{aligned}
\tag{9.4.10}
$$

$$M_5(x,s,y,t) = \eta_{\hat{D}(t)}(x,s,y,\hat{D}(t)) +$$

$$\int_0^1 \int_0^1 p(x,s,\xi,r,\hat{D}(t))\tilde{\eta}(\xi,r,y,\hat{D}(t)) \mathrm{d}r \mathrm{d}\xi +$$

$$\int_0^1 p_{\hat{D}(t)}(x,s,\xi,r,\hat{D}(t))\tilde{\eta}(\xi,r,y,\hat{D}(t)) \mathrm{d}r \mathrm{d}\xi \qquad (9.4.11)$$

$$M_6(x,s,y,r,t) = p(x,s,y,r,\hat{D}(t)) + P_{\hat{D}(t)}(x,s,y,r,\hat{D}(t)) +$$

$$\hat{D}(t) \int_0^1 \int_r^s p(x,s,\xi,\tau,\hat{D}(t))q(\xi,\tau,y,r,\hat{D}(t)) \mathrm{d}\tau \mathrm{d}\xi +$$

$$\hat{D}(t)^2 \int_0^1 \int_r^s p_{\hat{D}(t)}(x,s,\xi,\tau,\hat{D}(t))q(\xi,\tau,y,r,\hat{D}(t)) \mathrm{d}\tau \mathrm{d}\xi$$

$$(9.4.12)$$

其中

$$\overline{M}_i = \max_{0 \leqslant x \leqslant y \leqslant 1, 0 \leqslant s \leqslant 1, t \geqslant 0} \{|M_i(x,s,y,t)|\}, \ i = 1,2,3,4,5$$

$$\overline{M}_j = \max_{0 \leqslant x \leqslant y \leqslant 1, 0 \leqslant r \leqslant s \leqslant 1, t \geqslant 0} \{|M_j(x,s,y,r,t)|\}, \ j = 6$$

为了估计未知参数 D, 选择以下参数更新律

$$\dot{\hat{D}}(t) = 2\theta b_1 \mathrm{Proj}_{[\underline{D},\overline{D}]}\varsigma(t) \qquad (9.4.13)$$

其中 $\theta \in (0,\theta^*)$ 且

$$\theta^* = \frac{\min\left\{\underline{D}\left(\delta - \dfrac{2}{l_3}\right), \underline{D}\delta\left(c - \dfrac{2}{l_4}\right), \underline{D}\delta, b_1 - \dfrac{\overline{D}\overline{g}^2}{2}(l_3 + \delta l_4)\right\} \cdot \min\left\{\dfrac{1}{2}, b_1\right\}}{4{b_1}^2 \overline{D}L^2}$$

$$(9.4.14)$$

定义 $\varsigma(t)$ 为

$$\varsigma(t) = -\int_0^1 \int_0^1 (1+s)z(x,s,t)P_1(x,s,t)\mathrm{d}s\mathrm{d}x \qquad (9.4.15)$$

在 $\theta \in (0,\theta^*)$ 的各项参数中, $\overline{g} = \max\limits_{0 \leqslant x \leqslant 1}\{|g(x)|\}$, 且 b_1、l_1、l_2 以及 δ 是正常数, 式 (9.4.13) 引入的投影算子为

$$\mathrm{Proj}_{[\underline{D},\overline{D}]}\{\tau(t)\} = \begin{cases} 0, & \hat{D}(t) = \underline{D}, \tau(t) < 0 \\ 0, & \hat{D}(t) = \overline{D}, \tau(t) > 0 \\ \tau(t), & \text{其他} \end{cases} \qquad (9.4.16)$$

注记 9.1　如文献 [87] 所述，参数更新律不能保证估计参数收敛于实值，但当 θ 和 b_1 稍微变换时，可以得到收敛性。所以即使 $\hat{D}(t)$ 不收敛于 D，所提出的自适应控制律也能保证闭环系统全局稳定且状态收敛于期望的设定点。

定理 9.2　考虑由系统 (9.2.3)、控制器 (9.4.1)，以及参数更新律 (9.4.13)~式 (9.4.16) 构成的闭环系统。系统 $(u, v, \tilde{D}(t))$ 的解是稳定的，且存在与初始条件无关的正常数 R，对于所有初始条件满足 $(u_0, v_0, \tilde{D}(0)) \in L^2(0,1) \times L^2([0,1] \times [0,1]) \times [\underline{D}, \overline{D}]$ 和在边界处的相容条件 $u_0(0) = u_0(1) = 0$ 和 $v(x,1,0) = U(x,0)$ 使得下述不等式成立

$$\psi(t) \leqslant R\psi(0), \forall t \geqslant 0 \tag{9.4.17}$$

其中

$$\psi(t) = \|u\|^2 + \|u_x\|^2 + \|u_t\|^2 + \|z\|^2 + \tilde{D}(t)^2 \tag{9.4.18}$$

此外

$$\lim_{t \to \infty} u(x,t) = 0 \tag{9.4.19}$$

接下来将证明在自适应控制器作用下的系统 (9.2.3) 形成的闭环系统是全局稳定的且满足定理 9.2。

9.5　闭环系统的稳定性分析

在证明自适应闭环系统的稳定性之前，先引入命题 9.1，在初始系统与目标系统之间构建一个估计关系。

命题 9.1　通过 Cauchy-Schwarz 不等式在初始系统 (9.2.3) 和目标系统 (9.4.4) 之间构建下述估计关系

$$\|u\|^2 + \|u_x\|^2 + \|u_t\|^2 + \|v\|^2 \leqslant r_1\|u\|^2 + r_2\|u_x\|^2 + r_3\|u_t\|^2 + r_4\|z\|^2 \tag{9.5.1}$$

$$\|u\|^2 + \|u_x\|^2 + \|u_t\|^2 + \|z\|^2 \leqslant s_1\|u\|^2 + s_2\|u_x\|^2 + s_3\|u_t\|^2 + s_4\|v\|^2 \tag{9.5.2}$$

其中 r_i 和 s_i，$i = 1, 2, 3, 4$ 是足够大的正常数

$$r_1 \geqslant 1 + 4 \int_0^1 \int_0^1 \int_0^1 \tilde{\gamma}(x, s, y, \hat{D}(t))^2 \mathrm{d}s\mathrm{d}y\mathrm{d}x \tag{9.5.3}$$

$$r_2 \geqslant 1 \tag{9.5.4}$$

$$r_3 \geqslant 1 + 4 \int_0^1 \int_0^1 \int_0^1 \tilde{\eta}(x, s, y, \hat{D}(t))^2 \mathrm{d}s\mathrm{d}y\mathrm{d}x \tag{9.5.5}$$

$$r_4 \geqslant 4 \left(1 + \overline{D}^2 \overline{g}^2 \int_0^1 \int_0^1 \int_0^1 \tilde{\eta}(x,s,y,\hat{D}(t))^2 \mathrm{d}s\mathrm{d}y\mathrm{d}x \right) \tag{9.5.6}$$

$$s_1 \geqslant 1 + 4 \int_0^1 \int_0^1 \int_0^1 \gamma(x,s,y,\hat{D}(t))^2 \mathrm{d}s\mathrm{d}y\mathrm{d}x \tag{9.5.7}$$

$$s_2 \geqslant 1 \tag{9.5.8}$$

$$s_3 \geqslant 1 + 4 \int_0^1 \int_0^1 \int_0^1 \eta(x,s,y,\hat{D}(t))^2 \mathrm{d}s\mathrm{d}y\mathrm{d}x \tag{9.5.9}$$

$$s_4 \geqslant 4 \left(1 + \overline{D}^2 \overline{g}^2 \int_0^1 \int_0^1 \int_0^1 \eta(x,s,y,\hat{D}(t))^2 \mathrm{d}s\mathrm{d}y\mathrm{d}x \right) \tag{9.5.10}$$

证明 为了证明自适应目标系统的稳定性,首先考虑一个 Lyapunov-Krasovskii 函数

$$V_2(t) = \frac{D}{2} \int_0^1 (c+2\delta d)u(x,t)^2 \mathrm{d}x + \frac{D}{2} \int_0^1 (u_x(x,t)^2 + u_t(x,t)^2)\mathrm{d}x +$$
$$\delta D \int_0^1 u(x,t)u_t(x,t)\mathrm{d}x + b_1 D \int_0^1 \int_0^1 (1+s)z(x,s,t)^2 \mathrm{d}s\mathrm{d}x + \frac{\tilde{D}(t)^2}{2\theta} \tag{9.5.11}$$

参数 δ 满足不等式 $0 < \delta < 1, k+\delta < c$,其中 k 为正实数。下面对 $V_2(t)$ 关于 t 求偏导数可得

$$\dot{V}_2(t) = cD \int_0^1 u(x,t)u_t(x,t)\mathrm{d}x + 2\delta dD \int_0^1 u(x,t)u_t(x,t)\mathrm{d}x +$$
$$D \int_0^1 u_x(x,t)u_{xt}(x,t)\mathrm{d}x +$$
$$D \int_0^1 u_t(x,t) \left(u_{xx}(x,t) - 2du_t(x,t) - cu(x,t) + g(x)z(x,0,t) \right) \mathrm{d}x -$$
$$\delta D \int_0^1 u(x,t) \left(u_{xx}(x,t) - 2du_t(x,t) - cu(x,t) + g(x)z(x,0,t) \right) \mathrm{d}x +$$
$$2b_1 \int_0^1 \int_0^1 (1+s)z(x,s,t) \left(z_s(x,s,t) - \tilde{D}(t)P_1(x,s,t) - D\dot{\hat{D}}(t) \right) \mathrm{d}s\mathrm{d}x +$$
$$\delta D \int_0^1 u_t(x,t)^2 \mathrm{d}x - \dot{\tilde{D}}(t)\frac{\tilde{D}(t)}{\theta} \tag{9.5.12}$$

利用 Young 不等式、Poincare 不等式与分部积分法通过计算整理可得

$$
\begin{aligned}
\dot{V}_2(t) \leqslant & -2dD\int_0^1 u_t(x,t)^2 \mathrm{d}x + \frac{2D}{l_3}\int_0^1 u_t(x,t)^2 \mathrm{d}x + \frac{Dl_3\overline{g}^2}{2}\|z(x,0,t)\|^2 + \\
& \delta D\int_0^1 u_t(x,t)^2\mathrm{d}x - \delta D\int_0^1 u_x(x,t)^2\mathrm{d}x - \delta cD\int_0^1 u(x,t)^2\mathrm{d}x + \\
& \frac{2\delta D}{l_4}\int_0^1 u(x,t)^2\mathrm{d}x + \frac{\delta Dl_4\overline{g}}{2}\|z(x,0,t)\|^2 - b_1\|z(x,0,t)\|^2 - b_1\|z\|^2 - \\
& 2b_1 D\dot{D}(t)\int_0^1\int_0^1 (1+s)z(x,s,t)P_2(x,s,t)\mathrm{d}s\mathrm{d}x
\end{aligned}
$$

$$(9.5.13)$$

令 $l_3 > \dfrac{2}{d}$, $l_4 > \dfrac{2}{c}$, $b_1 > \dfrac{\overline{D}\overline{g}^2}{2}(l_1 + \delta l_2)$, 可以得到

$$
\begin{aligned}
\dot{V}_2(t) \leqslant & -D\left(\delta - \frac{2}{l_3}\right)\|u_t\|^2 - D\delta\|u_x\|^2 - D\delta\left(c - \frac{2}{l_4}\right)\|u\|^2 - b_1\|z\|^2 - \\
& 2b_1 D\dot{D}(t)\int_0^1\int_0^1 (1+s)z(x,s,t)P_2(x,s,t)\mathrm{d}s\mathrm{d}x - \\
& \left(b_1 - \frac{\overline{D}l_3\overline{g}^2}{2} - \frac{\overline{D}\delta l_4\overline{g}^2}{2}\right)\|z(x,0,t)\|^2
\end{aligned}
$$

$$(9.5.14)$$

设 $V_0(t)$ 为

$$
V_0(t) = \|u\|^2 + \|u_x\|^2 + \|u_t\|^2 + \|z\|^2 + \|z(x,0,t)\|^2 \tag{9.5.15}
$$

利用式 (9.4.5) 和式 (9.4.6) 并使用 Cauchy-Schwartz 和 Young 不等式计算可得

$$
\begin{aligned}
& \int_0^1\int_0^1 (1+s)z(x,s,t)P_1(x,s,t)\mathrm{d}s\mathrm{d}x \\
& \leqslant L\left(\|u\|^2 + \|u_x\|^2 + \|u_t\|^2 + \|z\|^2 + \|z(x,0,t)\|^2\right)
\end{aligned}
$$

$$(9.5.16)$$

$$
\begin{aligned}
& \int_0^1\int_0^1 (1+s)z(x,s,t)P_2(x,s,t)\mathrm{d}s\mathrm{d}x \\
& \leqslant L\left(\|u\|^2 + \|u_x\|^2 + \|u_t\|^2 + \|z\|^2 + \|z(x,0,t)\|^2\right)
\end{aligned}
$$

$$(9.5.17)$$

其中 L 为

$$
L = \max\{2\overline{M}_1, 2\overline{M}_2, 2\overline{M}_3, \overline{M}_1 + \overline{M}_2 + \overline{M}_3, 2\overline{M}_4, 2\overline{M}_5, \overline{M}_4 + \overline{M}_5 + \overline{M}_6\}
$$

$$(9.5.18)$$

将式 (9.5.14)、式 (9.5.15)、式 (9.5.16) 和式 (9.5.17) 联立可得

$$
\begin{aligned}
\dot{V}_2(t) \leqslant -\Bigg(&\min\left\{ \underline{D}\left(\delta - \frac{2}{l_3}\right), \underline{D}\delta\left(c - \frac{2}{l_4}\right), \underline{D}\delta, b_1 - \frac{\overline{D}\overline{g}^2}{2}(l_3 + \delta l_4) \right\} - \\
&\theta\frac{4{b_1}^2\overline{D}L^2}{\min\left\{\dfrac{1}{2}, b_1\right\}} \Bigg) \cdot \left(\|u\|^2 + \|u_x\|^2 + \|u_t\|^2 + \|z\|^2 + \|z(x,0,t)\|^2 \right)
\end{aligned}
$$

(9.5.19)

通过式 (9.5.19)，可以得到 $\dot{V}_2(t) \leqslant 0$，因此对于任意 $t \geqslant 0$ 存在 $V_2(t) \leqslant V_2(0)$。通过该结果，可以得出目标系统稳定，并通过上述方程可以得出

$$
\begin{cases}
\|u\|^2 \leqslant \dfrac{2}{\underline{D}(c + \delta(2d+1))} V_2(t) \\[3mm]
\|u_x\|^2 \leqslant \dfrac{2}{\underline{D}} V_2(t) \\[3mm]
\|u_t\|^2 \leqslant \dfrac{2}{\underline{D}(1+\delta)} V_2(t) \\[3mm]
\|z\|^2 \leqslant \dfrac{1}{b_1\underline{D}} V_2(t) \\[3mm]
\tilde{D}(t)^2 \leqslant 2\theta V_2(t)
\end{cases}
$$

(9.5.20)

此外根据式 (9.5.1)、式 (9.5.11) 和式 (9.5.20) 可以得出

$$
\begin{aligned}
&\|u\|^2 + \|u_x\|^2 + \|u_t\|^2 + \|z\|^2 \\
&\leqslant \left(\frac{2r_1}{\underline{D}(c + \delta(2d+1))} + \frac{2r_2}{\underline{D}} + \frac{2r_3}{\underline{D}(c+\delta)} + \frac{r_4}{\underline{D}b_1} \right) V_2(t)
\end{aligned}
$$

(9.5.21)

并且联立式 (9.5.20) 和式 (9.5.21)，可以求得

$$
\begin{aligned}
\psi(t) &\leqslant \left(\frac{2r_1}{\underline{D}(c + \delta(2d+1))} + \frac{2r_2}{\underline{D}} + \frac{2r_3}{\underline{D}(c+\delta)} + \frac{r_4}{\underline{D}b_1} + 2\theta \right) V_2(t) \\
&\triangleq \rho_1 V_2(t) \leqslant \rho_1 V_2(0)
\end{aligned}
$$

(9.5.22)

$$
\rho_1 = \left(\frac{2r_1}{\underline{D}(c + \delta(2d+1))} + \frac{2r_2}{\underline{D}} + \frac{2r_3}{\underline{D}(c+\delta)} + \frac{r_4}{\underline{D}b_1} + 2\theta \right)
$$

(9.5.23)

故用 $V_2(t)$ 构建了一个表示 $\psi(t)$ 的不等式，通过式 (9.5.22)，将 $V_2(t)$ 替换为 $V_2(0)$。下面将用 $\psi(0)$ 来表示 $V_2(0)$。首先由式 (9.5.11)，可以得出

$$
\begin{aligned}
V_2(t) &\leqslant \frac{\overline{D}}{2}[c + \delta(2d+1)]\|u\|^2 + \frac{\overline{D}}{2}\|u_x\|^2 + \frac{\overline{D}}{2}(1+\delta)\|u_t\|^2 + 2b_1\overline{D}\|z\|^2 + \frac{\tilde{D}(t)^2}{2\theta} \\
&\leqslant \max\left\{\frac{\overline{D}}{2}[c + \delta(2d+1)], \frac{\overline{D}}{2}(1+\delta), 2b_1\overline{D}\right\} \cdot \\
&\quad \left(\|u\|^2 + \|u_x\|^2 + \|u_t\|^2 + \|z\|^2\right) + \frac{\tilde{D}(t)^2}{2\theta} \\
&\leqslant \max\left\{\max\left\{\frac{\overline{D}}{2}[c + \delta(2d+1)], \frac{\overline{D}}{2}(1+\delta), 2b_1\overline{D}\right\} \cdot \max_{1\leqslant i\leqslant 4}\{s_i\}, \frac{1}{2\theta}\right\}\psi(t)
\end{aligned}
$$

(9.5.24)

显然

$$
V_2(0) \leqslant \max\left\{\max\left\{\frac{\overline{D}}{2}[c + \delta(2d+1)], \frac{\overline{D}}{2}(1+\delta), 2b_1\overline{D}\right\} \cdot \max_{1\leqslant i\leqslant 4}\{s_i\}, \frac{1}{2\theta}\right\}\psi(0)
$$

(9.5.25)

$$
\rho_2 = \max\left\{\max\left\{\frac{\overline{D}}{2}[c + \delta(2d+1)], \frac{\overline{D}}{2}(1+\delta), 2b_1\overline{D}\right\} \cdot \max_{1\leqslant i\leqslant 4}\{s_i\}, \frac{1}{2\theta}\right\}
$$

(9.5.26)

通过将式 (9.5.22) 和式 (9.5.25) 联立，可以得到式 (9.4.17)

$$
\psi(t) \leqslant \rho_1\rho_2\psi(0) \triangleq R\psi(0) \text{ 且 } R = \rho_1\rho_2 \tag{9.5.27}
$$

故完成了目标系统的稳定性证明。据式 (9.5.11) 和式 (9.5.19) 以及 $V_2(t) \leqslant V_2(0)$，可以了解 $\|u\|^2$、$\|u_x\|^2$、$\|u_t\|^2$、$\|z\|^2$ 和 $\tilde{D}(t)$ 是有界的。那么可以得出

$$
\int_0^t \|u(\kappa)\|^2 \mathrm{d}\kappa \leqslant \frac{1}{\inf\{\varepsilon_1\}} \int_0^t \varepsilon_1 V_0(\kappa)\mathrm{d}\kappa \tag{9.5.28}
$$

利用式 (9.5.19)，简单计算可得

$$
\dot{V}_2(t) \leqslant -\left(\min\left\{\underline{D}\left(\delta - \frac{2}{l_1}\right), \underline{D}\delta\left(c - \frac{2}{l_2}\right), \underline{D}\delta, b_1 - \frac{\overline{D}\overline{g}^2}{2}(l_3 + \delta l_4)\right\} - \right.
$$

(9.5.29)

$$
\left. \theta\frac{4b_1^2\overline{D}L^2}{\min\left\{\frac{1}{2}, b_1\right\}} \right)V_0(t)
$$

$$\inf\{\varepsilon_1\} = \left(\min\left\{ \underline{D}\left(\delta - \frac{2}{l_1}\right), \underline{D}\delta\left(c - \frac{2}{l_2}\right), \underline{D}\delta, b_1 - \frac{\overline{D}\overline{g}^2}{2}(l_3 + \delta l_4) \right\} - \right.$$

$$\left. \theta \frac{4b_1^2 \overline{D}L^2}{\min\left\{\frac{1}{2}, b_1\right\}} \right) \tag{9.5.30}$$

$$\dot{V}_2(t) \leqslant -\varepsilon_1 V_0(t) \tag{9.5.31}$$

对式 (9.5.31) 在 $[0, t]$ 上进行积分可以得到 $\displaystyle\int_0^t \varepsilon_1 V_0(\kappa)\mathrm{d}\kappa \leqslant V_2(0)$。因此

$$\int_0^t \|u(\kappa)\|^2 \leqslant \frac{V_2(0)}{\varUpsilon} \tag{9.5.32}$$

其中

$$\varUpsilon = \inf\left(\min\left\{ \underline{D}\left(\delta - \frac{2}{l_1}\right), \underline{D}\delta\left(c - \frac{2}{l_2}\right), \underline{D}\delta, b_1 - \frac{\overline{D}\overline{g}^2}{2}(l_3 + \delta l_4) \right\} - \right.$$

$$\left. \theta \frac{4b_1^2 \overline{D}L^2}{\min\left\{\frac{1}{2}, b_1\right\}} \right)。$$

所以，可以得出 $\|u\|^2$ 在时间上是可积的，通过相同的方法可以得到 $\|u_x\|^2$、$\|u_t\|^2$、$\|z\|^2$ 和 $\|z(x,0,t)\|^2$ 在时间上也是可积的。因为 $\|u_x\|$ 是有界的，所以根据 Agmon 不等式，对于任意 $x \in [0,1]$，$u(x,t)$ 都是有界的。根据式 (9.5.2)，可以得到 $\|v\|$ 是有界的且 $\|v\|^2$ 在时间上是可积的。根据式 (9.4.1)，利用 Cauchy-Schwartz 不等式，可以得出 $\|U\|$ 是有界且可积的。那么根据式 (9.2.2)，可以得到当 $t \geqslant D$ 时，$\|v(x,0,t)\|$ 是有界的。因为 $\|u\|^2$ 是有界且可积的，通过文献 [46] 引理 D.1，可以得到当 $t \to \infty$ 时 $\|u\| \to 0$。由 Agmon 不等式，$u(x,t)^2 \leqslant 2\|u\|\|u_x\|$，这也导致了对任意的 $x \in [0,1]$ 和 $t \geqslant D$，$u(x,t)$ 都趋近于零。至此完成了定理 9.2 的证明。□

9.6　数值模拟

为了说明自适应控制器的可行性，对自适应控制器下的初始系统组成的闭环系统进行仿真[122]。设 $\overline{D} = 4$，$\underline{D} = 1$，且延迟的实际值为 $D = 2$。在更新

律 (9.4.13)~式 (9.4.16) 中，设置 $b_1 = 2$，自适应增益 $\theta = 0.00051$。系统参数 $\lambda = 5$，$d = 1$，$c = 2$，$g(x) = \dfrac{1}{\sigma\sqrt{2\pi}}\mathrm{e}^{-\frac{x^2}{2\sigma^2}}$，其中 $\sigma = 0.7$。考虑初始条件 $u_0(x) = \cos(2\pi x) - 1$，使用有限差分法对初始系统进行离散化，并在 MATLAB 中进行了数值模拟。

图 9.1 显示了在没有施加控制器的情况下，系统是不稳定的。而一旦如预期那样加入控制器，如图 9.2 所示，此时新的解就会逐渐衰减到零。图 9.3 表示在加入自适应控制器后形成的闭环系统，此时解会比非自适应控制器的情况更快衰减到零。根据数值模拟可以发现，自适应控制器的收敛速度优于非自适应控制器。

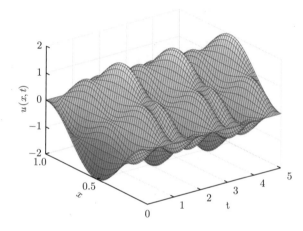

图 9.1   无控制器下初始系统在 $x \in [0,1]$，$t \in [0,5]$ 的轨迹

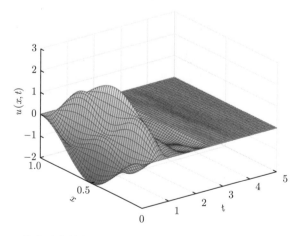

图 9.2   非自适应控制器下闭环系统在 $x \in [0,1]$，$t \in [0,5]$ 的轨迹

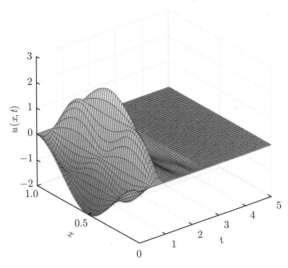

图 9.3　自适应控制器下闭环系统在 $x \in [0,1]$，$t \in [0,5]$ 且 $\hat{D}(0) = 1$ 的轨迹

9.7　本章小结

本章研究了一类具有分布式输入时滞的波动方程的镇定问题。设计了一类自适应控制器和未知时滞的参数更新律来稳定域内输入时滞的波动方程系统，其结果比文献中没有考虑时滞的结果更具普遍性；基于李雅普诺夫理论论证，在自适应控制器作用下的目标系统是全局稳定的。此外，该模型的研究还可以推广到分数阶空间，以便更加实际且广泛地应用。

参考文献

[1]   谷超豪, 李大潜, 陈恕行, 等. 数学物理方程 [M]. 3 版. 北京: 高等教育出版社, 2012.

[2]   KRSTIC M, SMYSHLYAEV A. Boundary control of PDEs: A course on backstepping designs[M]. Philadelphia: SIMA, 2008.

[3]   ZHEN Z, WANG K, ZHOU Z, et al. Stabilization of a coupled second order ODE-wave system[C]//2016 35th Chinese Control Conference (CCC). IEEE, 2016: 1377-1382.

[4]   WU H N, FENG S. Mixed fuzzy/boundary control design for nonlinear coupled systems of ODE and boundary-disturbed uncertain beam[J]. IEEE Transactions on Fuzzy Systems, 2018, 26(6): 3379-3390.

[5]   TANAKA K, WANG H O. Fuzzy control systems design and analysis: A linear matrix inequality approach[M]. New York: John Wiley & Sons, 2004.

[6]   FENG G. Analysis and synthesis of fuzzy control systems: A model-based approach[M]. [S. l.]: CRC press, 2018.

[7]   LENDEK Z, GUERRA T M, BABUSKA R, et al. Stability analysis and nonlinear observer design using Takagi-Sugeno fuzzy models[M]. Berlin: Springer, 2011.

[8]   TUAN H D, APKARIAN P, NARIKIYO T, et al. Parameterized linear matrix inequality techniques in fuzzy control system design[J]. IEEE Transactions on Fuzzy Systems, 2001, 9(2): 324-332.

[9]   QIU J, FENG G. Control of continuous-time TS fuzzy affine dynamic systems via piecewise Lyapunov functions[C]//2012 12th International Conference on Control Automation Robotics & Vision (ICARCV). IEEE, 2012: 1675-1680.

[10]   GUERRA T M, ESTRADA-MANZO V, LENDEK Z. Observer design for Takagi–Sugeno descriptor models: An LMI approach[J]. Automatica, 2015, 52: 154-159.

[11]   BUTTAZZO G, FREDIANI A, CHUDEJ K, et al. Instationary heat-constrained trajectory optimization of a hypersonic space vehicle by ODE–PDE-constrained optimal control[C]//Variational Analysis and Aerospace Engineering. New York: Springer, 2009: 127-144.

[12]   PESCH H J, RUND A, WAHL V, et al. On some new phenomena in state-constrained optimal control if ODEs as well as PDEs are involved[J]. Control and Cybernetics, 2010, 39(3): 647-660.

[13]   WANG J W, WU H N, LI H X. Fuzzy control design for nonlinear ODE-hyperbolic

PDE-cascaded systems: A fuzzy and entropy-like Lyapunov function approach[J]. IEEE Transactions on Fuzzy Systems, 2013, 22(5): 1313-1324.

[14] TANG S, XIE C. State and output feedback boundary control for a coupled PDE–ODE system[J]. Systems & Control Letters, 2011, 60(8): 540-545.

[15] BEKIARIS-LIBERIS N, KRSTIC M. Compensating the distributed effect of diffusion and counter-convection in multi-input and multi-output LTI systems[J]. IEEE Transactions on Automatic Control, 2010, 56(3): 637-643.

[16] 叶其孝. 反应扩散方程简介 [J]. 数学的实践与认识, 1984, 2: 48-56.

[17] GUO C, XIE C, ZHOU C. Stabilization of a spatially non-causal reaction–diffusion equation by boundary control[J]. International Journal of Robust and Nonlinear Control, 2014, 24(1): 1-17.

[18] TANG S, XIE C. Stabilization of a coupled PDE-ODE system by boundary control[C]//49th IEEE Conference on Decision and Control (CDC). IEEE, 2010: 4042-4047.

[19] TANG S, XIE C. Stabilization for a coupled PDE–ODE control system[J]. Journal of the Franklin Institute, 2011, 348(8): 2142-2155.

[20] 赵爱亮. 耦合反应扩散系统的控制及稳定性 [D]. 重庆: 西南大学, 2013.

[21] 赵娜. 级联反应扩散系统的控制及稳定性 [D]. 重庆: 西南大学, 2015.

[22] ZHOU Z, XU C. Stabilization of a second order ODE–heat system coupling at intermediate point[J]. Automatica, 2015, 60: 57-64.

[23] SUSTO G A, KRSTIC M. Control of PDE–ODE cascades with Neumann interconnections[J]. Journal of the Franklin Institute, 2010, 347(1): 284-314.

[24] KRSTIC M, GUO B Z, BALOGH A, et al. Output-feedback stabilization of an unstable wave equation[J]. Automatica, 2008, 44(1): 63-74.

[25] SMYSHLYAEV A, KRSTIC M. Backstepping observers for a class of parabolic PDEs[J]. Systems & Control Letters, 2005, 54(7): 613-625.

[26] BOŠKOVIĆ D M, KRSTIC M. Stabilization of a solid propellant rocket instability by state feedback[J]. International Journal of Robust and Nonlinear Control: IFAC-Affiliated Journal, 2003, 13(5): 483-495.

[27] SMYSHLYAEV A, KRSTIC M. Boundary control of an anti-stable wave equation with anti-damping on the uncontrolled boundary[J]. Systems & Control Letters, 2009, 58(8): 617-623.

[28] SMYSHLYAEV A, KRSTIC M. Closed-form boundary state feedbacks for a class of 1-D partial integro-differential equations[J]. IEEE Transactions on Automatic control, 2004, 49(12): 2185-2202.

[29] LUNASIN E, TITI E S. Finite determining parameters feedback control for distributed nonlinear dissipative systems-a computational study[J]. Evolution Equations and Control Theory, 2015, 6: 535-557.

[30] CHRISTOFIDES P D, ARMAOU A. Global stabilization of the Kuramoto–Sivashinsky equation via distributed output feedback control[J]. Systems & Control Letters, 2000, 39(4): 283-294.

[31] KANG W, FRIDMAN E. Distributed sampled-data control of Kuramoto-Sivashinsky equation under the point measurements[C]//2018 European Control Conference (ECC). IEEE, 2018: 1189-1194.

[32] LIU J, ZHENG G, ALI M M. Stability analysis of the anti-stable heat equation with uncertain disturbance on the boundary[J]. Journal of Mathematical Analysis and Applications, 2015, 428(2): 1193-1201.

[33] OZSARI T, BATAL A. Pseudo-Backstepping and its application to the control of Korteweg-de Vries equation from the right endpoint on a finite domain[J]. SIAM Journal on Control and Optimization, 2019, 57(2): 1255-1283.

[34] BATAL A, OZSARI T, YILMAZ K C. Stabilization of higher order linear and nonlinear Schrödinger equations on a finite domain: Part I[J]. Evolution Equations and Control Theory, 2021, 10(4): 861-919.

[35] JIN F F, GUO W. Boundary state feedback exponential stabilization for a one-dimensional wave equation with velocity recirculation[J]. Automatica, 2020, 113: 108796.

[36] DAI J, REN B. UDE-based robust boundary control of heat equation with unknown input disturbance[J]. IFAC-Papers On Line, 2017, 50(1): 11403-11408.

[37] LIU W. Boundary feedback stabilization of an unstable heat equation[J]. SIAM Journal on Control and Optimization, 2003, 42(3): 1033-1043.

[38] TAO Q, XU Y, SHU C W. A discontinuous Galerkin method and its error estimate for nonlinear fourth-order wave equations[J]. Journal of Computational and Applied Mathematics, 2021, 386: 113230.

[39] KHAPALOV A Y. Controllability of partial differential equations governed by multiplicative controls[M]. [S. l.]: Springer, 2010.

[40] BALL J M, MARSDEN J E, SLEMROD M. Controllability for distributed bilinear systems[J]. SIAM Journal on Control and Optimization, 1982, 20(4): 575-597.

[41] JING Z, HE X, HE W, et al. Robust adaptive boundary control of a vibrating string with time-varying constraints[C]//2017 36th Chinese Control Conference (CCC). IEEE, 2017: 1660-1664.

[42] ANFINSEN H, AAMO O M. Stabilization and tracking control of a time-variant linear hyperbolic PIDE using backstepping[J]. Automatica, 2020, 116: 108929.

[43] BALOGH A, KRSTIC M. Infinite dimensional backstepping-style feedback transformations for a heat equation with an arbitrary level of instability[J]. European Journal of Control, 2002, 8(2): 165-175.

[44] KRSTIC M, SMYSHLYAEV A. Backstepping boundary control for first-order hy-

perbolic PDEs and application to systems with actuator and sensor delays[J]. Systems & Control Letters, 2008, 57(9): 750-758.

[45]　KANG W, FRIDMAN E. Boundary control of delayed ODE-heat cascade under actuator saturation[J]. Automatica, 2017, 83: 252-261.

[46]　SMYSHLYAEV A, KRSTIC M. Adaptive control of parabolic PDEs[M]. New Jersey: Princeton University Press, 2010.

[47]　CHANG L, GAO S, WANG Z. Optimal control of pattern formations for an SIR reaction-diffusion epidemic model[J]. Journal of Theoretical Biology, 2022, 536: 111003.

[48]　XU Q, XU Y. Quenching study of two-dimensional fractional reaction–diffusion equation from combustion process[J]. Computers & Mathematics with Applications, 2019, 78(5): 1490-1506.

[49]　BACCOLI A, ORLOV Y, PISANO A. On the boundary control of coupled reaction-diffusion equations having the same diffusivity parameters[C]//53rd IEEE Conference on Decision and Control. IEEE, 2014: 5222-5228.

[50]　BACCOLI A, PISANO A, ORLOV Y. Boundary control of coupled reaction-diffusion processes with constant parameters[J]. Automatica, 2015, 54: 80-90.

[51]　MATHIYALAGAN K, NIDHI A S, SU H, et al. Observer and boundary output feedback control for coupled ODE-transport PDE[J]. Applied Mathematics and Computation, 2022, 426: 127096.

[52]　HOHN M E, LI B, YANG W. Analysis of coupled reaction-diffusion equations for RNA interactions[J]. Journal of Mathematical Analysis and Applications, 2015, 425(1): 212-233.

[53]　NADEEM S, AKHTAR S, ALHARBI F M, et al. Analysis of heat and mass transfer on the peristaltic flow in a duct with sinusoidal walls: Exact solutions of coupled PDEs[J]. Alexandria Engineering Journal, 2022, 61(5): 4107-4117.

[54]　VAZQUEZ R, KRSTIC M. Boundary control of coupled reaction-diffusion systems with spatially-varying reaction[J]. IFAC-PapersOnLine, 2016, 49(8): 222-227.

[55]　KERSCHBAUM S, DEUTSCHER J. Bilateral backstepping control of coupled linear parabolic PDEs with spatially varying coefficients[J]. Automatica, 2022, 135: 109923.

[56]　HASHIMOTO T, KRSTIC M. Stabilization of reaction diffusion equations with state delay using boundary control input[J]. IEEE Transactions on Automatic Control, 2016, 61(12): 4041-4047.

[57]　KRSTIC M. Control of an unstable reaction-diffusion PDE with long input delay[J]. Systems & Control Letters, 2009, 58(10-11): 773-782.

[58]　ORLOV Y, DOCHAIN D. Discontinuous feedback stabilization of minimum-phase semilinear infinite-dimensional systems with application to chemical tubular reac-

tor[J]. IEEE Transactions on Automatic Control, 2002, 47(8): 1293-1304.

[59] ELEIWI F, LALEG-KIRATI T M. Observer-based perturbation extremum seeking control with input constraints for direct-contact membrane distillation process[J]. International Journal of Control, 2018, 91(6): 1363-1375.

[60] KONDO S, MIURA T. Reaction-diffusion model as a framework for understanding biological pattern formation[J]. Science, 2010, 329(5999): 1616-1620.

[61] MEIROVITCH L, BARUH H. On the problem of observation spillover in self-adjoint distributed-parameter systems[J]. Journal of Optimization Theory and Applications, 1983, 39: 269-291.

[62] VAZQUEZ R, KRSTIC M. Control of 1-D parabolic PDEs with Volterra nonlinearities, part I: Design[J]. Automatica, 2008, 44(11): 2778-2790.

[63] BOŠKOVĆ D M, BALOGH A, KRSTIC M. Backstepping in infinite dimension for a class of parabolic distributed parameter systems[J]. Mathematics of Control, Signals and Systems, 2003, 16: 44-75.

[64] DEUTSCHER J. Backstepping design of robust output feedback regulators for boundary controlled parabolic PDEs[J]. IEEE Transactions on Automatic Control, 2015, 61(8): 2288-2294.

[65] VAZQUEZ R, KRSTIC M. Boundary control of coupled reaction-advection-diffusion systems with spatially-varying coefficients[J]. IEEE Transactions on Automatic Control, 2016, 62(4): 2026-2033.

[66] ORLOV Y, PISANO A, PILLONI A, et al. Output feedback stabilization of coupled reaction-diffusion processes with constant parameters[J]. SIAM Journal on Control and Optimization, 2017, 55(6): 4112-4155.

[67] QI J, WANG S, FANG J, et al. Control of multi-agent systems with input delay via PDE-based method[J]. Automatica, 2019, 106: 91-100.

[68] PRIEUR C, TRELAT E. Feedback stabilization of a 1-D linear reaction-diffusion equation with delay boundary control[J]. IEEE Transactions on Automatic Control, 2018, 64(4): 1415-1425.

[69] SELIVANOV A, FRIDMAN E. Delayed point control of a reaction-diffusion PDE under discrete-time point measurements[J]. Automatica, 2018, 96: 224-233.

[70] SELIVANOV A, FRIDMAN E. Sampled-data relay control of diffusion PDEs[J]. Automatica, 2017, 82: 59-68.

[71] SELIVANOV A, FRIDMAN E. Distributed event-triggered control of diffusion semilinear PDEs[J]. Automatica, 2016, 68: 344-351.

[72] KARAFYLLIS I, KRSTIC M. Sampled-data boundary feedback control of 1-D parabolic PDEs[J]. Automatica, 2018, 87: 226-237.

[73] KATZ R, FRIDMAN E. Delayed finite-dimensional observer-based control of 1-D parabolic PDEs[J]. Automatica, 2021, 123: 109364.

[74] WANG S, QI J, FANG J. Control of 2-D reaction-advection-diffusion PDE with input delay[C]. 2017 Chinese Automation Congress (CAC). IEEE, 2017: 7145-7150.

[75] QI J, KRSTIC M. Compensation of spatially varying input delay in distributed control of reaction-diffusion PDEs[J]. IEEE Transactions on Automatic Control, 2020, 66(9): 4069-4083.

[76] GUZMÁN P, MARX S, CERPA E. Stabilization of the linear Kuramoto-Sivashinsky equation with a delayed boundary control[J]. IFAC-PapersOnLine, 2019, 52(2): 70-75.

[77] LHACHEMI H, PRIEUR C. Feedback stabilization of a class of diagonal infinite-dimensional systems with delay boundary control[J]. IEEE Transactions on Automatic Control, 2020, 66(1): 105-120.

[78] LHACHEMI H, PRIEUR C, SHORTEN R. An LMI condition for the robustness of constant-delay linear predictor feedback with respect to uncertain time-varying input delays[J]. Automatica, 2019, 109: 108551.

[79] ANFINSEN H, AAMO O M. Adaptive disturbance rejection in 2×2 linear hyperbolic PDEs[C]//IEEE 56th Annual Conference on Decision and Control (CDC). IEEE, 2017: 286-292.

[80] ANFINSEN H, AAMO O M. Adaptive output-feedback stabilization of linear 2×2 hyperbolic systems using anti-collocated sensing and control[J]. Systems & Control Letters, 2017, 104: 86-94.

[81] ANFINSEN H, AAMO O M. Adaptive stabilization of $n+1$ coupled linear hyperbolic systems with uncertain boundary parameters using boundary sensing[J]. Systems & Control Letters, 2017, 99: 72-84.

[82] ANFINSEN H, AAMO O M. Adaptive control of linear 2×2 hyperbolic systems[J]. Automatica, 2018, 87: 69-82.

[83] ANFINSEN H, AAMO O M. A note on establishing convergence in adaptive systems[J]. Automatica, 2018, 93: 545-549.

[84] ANFINSEN H, DIAGNE M, AAMO O M, et al. An adaptive observer design for $n+1$ coupled linear hyperbolic PDEs based on swapping[J]. IEEE Transactions on Automatic Control, 2016, 61(12): 3979-3990.

[85] ANFINSEN H, DIAGNE M, AAMO O M, et al. Estimation of boundary parameters in general heterodirectional linear hyperbolic systems[J]. Automatica, 2017, 79: 185-197.

[86] KRSTIC M, KOKOTOVIC P V, KANELLAKOPOULOS I. Nonlinear and adaptive control design[M]. [S. l.]: John Wiley & Sons, Inc., 1995.

[87] KRSTIC M, SMYSHLYAEV A. Adaptive boundary control for unstable parabolic PDEs-part I: Lyapunov design[J]. IEEE Transactions on Automatic Control, 2008, 53(7): 1575-1591.

[88] ORLOV Y, FRADKOV A L, ANDRIEVSKY B. Output feedback energy control of the sine-Gordon PDE model using collocated spatially sampled sensing and actuation[J]. IEEE Transactions on Automatic Control, 2019, 65(4): 1484-1498.

[89] BENTSMAN J, ORLOV Y. Reduced spatial order model reference adaptive control of spatially varying distributed parameter systems of parabolic and hyperbolic types[J]. International Journal of Adaptive Control and Signal Processing, 2001, 15(6): 679-696.

[90] DEMETRIOU M A, ROSEN I G. On the persistence of excitation in the adaptive estimation of distributed parameter systems[C]//1993 American Control Conference. IEEE, 1993: 454-458.

[91] SMYSHLYAEV A, ORLOV Y, KRSTIC M. Adaptive identification of two unstable PDEs with boundary sensing and actuation[J]. International Journal of Adaptive Control and Signal Processing, 2009, 23(2): 131-149.

[92] CHEN J, CUI B, CHEN Y Q. Backstepping-based boundary control design for a fractional reaction diffusion system with a space-dependent diffusion coefficient[J]. ISA transactions, 2018, 80: 203-211.

[93] CHEN J, ZHUANG B, CHEN Y Q, et al. Backstepping-based boundary feedback control for a fractional reaction diffusion system with mixed or Robin boundary conditions[J]. IET Control Theory & Applications, 2017, 11(17): 2964-2976.

[94] GE F, CHEN Y Q, KOU C. Boundary feedback stabilization for the time fractional-order anomalous diffusion system[J]. IET Control Theory & Applications, 2016, 10(11): 1250-1257.

[95] ZHOU H C, GUO B Z. Boundary feedback stabilization for an unstable time fractional reaction diffusion equation[J]. SIAM Journal on Control and Optimization, 2018, 56(1): 75-101.

[96] CHEN J, ZENG Z, JIANG P. Global Mittag-Leffler stability and synchronization of memristor-based fractional-order neural networks[J]. Neural Networks, 2014, 51: 1-8.

[97] CARPINTERI A, MAINARDI F. Fractals and fractional calculus in continuum mechanics[M]. [S. l.]: Springer, 2014.

[98] GAYCHUK V V, DATSKO B Y. Pattern formation in a fractional reaction-diffusion system[J]. Physica A: Statistical Mechanics and its Applications, 2006, 365(2): 300-306.

[99] UCHAIKIN V V, SIBATOV R T. Fractional theory for transport in disordered semiconductors[J]. Communications in Nonlinear Science and Numerical Simulation, 2008, 13(4): 715-727.

[100] DEUTSCHER J, KERSCHBAUM S. Backstepping control of coupled linear parabolic PIDEs with spatially varying coefficients[J]. IEEE Transactions on Au-

tomatic Control, 2018, 63(12): 4218-4233.

[101] 张恭庆, 林源渠. 泛函分析讲义 [M]. 2 版. 北京：北京大学出版社, 2021.

[102] PAZY A. Semigroups of linear operators and applications to partial differential equations[M]. [S. l.]: Springer Science & Business Media, 2012.

[103] KRSTIC M, GUO B Z, BALOGH A, et al. Control of a tip-force destabilized shear beam by observer-based boundary feedback[J]. SIAM Journal on Control and Optimization, 2008, 47(2): 553-574.

[104] KRSTIC M. Adaptive control of an anti-stable wave PDE[J]. Dynamics of Continuous, Discrete and Impulsive Systems. Series A. Mathematical Analysis, 2010: 853-882.

[105] SMYSHLYAEV A, CERPA E, KRSTIC M. Boundary stabilization of a 1-D wave equation with in-domain anti-damping[J]. SIAM Journal on Control and Optimization, 2010, 48(6): 4014-4031.

[106] DI MEGLIO F, VAZQUEZ R, KRSTIC M. Stabilization of a system of $n+1$ coupled first-order hyperbolic linear PDEs with a single boundary input[J]. IEEE Transactions on Automatic Control, 2013, 58(12): 3097-3111.

[107] KRSTIC M, GUO B Z, SMYSHLYAEV A. Boundary controllers and observers for the linearized Schrödinger equation[J]. SIAM Journal on Control and Optimization, 2011, 49(4): 1479-1497.

[108] ZHOU Z, GUO C. Stabilization of linear heat equation with a heat source at intermediate point by boundary control[J]. Automatica, 2013, 49(2): 448-456.

[109] SU L, GUO W, WANG J M, et al. Boundary stabilization of wave equation with velocity recirculation[J]. IEEE Transactions on Automatic Control, 2017, 62(9): 4760-4767.

[110] SU L, WANG J M, KRSTIC M. Boundary feedback stabilization of a class of coupled hyperbolic equations with nonlocal terms[J]. IEEE Transactions on Automatic Control, 2017, 63(8): 2633-2640.

[111] AAMO O M. Disturbance rejection in 2×2 linear hyperbolic systems[J]. SIAM Journal on Control and Optimization, 2013, 58(5): 1095-1106.

[112] DI MEGLIO F, VAZQUEZ R, KRSTIC M, et al. Backstepping stabilization of an underactuated 3×3 linear hyperbolic system of fluid flow equations[C]//2012 American Control Conference (ACC). IEEE, 2012: 3365-3370.

[113] CORON J M, VAZQUEZ R, KRSTIC M, et al. Local exponential H^2 stabilization of a 2×2 quasilinear hyperbolic system using backstepping[J]. SIAM Journal on Control and Optimization, 2013, 51(3): 2005-2035.

[114] SMYSHLYAEV A, KRSTIC M. On control design for PDEs with space-dependent diffusivity or time-dependent reactivity[J]. Automatica, 2005, 41(9): 1601-1608.

[115] DEUTSCHER J. A backstepping approach to the output regulation of boundary

controlled parabolic PDEs[J]. Automatica, 2015, 57: 56-64.

[116] KRSTIC M, SMYSHLYAEV A. Adaptive control of PDEs[J]. Annual Reviews in Control, 2008, 32(2): 149-160.

[117] FRIDMAN E, BLIGHOVSKY A. Robust sampled-data control of a class of semi-linear parabolic systems[J]. Automatica, 2012, 48(5): 826-836.

[118] ABTA A, BOUTAYEB S. Boundary exponential stabilization for a class of coupled reaction-diffusion equations with state delay[J]. Journal of Dynamical and Control Systems, 2022, 28(4): 829-850.

[119] WANG S, DIAGNE M, QI J. Delay-adaptive predictor feedback control of reaction-advection-diffusion PDEs with a delayed distributed input[J]. IEEE Transactions on Automatic Control, 2021, 67(7): 3762-3769.

[120] ZHANG L, XU G Q, CHEN H. Uniform stabilization of 1-D wave equation with anti-damping and delayed control[J]. Journal of the Franklin Institute, 2020, 357(17): 12473-12494.

[121] 冯红银萍. 线性系统动态补偿理论 [M]. 北京: 科学出版社, 2022.

[122] 郭宝珠. 分布参数系统控制理论简介 [J]. 数学建模及其应用, 2015, 4(1): 1-6.